21 世纪高职高专新概念教材

模拟电子技术

夏春华　主编

李荆洪　杨　蕊　陈开经　副主编

中国水利水电出版社

内 容 提 要

本书是由中国水利水电出版社策划出版的“计算机应用”与“应用电子技术”专业、面向21世纪高职高专系列教材之一。

本书系统地介绍了模拟电子技术的基本概念、基本理论及其在实际中的应用，其内容主要包括：半导体二极管及其应用、半导体三极管及其放大电路、场效应管及其放大电路、负反馈放大电路、集成运算放大器、信号产生电路、功率放大电路、直流稳压电源、模拟电子技术在实际中的应用等9章。

本书以讲清概念，强化应用为重点，以培养学生应用能力为主线，其主要特点是循序渐近，由浅入深，理论紧密联系实际，突出高职、高专教育特色。

本书不仅可以作为高职、高专、计算机、应用电子技术、自动化等专业“模拟电子技术”课程的教材，也可供相关专业的教师及工程技术人员参考。

图书在版编目（CIP）数据

模拟电子技术/夏春华主编．—北京：中国水利水电出版社，2003（2016.4重印）

21世纪高职高专新概念教材

ISBN 978-7-5084-1289-4

Ⅰ．模...　Ⅱ．夏...　Ⅲ．模拟电路－电子技术—高等学校：技术学校—教材　Ⅳ．TN710

中国版本图书馆CIP数据核字（2003）第007871号

书　　名	21世纪高职高专新概论教材 模拟电子技术
作　　者	夏春华　主编　李荆洪　杨　蕊　陈开经　副主编
出版发行	中国水利水电出版社 （北京市海淀区玉渊潭南路1号D座　100038） 网址：www.waterpub.com.cn E-mail：mchannel@263.net（万水） sales@waterpub.com.cn 电话：（010）68367658（发行部）、82562819（万水）
经　　售	北京科水图书销售中心（零售） 电话：（010）88383994、63202643、68545874 全国各地新华书店和相关出版物销售网点
排　　版	北京万水电子信息有限公司
印　　刷	三河市鑫金马印装有限公司
规　　格	184mm×240mm　16开本　14印张　331千字
版　　次	2003年3月第1版　2016年4月第11次印刷
印　　数	35001—38000册
定　　价	18.00元

21世纪高职高专新概念规划教材
编委会名单

参编学校名单

（按第一个字笔划排序）

万博科技职业学院
三门峡职业技术学院
三联职业技术学院
山东大学
山东交通学院
山东农业大学
山东建工学院
山东省电子工业学校
山东省农业管理干部学院
山东省教育学院
山东商业职业技术学院
山西运城学院
山西经济管理干部学院
广东技术师范学院天河学院
广东金融学院
广东科贸职业学院
广州市职工大学
广州城市职业技术学院
广州铁路职业技术学院
广州康大职业技术学院
中山火炬职业技术学院
中华女子学院山东分院
中国人民解放军军事经济学院
中国人民解放军第二炮兵学院
中国矿业大学
中南大学
中南林业科技大学
中原工学院
内蒙古工业大学职业技术学院
内蒙古民族高等专科学校
内蒙古警察职业学院
天津职业技术师范学院
太原城市职业技术学院
太原理工大学阳泉学院
长沙大学
长沙民政职业技术学院
长沙交通学院
长沙航空职业技术学院
长春汽车工业高等专科学校
兰州资源环境职业技术学院
包头轻工职业技术学院
北华航天工业学院
北京对外经济贸易大学
北京科技大学成人教育学院
北京科技大学职业技术学院
四川托普职业技术学院
宁波城市职业技术学院
石家庄学院
辽宁交通高等专科学校
辽宁经济职业技术学院
华中科技大学
华东交通大学
华北电力大学
安徽水利水电职业技术学院
安徽交通职业技术学院
安徽行政学院
安徽国防科技职业学院
安徽职业技术学院
安徽新闻出版职业技术学院
扬州江海职业技术学院
江汉大学
江西大宇职业技术学院
江西工业职业技术学院
江西服装职业技术学院
江西城市职业学院
江西渝州电子工业学院

江西赣西学院
西北大学软件职业技术学院
西安文理学院
西安外事学院
西安欧亚学院
西安铁路职业技术学院
杨陵职业技术学院
国家林业局管理干部学院
昆明冶金高等专科学校
武汉大学
武汉工业学院
武汉工程大学
武汉工程职业技术学院
武汉广播电视大学
武汉电力职业技术学院
武汉软件职业学院
武汉科技大学工贸学院
武汉科技大学外语外事职业学院
武汉铁路职业技术学院
武汉商业服务学院
河南济源职业技术学院
南昌大学共青学院
南昌工程学院
哈尔滨金融专科学校
济南大学
济南交通高等专科学校
济南铁道职业技术学院
荆门职业技术学院
贵州无线电工业学校
贵州电子信息职业技术学院
重庆工业职业技术学院
重庆正大软件职业技术学院
恩施职业技术学院
浙江工业职业技术学院
浙江水利水电高等专科学校
浙江国际海运职业技术学院
黄冈职业技术学院
黄石理工学院
湖北工业大学
湖北水利水电职业技术学院
湖北长江职业学院
湖北交通职业技术学院
湖北汽车工业学院
湖北经济学院
湖北药检高等专科学校
湖北教育学院
湖北第二师范学院
湖北职业技术学院
湖北鄂州大学
湖南大众传媒职业技术学院
湖南大学
湖南工业职业技术学院
湖南工学院
湖南信息科学职业学院
湖南涉外经济学院
湖南郴州职业技术学院
湖南商学院
湖南税务高等专科学校
黑龙江司法警官职业学院
黑龙江农业工程职业学院
福建水利电力职业技术学院
福建林业职业技术学院
蓝天学院

序

根据1999年8月教育部高教司制定的《高职高专教育基础课程教学基本要求》（以下简称《基本要求》）和《高职高专教育专业人才培养目标及规格》（以下简称《培养规格》）的精神，由中国水利水电出版社北京万水电子信息有限公司精心策划，聘请我国长期从事高职高专教学、有丰富教学经验的教师执笔，在充分汲取了高职高专和成人高等学校在探索培养技术应用性人才方面取得的成功经验和教学成果的基础上，撰写了此套《21世纪高职高专新概念教材》。

为了编写本套教材，出版社进行了广泛的调研，走访了全国百余所具有代表性的高等专科学校、高等职业技术学院、成人教育高等院校以及本科院校举办的二级职业技术学院，在广泛了解情况、探讨课程设置、研究课程体系的基础上，经过学校申报、征求意见、专家评选等方式，确定了本套书的主编，并成立了编委会。每本书的编委会聘请了多所学校主要学术带头人或主要从事该课程教学的骨干，教学大纲的确定以及教材风格的定位均经过编委会多次认真讨论。

本套《21世纪高职高专新概念教材》有如下特点：

（1）面向21世纪人才培养的需求，结合高职高专学生的培养特点，具有鲜明的高职高专特色。本套教材的作者都是长期在第一线从事高职高专教育的骨干教师，对学生的基本情况、特点和认识规律等有深入的了解，在教学实践中积累了丰富的经验。因此可以说，每一本书都是教师们长期教学经验的总结。

（2）以《基本要求》和《培养规格》为编写依据，内容全面，结构合理，文字简练，实用性强。在编写过程中，作者严格依据教育部提出的高职高专教育“以应用为目的，以必需、够用为度”的原则，力求从实际应用的需要（实例）出发，尽量减少枯燥、实用性不强的理论概念，加强了应用性和实际操作性强的内容。

（3）采用“问题（任务）驱动”的编写方式，引入案例教学和启发式教学方法，便于激发学习兴趣。本套书的编写思路与传统教材的编写思路不同：先提出问题，然后介绍解决问题的方法，最后归纳总结出一般规律或概念。我们把这个新的编写原则比喻成“一棵大树、问题驱动”的原则。即：一方面遵守先见（构建）“树”（每本书就是一棵大树），再见（构建）“枝”（书的每一章就是大树的一个分枝），最后见（构建）“叶”（每章中的若干小节及知识点）的编写原则；另一方面采用问题驱动方式，每一章都尽量用实际中的典型实例开头（提出问题、明确目标），然后逐渐展开（分析解决问题），在讲述实例的过程中将本章的知识点融入。这种精选实例，并将知识点融于实例中的编写方式，可读性、可操作性强，非常适合高职高专的学生阅读和使用。本书读者通过学习构建本书中的“树”，由“树”找“枝”，顺“枝”摸“叶”，最后达到构建自己所需要的“树”的目的。

（4）部分教材配有实验指导和实训教程，便于学生练习提高。

（5）部分教材配有动感电子教案。为顺应教育部提出的教材多元化、多媒体化发展的要求，大部分教材都配有电子教案，以满足广大教师进行多媒体教学的需要。电子教案用 PowerPoint 制作，教师可根据授课情况任意修改。相关教案的具体情况请到中国水利水电出版社网站www.waterpub.com.cn下载。

（6）提供相关教材中所有程序的源代码，方便教师直接切换到系统环境中教学，提高教学效果。

总之，本套教材凝聚了数百名高职高专一线教师多年的教学经验和智慧，内容新颖，结构完整，概念清晰，深入浅出，通俗易懂，可读性、可操作性和实用性强。

本套教材适用于高等职业学校、高等专科学校、成人及本科院校举办的二级职业技术学院和民办高校。

新的世纪吹响了我国高职高专教育蓬勃发展的号角，新世纪对高职教育提出了新的要求，高职教育占据了全面素质教育中所不可缺少的地位，在我国高等教育事业中占有极其重要的位置，在我国社会主义现代化建设事业中发挥着日趋显著的作用，是培养新世纪人才所不可缺少的力量。相信本套《21 世纪高职高专新概念教材》的出版能为高职高专的教材建设和教学改革略尽绵薄之力，因为我们提供的不仅是一套教材，更是自始至终的教育支持，无论是学校、机构培训还是个人自学，都会从中得到极大的收获。

当然，本套教材肯定会有不足之处，恳请专家和读者批评指正。

21 世纪高职高专新概念教材编委会

2001 年 3 月

前　　言

模拟电子技术是电子、电气及自动控制等专业的一门重要的专业基础课，为适应高职、高专教育及现代电子技术的迅速发展，在基础理论必须够用，重点突出实际应用思想的指导下，作者聚多年长期从事应用电子技术专业、专业基础课和专业课的教学经验，参考当前国内出版的同类教材后，完成本书编写的。在编写过程中力争做到以下几点：

1. 全书对基础理论的阐述，力求概念准确、语言简洁，突出高职、高专教育的特色，在满足基础理论必须够用的前提下，更多地强调在理论指导下的实际应用。

2. 全书在内容的取舍上，为适应电子技术飞速发展的需要，在保持电子技术理论完整性的基础上，大胆地去掉了部分过时的内容，适当引入一些新的内容和技术成果。

3. 全书在内容的安排上，一改过去专业基础课教学与实际应用脱节的现象，较好地将专业基础课的教学融入到实际应用之中，较好地实现了由分立元件向集成电路的过渡，使学生学习起来不枯燥。

4. 为了保证电子技术理论的完整性，又不增加教师课堂教学负担，书中部分内容打上了“*”号，可作为学生拓宽知识面的自学资料。

全书内容共分9章，按照理论教学70学时左右编写，每章附有思考题与练习题，供读者思考与练习。

本书由夏春华担任主编，李荆洪、杨蕊、陈开经担任副主编，第1、2、3、5、6、9章由夏春华执笔，第7、8章由李荆洪执笔，第5章由杨蕊执笔。陈开经同志参加了第2章中晶闸管、三极管的判别与代换内容的编写以及整机原理部分电路的绘图及校对工作。王顺兰、王亮同志参加了本书的文字录入和思考题与练习题部分的绘图工作，在此一并表示衷心的感谢。

由于作者水平有限，书中难免有错、漏和不妥之处，恳请读者批评指正。

编　者

2002年12月

目　　录

第 1 章　半导体二极管及其应用电路

本 章 重 点 内 容

- PN 结及其单向导电特性。
- 半导体二极管的伏安特性曲线。
- 二极管在实际中的应用。

1.1　PN 结

因为半导体二极管是由半导体材料构成的，所以，我们在学习半导体二极管的工作原理之前，有必要了解半导体及其特性。

1.1.1　本征半导体

大家知道，自然界中的物质按导电性能的不同可划分为：导体、半导体和绝缘体。半导体的导电能力介于导体和绝缘体之间，它具有独特的掺杂性、热敏性和光敏性。半导体按其是否掺入杂质来划分，可分成本征半导体和杂质半导体。所谓本征半导体，就是一种纯净晶体结构的半导体，下面我们以不掺任何杂质的 N 型半导体（或 P 型半导体）为例，来看看它们的主要特点。

如图 1.1（a）所示是硅和锗原子的简化结构模型，图 1.1（b）是晶体共价键结构的平面示意图。从图中可知，硅和锗都是 4 价元素，最外层的原子轨道上具有 4 个电子，称为价电子。每个原子的 4 个价电子不仅受自身原子核的束缚，而且还与周围相邻 4 个原子发生联系，这些价电子一方面围绕自身的原子运动，另一方面也时常出现在相邻原子所属的轨道上，这样，相邻的原子就被共有的价电子联系在一起，称为共价键结构。

本征半导体是一种完全纯净、结构完整的半导体晶体。在温度为零开［尔文］（相当于负 273.15℃）时，每一个原子的外围电子被共价键所束缚，不能自由移动。这样，本征半导体中虽有大量的价电子，但没有自由电子，此时半导体是不导电的。

当温度升高或受光照时，由于半导体共价健中的价电子并不像绝缘体中束缚得那样紧，价电子从外界获得一定的能量，少数电子会挣脱共价键的束缚，成为自由电子，同时在原来共价健的相应位置上留下 1 个空位，这个空位称为空穴。空穴的出现是半导体区别于导体的一个重要特点。显然，自由电子和空穴是成对出现的，所以称它们为电子—空穴对。在本征半导体中，电子与空穴的数量总是相等的，我们把在热或光的作用下，本征半导体中产生的电子、空穴的现象，称为本征激发，又称热激发。

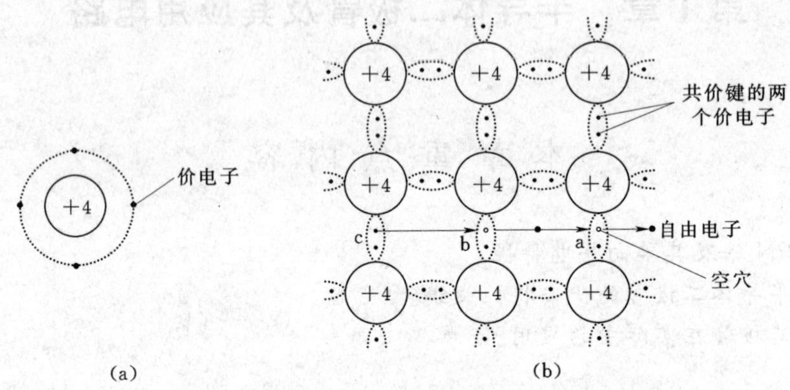

图 1.1 硅、锗原子结构模型及共价键结构示意图

(a) 硅和锗原子的简化结构模型；(b) 晶体的共价键结构及电子空穴对的产生

由于共价键中出现了空位，在外电场或其他能源的作用下，邻近的价电子就可填补到这个空位（空穴）上来，而在这个价电子的原来位置上又留下新的空位，以后其他价电子又可以转移到这个新的空位上，为了区别于自由电子的运动，我们把这种价电子的填补运动称为空穴运动，因为空穴是一种带正电荷的载流子，它所带正电荷的数目和电子相等，符号相反。由此可见，本征半导体中存在两种载流子：电子和空穴。而金属导体中只有一种载流子——电子。本征半导体在电场作用下，两种载流子的运动方向相反，而形成的电流方向相同。

1.1.2 杂质半导体

由以上分析可见，在本征半导体内部，自由电子和空穴总是成对出现的，所以平时对外总是呈中性。在本征半导体中掺与少量的杂质，会使半导体的导电能力发生显著的变化，且根据掺入的杂质不同，可形成两种不同的杂质半导体，即 N 型半导体和 P 型半导体。

1.1.2.1 N 型半导体

在纯净的半导体硅（或锗）中掺入微量 5 价元素（如磷）后，就可成为 N 型半导体，如图 1.2 所示。由于 5 价的磷原子同相邻 4 个硅（或锗）原子组成共价键时，有 1 个多余的价电子不能构成共价键，这个价电子就变成了自由电子。在这种半导体中，自由电子数远大于空穴数，导电以电子为主，故此类半导体也称为电子型半导体。

1.1.2.2 P 型半导体

在硅（或）锗的晶体内掺入少量的 3 价元素，如硼（或铟）等。硼原子只有 3 个价电子，它与周围硅原子组成共价键时，因缺少 1 个电子，在晶体中便产生 1 个空穴。这个空穴与本征激发产生的空穴都是载流子，具有导电性能。P 型半导体共价健结构如图 1.3 所示。

1.1.2.3 PN 结的形成

杂质半导体增强了半导体的导电能力。然而，单一的 N 型或 P 型半导体只能起电阻作用。但是，如果将这两种半导体以某种方式结合在一起，构成 PN 结，就可以使半导体的导电性能受到

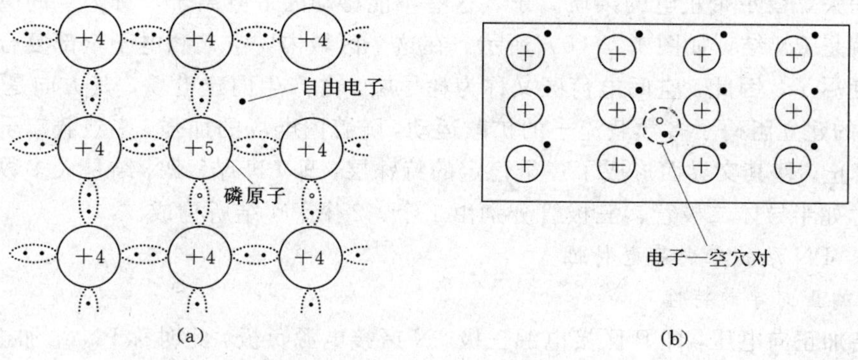

图 1.2　N 型半导体的结构

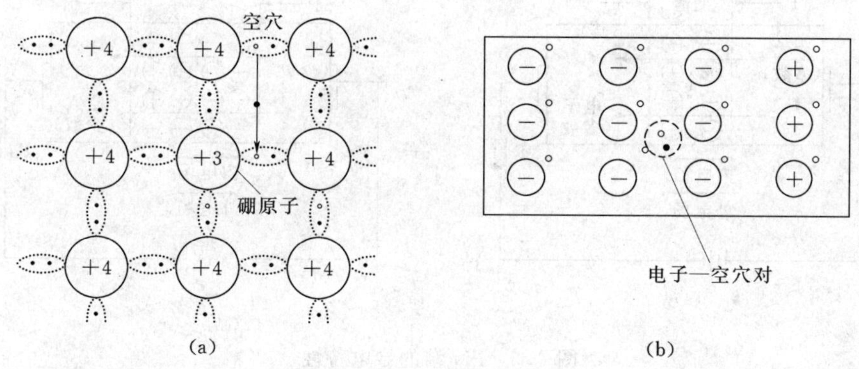

图 1.3　P 型半导体的结构

控制，这样才能制成各种具有不同特性的半导体器件。

利用特殊的掺杂工艺，可使半导体的一部分成为 P 型半导体（P 区），而另一部分成为 N 型半导体（N 区），如图 1.4 所示。

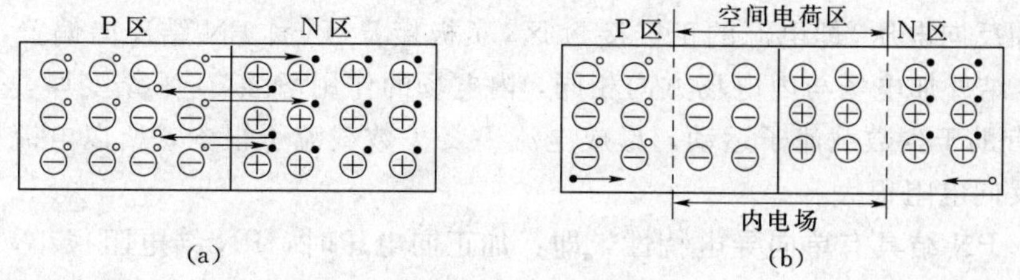

图 1.4　PN 结的形成

(a) 多子扩散；(b) PN 结

当 P 型半导体和 N 型半导体结合在一起时，由于 P 区的空穴浓度远大于 N 区的空穴浓度，因此，P 区空穴要向 N 区扩散。同理，N 区的电子也要向 P 区扩散。于是，在交界面附近形成电子和空穴的扩散运动，如图 1.4 (a) 中剪头所示。在交界面 P 区一侧的空穴因扩散且与 N 区扩散来的电子复合而消失，留下带负电的杂质离子；N 区一侧的电子因扩散且与 P 区扩散来的空穴复合而消失，留下带正电的杂质离子。这些不能移动的带电离子，称为空间电荷区，这个空间电荷区就是PN结，如图1.4（b）所示。在这个区域内，空穴和电子全部复合了，或者说载流子都消耗尽了，因此，空间电荷区又称为耗尽层。并产生内建电场，其方向是从N区指向P区，内电场的建立阻碍了多数载流子的扩散运动，随着内电场的加强，多数载流了的扩散逐步减弱，直至停止。使其交界面形成了一个稳定的特殊层，即PN结。PN结是大多数半导体器件的基本结构，如半导体二极管、三极管分别由1个、2个PN结所构成。

1.1.2.4 PN结的单向导电特性

1.PN结的正向导通特性

给PN结加正向电压，即P区接电源正极，N区接电源负极，此时称PN结加正向偏置，如图1.5（a）所示。

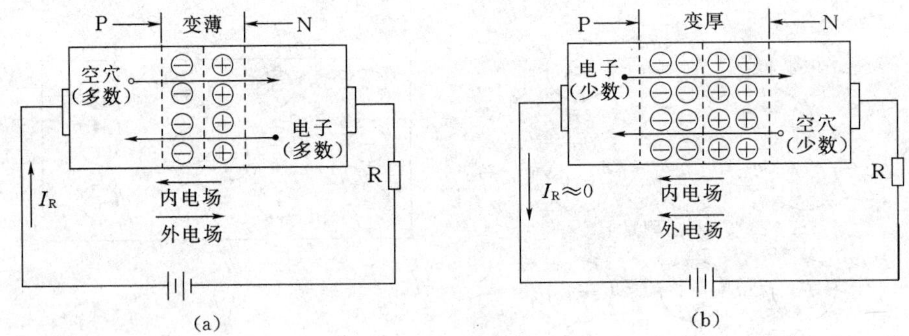

图1.5 PN结的导电特性

（a）正向偏置；（b）反向偏置

这时PN结外加电场与内电场方向相反，当外电场大于内电场时，外加电场抵消内电场，使空间电荷区变窄，有利于多数载流子运动，形成正向电流。外加电场越强，正向电流越大，这意味着PN结的正向电阻越小。

2.PN结的反向截止特性

给PN结加反向电压，即电源的正极接N区，负极接P区，称PN结反向偏置，如图1.5（b）所示，这时PN结外加电场与内电场方向相同，内电场的作用增强，PN结变厚，多数载流子运动难于进行，有助于少数载流子运动，形成电流I_R，少数载流子很少，所以电流很小，接近于零，即PN结反向电阻很大。

综上所述，PN结具有单向导电特性，即：加正向电压时，PN结电阻很小，电流I_R较大（常称为PN结正向导通），该电流是由多数载流子的扩散运动形成的；加反向电压时，PN结电阻很大，电流I_R很小（常称为PN结反向截止），该电流是由少数载流子运动形成的。

将一个PN结加上相应的两根外引线，然后用塑料、玻璃或铁皮等材料做成外壳封装就成为最简单的二极管。其中，正极从P区引出，负极从N区引出。根据所用材料不同，二极管可分为锗管和硅管。

1.2 半导体二极管

1.2.1 半导体二极管的结构及其在电路中的符号

在形成 PN 结的 P 型半导体和 N 型半导体上，分别引出两根金属引线，并用管壳封装，就制成二极管。其中从 P 区引出的线为正极，从 N 区引出的线为负极。二极管的结构外形及在电路中的文字符号如图 1.6 所示。在图 1.6 (b) 所示电路符号中，箭头指向为正向导通电流方向。

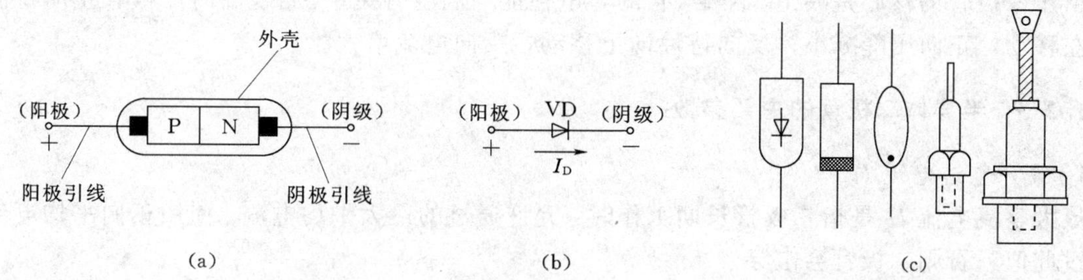

图 1.6　二极管结构、符号及外形
(a) 结构；(b) 电路符号；(c) 实物外形

1.2.2　半导体二极管的伏—安特性

半导体二极管的核心是 PN 结，它的特性就是 PN 结的单向导电特性。常利用伏—安特性曲线来形象地描述二极管的单向导电性。所谓伏—安特性，是指二极管两端电压和流过二极管电流的关系。若以电压为横坐标，电流为纵坐标，用作图法把电压、电流的对应值用平滑曲线连接起来，就构成二极管的伏—安特性曲线，如图 1.7 所示（图中虚线为锗管的伏—安特性，实线为硅管的伏—安特性），下面对二极管的伏—安特性曲线加以说明。

1. 正向特性

当二极管两端加正向电压时，就产生正向电流，正向电压较小时，正向电流极小（几乎为零），这一部分称为死区，相应的 A (A') 点的电压命名为死区电压或门槛电压（也称阈值电压），硅管约为 0.5V，锗管约为 0.1V，如图 1.7 中 $0A$（或 $0A'$）段所示。

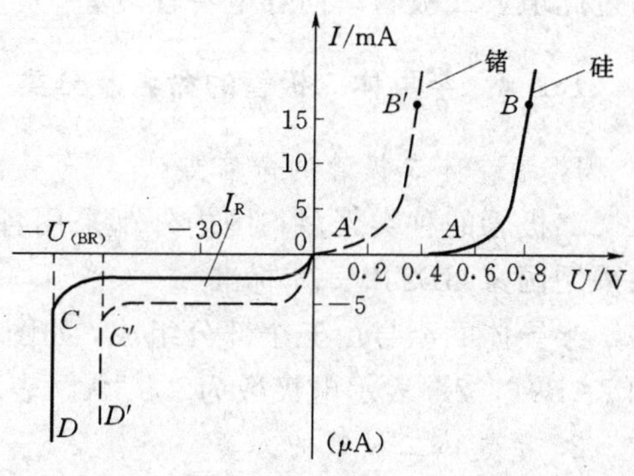

图 1.7　二极管伏—安特性曲线

当正向电压超过门槛电压时，正向电流就会急剧地增大，二极管呈很小电阻而处于导通状态，这时硅管的正向导通电压约为 0.6～0.7V，锗管约为 0.2～0.3V，如图 1.7 中 AB（或 $A'B'$）段所示。

二极管正向导通时，要特别注意它的正向电流不能超过最大值，否则将烧坏 PN 结。

2. 反向特性

当二极管两端加上反向电压时，在开始很大范围内，二极管相当于非常大的电阻，反向电流很小，且不随反向电压而变化。此时的电流称之为反向饱和电流 I_R，如图 1.7 中 0C（或 0C′）段所示。

3. 反向击穿特性

二极管反向电压加到一定数值时，反向电流急剧增大，这种现象称为反向击穿。此时对应的电压称为反向击穿电压。用 U_{BR} 表示，如图 1.7 中 CD（或 C′D′）段所示。

4. 温度对特性的影响

由于二极管的核心是一个 PN 结，它的导电性能与温度有关系，温度高时二极管正向特性曲线向左移动，正向压降减小；反向特性向下移动，反向电流增大。

1.2.3 半导体二极管的主要参数

1. 最大整流电流 I_F

最大整流电流 I_F 是指二极管长期工作时，允许通过的最大平均电流。使用正向平均电流不能超过此值，否则二极管会击穿。

2. 最大反向工作电压 U_{RM}

最大反向工作电压 U_{RM} 是指二极管正常工作时，所承受的最高反向电压（峰值）。通常手册上给出的最大反向工作电压是击穿电压的一半左右。

3. 反向饱和电流 I_R

反向饱和电流 I_R 是指在规定的反向电压和室温下所测得的反向电流值。其值越小，说明管子的单向导电性能越好。

4. 二极管的直流电阻 R

二极管的直流电阻 R 指加在二极管两端的直流电压与流过二极管的直流电流的比值。二极管的正向电阻较小，约为几欧到几千欧；反向电阻很大，一般可达零点几兆欧以上。

5. 最高工作频率 f_M

最高工作频率 f_M 是指二极管正常工作时上、下限频率，它的大小与 PN 结的结电容有关，超过此值，二极管单向导电特性变差。

1.2.4 半导体二极管的命名及分类

1. 半导体二极管的命名方法

二极管的种类繁多，国内外都采用各自的命名方法加以区别。我国国产半导体器件命名方法采用国家 GB249—74 标准。

半导体的型号由五个部分组成，如图 1.8 所示。其型号组成部分的符号及其意义见附录一。如 2AP9：“2”表示电极数为 2，“A”表示 N 型锗材料，“P”表示普通管，“9”表示序号。

2. 半导体二极管的分类

（1）按材料分：有硅二极管、锗二极管和砷化镓二极管等。

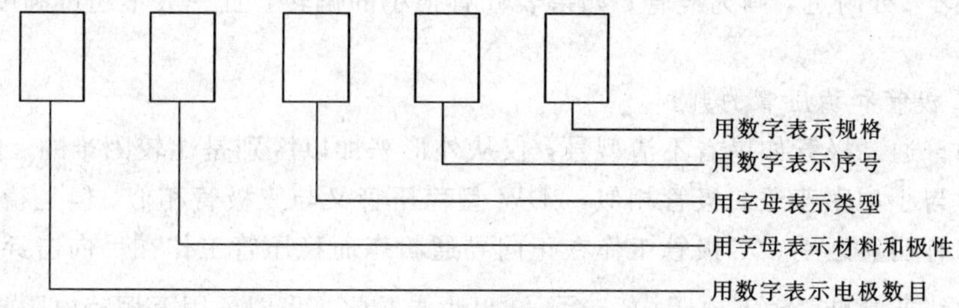

图 1.8　半导体器件的型号组成

(2) 按结构分：根据 PN 结面积大小，有点接触型、面接触型二极管。

(3) 按用途分：有整流、稳压、开关、光电、变容、阻尼等二极管。

(4) 按封装分：有塑封及金属封等二极管。

(5) 按功率分：有大功率、中功率及小功率等二极管。

1.2.5　二极管的判别及使用注意事项

1.2.5.1　二极管的判别（用万用表进行检测）

1. 二极管正、负极性及好坏的判断

二极管的正、负极 一般可以通过二极管管壳上的符号、标志来识别。如果管壳上没有符号或标志不清，就需要用万用表进行检测。其检测方法是：首先把万用表拨到 $R\times100\Omega$ 或 $R\times1\text{k}\Omega$ 挡（一般不用 $R\times1\Omega$ 挡，因为电流太大，而 $R\times10\text{k}\Omega$ 电压太高，管子会有被击穿的危险），然后，将两表棒分别接二极管的两个电极，测得一个电阻值，交换一次电极再测一次，从而得到两个电阻值。

管子的正向电阻值一般在几十欧至几千欧之间，反向电阻值一般在几十千欧到几百千欧之间。若以所测得的两个电阻值中数值最小的一次为准，则黑表笔接的是二极管的正极，红表笔接的是二极管的负极。如果以电阻值最大的一次为准，则红表笔接的是二极管的正极，黑表笔接的是二极管的负极。

2. 二极管好坏的判别

性能好的二极管，一般反向电阻值比正向电阻值大几百倍以上。若二次测得的正、反向电阻值均很小或近于零，说明管子内部已击穿而短路；如果正、反向电阻值均很大或接近于无穷大，说明管子内部已经断开（常称为开路）；如果电阻值相差不大，说明其性能变坏或已失效，出现以上三种情况的二极管都不能使用。

3. 硅二极管和锗二极管的判断

首先，可以从管壳上标有的型号来加以判别，当看不到型号时，我们可以利用硅管和锗管正、反向电阻值不一样的特点用万用表来判别。其判别方法如下：

将万用表拨到 $R\times100\Omega$ 或 $R\times1\text{k}\Omega$ 挡，用黑表笔接二极管的“＋”极，红表笔接二极管的“－”极（即测量其正向电阻值）。如果表针的指示在表盘中间或中间偏右一点，则该管为锗管，然后，再用万用表红表笔接二极管的“＋”极，黑表笔接二极管的“－”极，如果表针基本不动，指针在“∞”处附近，则为硅管；如果表针有很小的偏转，且一般不超过满度的1/4，则为锗管。

4. 普通二极管和稳压管的判别

稳压管和普通二极管如果看不清型号，仅从外形来加以区别是比较困难的。例如，2CW型稳压管的外形与小功率普通二极管相似，2DW型稳压管又与三极管相似，但是稳压管和二极管的工作状态却有明显区别。二极管工作在正向导通状态而稳压管工作在反向击穿状态。其反向伏—安特性曲线非常陡，动态电阻$\left(R_z=\dfrac{\Delta U_z}{\Delta I_z}\right)$很小，据此，我们可用万用表电阻挡来加以区分，方法如下：

将万用表拨到$R\times 10\text{k}\Omega$挡，用黑表笔接二极管的负极，红表笔接正极，由表内叠层电池向管子提供反向电压，此时，注意观察表针，若基本不动，停在“∞”处或有极小偏转的为普通二极管，若表针有一定的偏转，则为稳压管。此方法适用于反向击穿电压比$R\times 10\text{k}\Omega$挡的表内叠层电池电压低的稳压管。

1.2.5.2 二极管使用注意事项

(1) 二极管应按照用途、参数及使用环境选择。

(2) 使用二极管时，正、负极不可接反。通过二极管的电流，承受的反向电压及环境温度等都不应超过手册中所规定的极限值。

(3) 更换二极管时，应用同类型或高一级的代替。

(4) 二极管的引线弯曲处距离外壳端面应不小于2mm，以免造成引线折断或外壳破裂。

(5) 焊接时应用35W以下的电烙铁，焊接要迅速，并用镊子夹住引线根部，帮助散热，防止烧坏管子。

(6) 安装时，应避免靠近发热元件，对功率较大的二极管，应注意良好散热。

(7) 二极管在容性负载电路中工作时，二极管整流电流应大于负载电流的20%。

*1.3 几种常用的特殊二极管

前面我们讨论了普通二极管，另外还有一些特殊用途的二极管，如稳压二极管、发光二极管、光电二极管和变容二极管等，现简要介绍如下。

1.3.1 稳压二极管

1.3.1.1 稳压二极管的工作特性

稳压二极管简称稳压管，它的伏—安特性曲线和在电路中的符号如图1.9所示。稳压管和普通二极管正向特性相同，不同的是反向击穿电压较低，且击穿特性陡峭，这说明反向电流在较大范围内变化时，击穿电压基本不变，稳压管正是利用反向击穿特性来实现稳压的，此时击穿电压称为稳定工作电压，用U_Z表示。

1.3.1.2 稳压管的主要参数

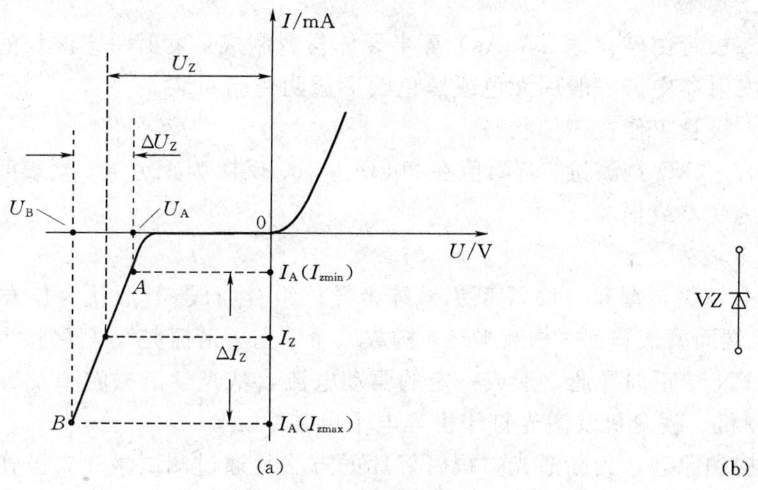

图 1.9　稳压二极管的特性曲线和符号

(a) 伏—安特性；(b) 符号

1. 稳定电压 U_Z

稳定电压 U_Z 即反向击穿电压。由于击穿电压与制造工艺、环境温度和工作电流有关，因而在手册中只能给出某一型号的稳压范围。例如，2CW21A 这种稳压管的稳定电压 U_Z 为 4～5.5V，2CW55A 的稳定电压为 6.2～7.5V，但是，对于某种稳压管，U_Z 是确定的。

2. 稳定电流 I_Z

稳定电流 I_Z 是指稳压管工作至稳定状态时流过的电流。当稳压管稳定电流小于最小稳定电流 I_{zmin}时，没有稳定作用；大于最大稳定电流 I_{zmix}时，管子因过流而损坏。

1.3.2　发光二极管

发光二极管与普通二极管一样，也是由 PN 结构成的，同样具有单向导电性，但在正向导通时能发光，所以它是一种是把电能转换成光能的半导体器件。电路中的符号如图 1.10 所示。由于构成它的材料、封装形式、外形等不同，因而它的类型很多，这里简单介绍普通发光二极管、红外线发光二极管、激光二极管等。

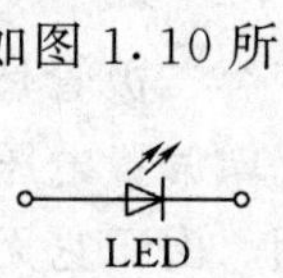

LED

图 1.10　发光二极管电路符号

1. 普通发光二极管

它是由磷化镓（GaP）或磷砷镓（GaAsP）等半导体材料制成的，发光颜色以红、绿、黄、橙四种颜色为主，有些也能发出几种色光，最近还出现了发蓝色光的发光二极管。普通发光二极管应用广泛，除作为各种电子设备电源指示灯外，还可以作为七段显示器件及 BP 机、手机背景灯等。

普通发光二极管工作在正偏状态。

检测发光二极管，一般用万用表 $R\times10k\Omega$ 挡，方法和普通二极管一样，一般正向电阻 15kΩ 左右，反向电阻无穷大。

2. 红外线发光二极管

红外线发光二极管由砷化镓（GaAs）等半导体材料制成，发射一定波长的红外线光，应用于各种红外遥控发射器中。一般用无色或黑色圆形透明树脂封装。

红外线发光二极管工作在正偏状态。

用万用表的 $R\times1\text{k}\Omega$ 挡测量，若阻值在 30kΩ 左右，反向为无穷大，则表明正常，否则红外线发光二极管性能变差或损坏。

3. 激光二极管

激光二极管由一块 P 型和一块 N 型铝镓砷半导体组合而成，其形状为长方形（长约 250μm，宽约 100μm），两端面磨成镜面，相互平行，构成一个“光学谐振腔”。P 区接电源正极，N 区接电源负极，此时 PN 结正向导通，形成一定的驱动电流，从光学谐振腔中发射出激光，波长约 600nm，用于 CD 机、视盘机及激光打印机等电子设备中。

根据内部结构和原理，判断激光二极管好坏的方法是通过测试激光二极管的正、反向电阻来确定好坏。若正向电阻为 20～30kΩ，反向阻值无穷大，说明正常，否则，要么激光二极管老化，要么损坏。

1.3.3 光电二极管

光电二极管工作在反偏状态，它的管壳上有一个玻璃口，以便接受光照。它的反向电流随光照强度的增加而上升，实现转换功能，广泛用于遥控接收器、激光头中。当制成大面积的光电二极管时，能将光能直接转换成电能，可当作一种能源器件，即光电池，电路符号如图 1.11 所示。

LED

图 1.11 光电二极管电路符号

光电二极管的检测方法和普通二极管一样，通常正常电阻为几千欧，反向电阻为无穷大。否则光电二极管质量变差或损坏。当受到光线照射时，反向电阻显著变化，正向电阻不变。

1.3.4 变容二极管

变容二极管是利用 PN 结电容可变原理制成的半导体器件，它仍工作在反向偏置状态，当外加的反向偏置电压的大小变化时，其结电容随外加偏压的变化而变化，在电路中当作可变电容器使用。由于它无机械磨损且体积小，因而广泛应用于彩电调谐器中，不同型号的管子，其容

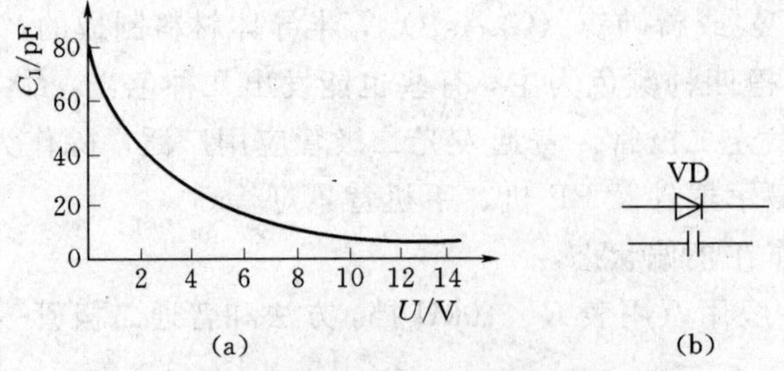

图 1.12 变容二极管的压控特性曲线和电路符号

(a) 压控特性曲线；(b) 电路符号

量变化的范围也不一样，一般在 3～300pF，最大容量与最小容量之比约为 5∶1。它的压控特性曲线和电路符号如图 1.12 所示。

1.4　半导体二极管的应用

二极管是电子电路中最常使用的半导体器件。利用其单向导电特性及导通时正向压降很小的特点，可用来完成整流、检波、钳位、限幅、开关以及电路元件保护等任务。

1.4.1　整流

所谓整流，就是将交流电压变为单方向脉动的直流电压。利用二极管的单向导电性可组成二相、三相等各种形式的整流电路，然后再经过滤波、稳压，便可以获得平稳的直流电压。这些内容将在第 8 章中详细介绍。

1.4.2　钳位

利用二极管正向导通时压降很小的特性，可组成钳位电路，如图 1.13 所示。图中，若 A 点 $U_A=0$，二极管 VD 可正向导通，其压降很小，故 F 点的电位也被钳制在 0V 左右，即 $U_F\approx0$。

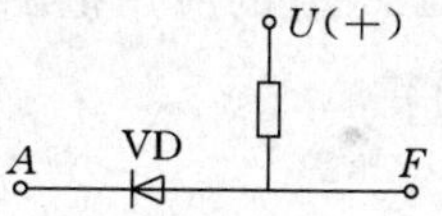

图 1.13　二极管钳位电路

1.4.3　限幅

利用二极管正向导通后其两端电压很小且基本不变的特性，可以构成各种限幅电路，使输出电压限制在某一电压值以内。如图 1.14 所示为一正负对称限幅电路，设输入电压 $u_i=10\sin\omega t$（V），$U_{s1}=U_{s2}=5$V。

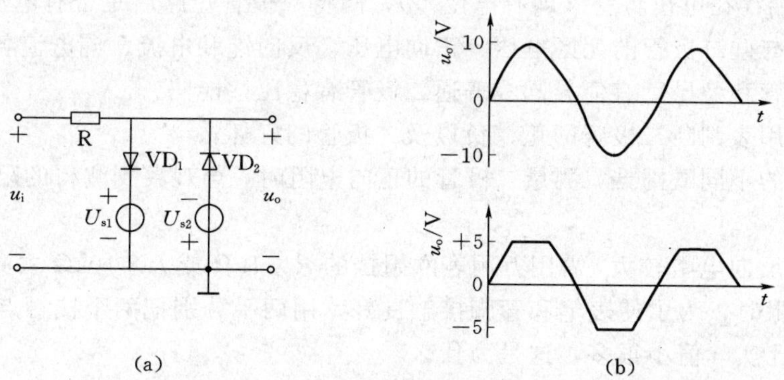

图 1.14　二极管限幅电路及波形

（a）限幅电路；（b）波形

当 $-U_{s2}<U_i<U_{s1}$ 时，VD_1、VD_2 都处于反向偏置而截止，因此 $I=0$，$u_o=u_i$。当 $u_i>U_{s1}$ 时，VD_1 处于正向偏置而导通，使输出电压保持在 U_{s1}。当 $u_i<-U_{s1}$ 时，VD_2 处于正向偏置而导通，

输出电压保持在$-U_{s2}$。由于输出电压u_o被限制在$+U_{s1}$与$-U_{s2}$之间，即$|u_o|\leqslant 5V$，好像将输入信号的高峰和低谷部分削掉一样，因此这种电路又称为削波电路。输入、输出波形如图1.14(b)所示。

1.4.4 电路中的元件保护

在电子电路中，常用二极管来保护其他元器件免受过高电压的损害，如图1.15所示的电路，L和R是线圈的电感和电阻。

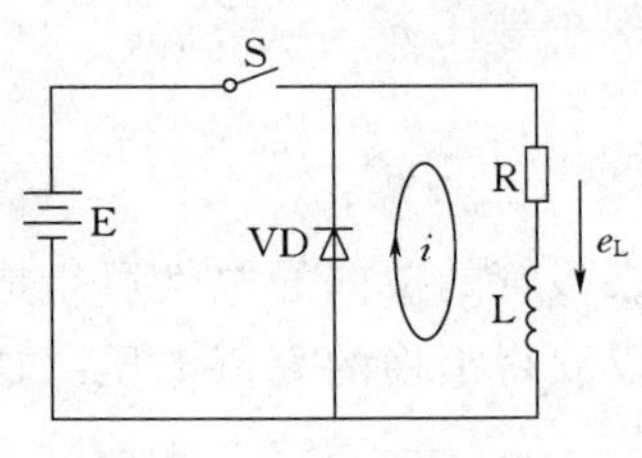

图1.15 二极管保护电路

在开关S接通时，电源E给线圈供电，L中有电流流过，储存了磁场能量。在开关S由接通到断开的瞬间，电流突然中断，L中将产生一个高于电源电压很多倍的自感电动势e_L，e_L与E叠加作用，在开关S的端子上产生电火花放电，这将影响设备的正常工作，使开关S寿命缩短。接入二极管VD后，e_L通过二极管VD产生放电电流i，使L中存储的能量不经过开关S放掉，从而保护了开关S。

除以上所介绍的用途外，还有许多特殊结构的二极管，例如：发光二极管、热敏二极管等它们在实际中的应用也非常多，这里就不一一介绍了。随着半导体技术的发展，二极管的应用范围将会越来越广。

思考题与练习题

思考题

1. 什么是PN结的偏置？PN结正向偏置与反向偏置时各有什么特点？

2. PN结两端存在电位势垒（即有电位差），问将二极管短路后是否有电流流通？

3. 锗二极管与硅二极管的死区电压、正向电压、反向饱和电流、漏电流各为多少？

4. 晶体二极管和稳压管有何异同？普通二极管有稳压性能吗？

5. 怎样用万用表判断二极管的正、负极及二极管的好坏？

6. 用万用表的不同欧姆挡，测量二极管的正向电阻时，会观察到测得的阻值不同，这是什么原因造成的？

7. 二极管的反向电阻较大，需用万用表欧姆挡的$R\times1k\Omega$或$R\times10k\Omega$去测量。有人在测量二极管的反向电阻时，为了使表笔和管脚接触良好，用两手分别把两个接触点捏紧，结果发现管子的反向电阻比实际值小很多，这是为什么？

练习题

1.1 填空题。

1. 杂质半导体有__________型和__________型之分。

2. PN结加正向电压，是指电源的正极接__________区，这种接法叫__________。

3. 二极管的两端加正向电压时，有一段“死区电压”，锗管约为__________，硅管约为__________。

4. 二极管的类型按材料分有__________和__________两类。

5. 硅稳压二极管主要工作在__________区。

6. 一只硅二极管在正向电压 $U_{VD}=0.6V$ 时，正向电流 $I_{VD}=10mA$，当 U_{VD} 增大到 0.66V（即增加 10%）时，则电流 $I_{VD}=$__________。

1.2　选择正确答案填空。

1. 有 220V、25W 的电烙铁，其电源控制电路如题 1.2 图所示，选择__________情况时烙铁温度最高。

A. S_1、S_2 均接通　　B. S_1 断开，S_2 接通

C. S_1 接通，S_2 断开　　D. S_1、S_2 均断开

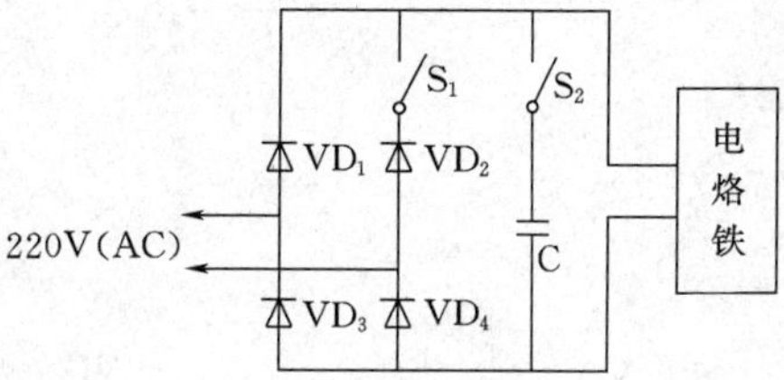

题 1.2 图

2. 二极管两端正向偏置电压大于______电压时，二极管才能导通。

A 击穿电压　B. 死区　C. 饱和

3. 当环境温度升高时，二极管的正向压降______，反向饱和电流______。

A. 增大　B. 减小　C. 不变　D. 无法判定

1.3　电路如题 1.3 图所示，设二极管为理想的，判断二极管是否导通，并求输出电压 U_O。

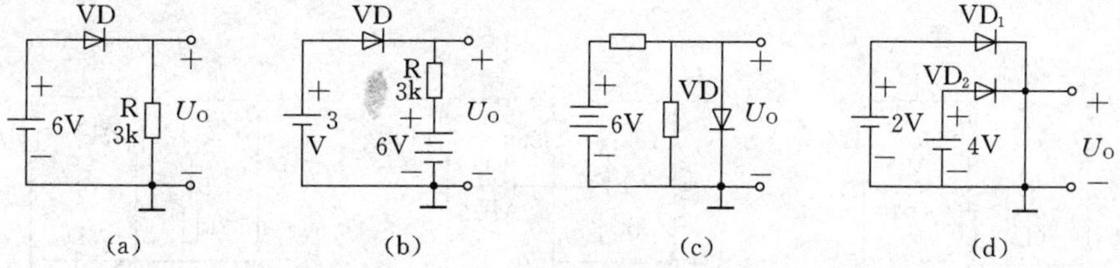

题 1.3 图

1.4　若稳压二极管 VZ_1 和 VZ_2 的稳定电压分别为 $-6V$ 和 $-10V$，求题 1.4 图所示电路的输出电压 U_O（忽略二极管正向导通电压）。

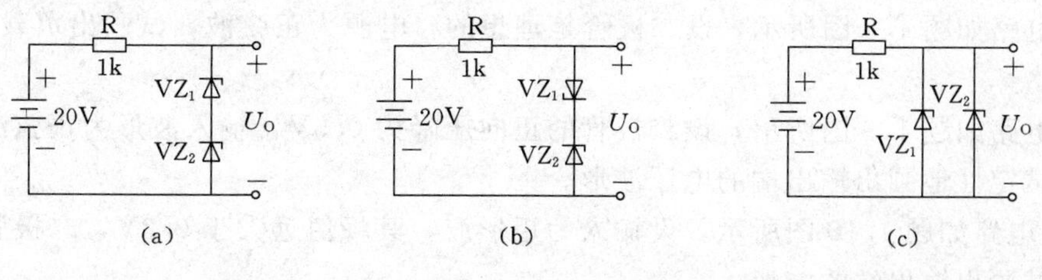

题 1.4 图

1.5　二极管电路如题 1.5 图所示，试判断图中二极管是导通还是截止？并求出 AB 两端的电压 U_{AB} 值。设二极管正向导通管压降为 0.6V，反向截止时的电阻为无穷大。

1.6　二极管电路如题 1.6 图所示，试判断图中的二极管是导通还是截止，并求出 AO 两端

的电压 U_{AO}。

1.7 二极管电路如题 1.7 图所示，试判断图中二极管是导通还是截止？为什么？

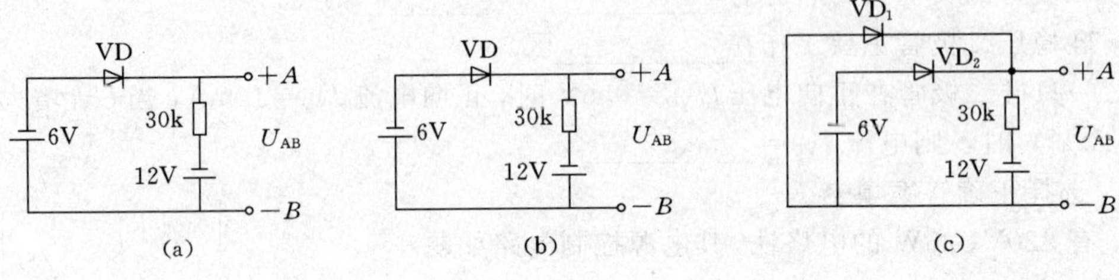

题 1.5 图

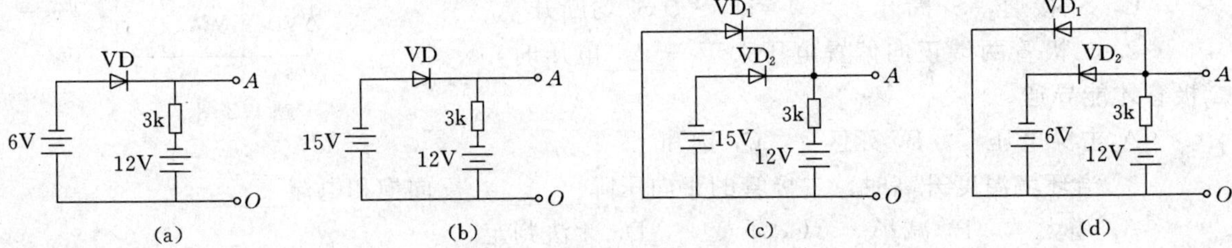

题 1.6 图

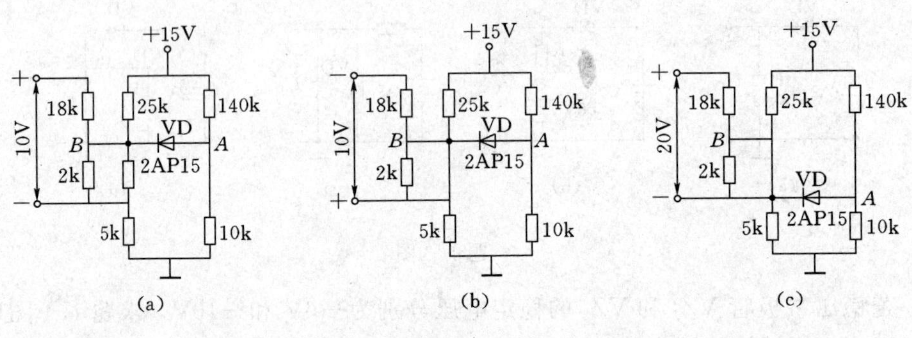

题 1.7 图

1.8 电路如题 1.8 图所示，设二极管是理想的，电源为正弦波，试画出负载 R_L 两端的电压波形。

1.9 电路如题 1.9 图所示，设二极管的正向压降为 0.5V，输入波形为正弦波，其峰值大于 5.6V，试定性地画出输出端的电压波形。

1.10 电路如题 1.10 图所示，设输入为矩形波，其峰值远大于 0.3V，二极管的正向压降为 0.3V，试画出输出端的波形。

1.11 电路如题 1.11 图所示，设 $u_s = 15\sin\omega t$（V），稳压管 VZ 的稳定电压为 8V，限流电阻为 R，试近似画出 u_o 的波形。

1.12 利用稳压管 VZ 组成的简单稳压电路如题 1.12 图所示，R 为限流电阻，请定性说明因 R_L 变动或 U_1 变动时，U_O 基本恒定的理由。

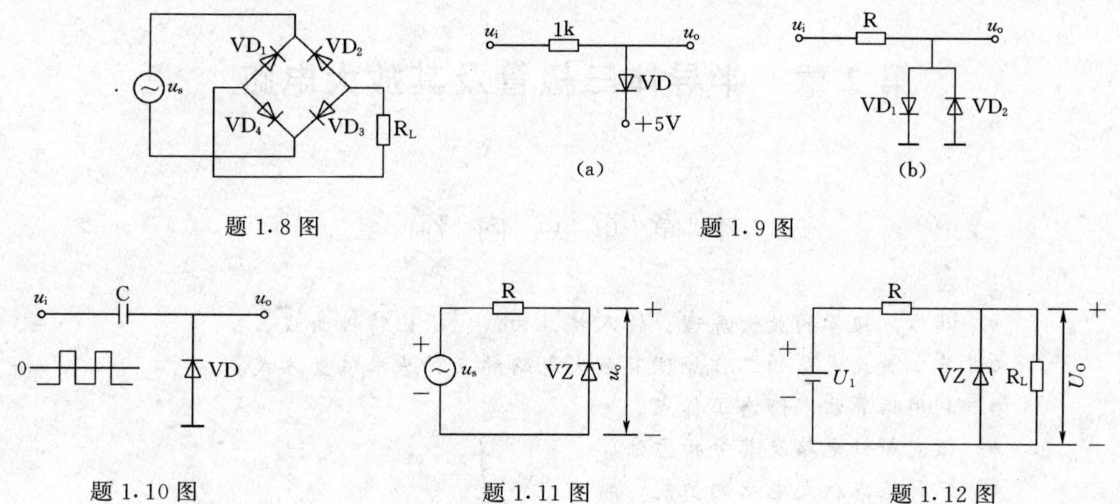

题 1.8 图　　题 1.9 图

题 1.10 图　　题 1.11 图　　题 1.12 图

第 2 章　半导体三极管及其放大电路

本章重点内容

- 晶体三极管的放大原理、输入特性曲线、输出特性曲线。
- 基本放大电路的工作原理及放大电路的三种基本偏置方式。
- 利用估算法求静态工作点。
- 微变等效电路及其分析方法。
- 三种基本放大电路的性能、特点。

2.1　半导体三极管

半导体三极管又称为晶体三极管，简称晶体管，因其内部参与导电的载流子有电子和空穴，所以又称它为双极型三极管。它是组成各种电子电路的核心器件。

2.1.1　三极管的结构及分类

1. 三极管的内部结构及其在电路中的符号

将两个 PN 结用一种特殊的制造工艺背靠背地连接起来，引出三个电极即可得到三极管，按 PN 结组合方式的不同，可得到 NPN 和 PNP 两种类型的三极管，其结构示意图和在电路中的符号如图 2.1 所示。

由图可见，无论是 NPN 型或是 PNP 型三极管，它们均有三个区，即：发射区、基区和集电区，并相应地引出三个电极，即：发射极（e）、基极（b）和集电极（c），同时，在相应两个

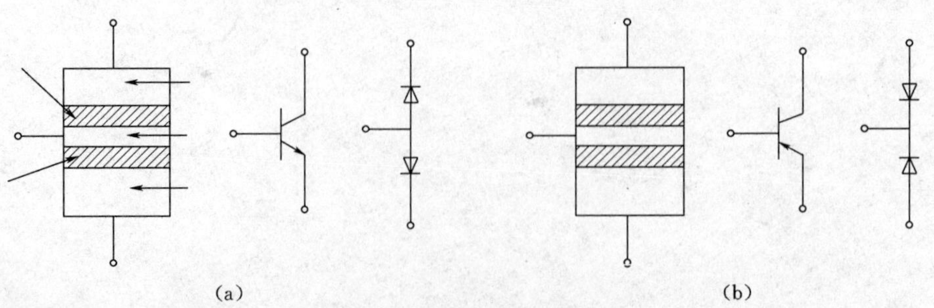

图 2.1　三极管的结构示意图及其在电路中的符号

（a）NPN；（b）PNP

区的交界处，形成两个 PN 结，分别称为发射结和集电结。

2. 三极管的分类

三极管的种类很多，有下列五种分类形式：

(1) 按其结构类型划分：可分为 NPN 管和 PNP 管；

(2) 按其制作材料划分：可分为硅管和锗管；

(3) 按其工作频率划分：可分为高频管和低频管；

(4) 按其功率大小划分：可分为大功率管、中功率管和小功率管；

(5) 按其工作状态划分：可分为放大管和开关管。

2.1.2　三极管的放大作用

从三极管的内部结构上看，相当于两个二极管背靠背地串联在一起。但是当我们简单地将单独的两个二极管按上述关系串联起来时，会发现它们并不具备放大作用。这是为什么？其主要原因是：三极管要实现放大，必须要有内部和外部条件作保证。

2.1.2.1　三极管放大时必须的内部条件

第一，在发射区进行重掺杂，因而多数载流子电子浓度很大。

第二，基区做得很薄，通常只有几微米到几十微米，而且是低掺杂。

第三，集电极面积大，以保证尽可能收集到发射区发射的电子。

2.1.2.2　三极管放大时必须的外部条件

第一，必须给三极管设置静态工作点（无信号输入时，三极管中必须存在合适的 I_B、I_C 和 U_{CE}）。

第二，所设置的静态工作电压，必须保证三极管的发射结加正向工作电压（即发射结正偏），集电结加反向工作电压（即集电结反偏）。

2.1.2.3　三极管内部载流子的传输过程

在满足上述条件后，三极管就具备了放大信号的作用，其载流子传输的过程如下：

图 2.2 所示为三极管内部载流子运动的过程。

1. 发射区向基区发射电子的过程

由于发射结正偏，发射区的多子电子向基区扩散，基区的多子空穴也向发射区扩散；又由于基区的掺杂浓度远低于发射区，因而发射区向基区扩散的电子浓度远大于基区向发射区扩散的空穴浓度，二者相比，后者可以忽略。为了保持发射区内载流子浓度的平衡，由外接电源 V_{CC} 和 V_{BB} 经过发射极向发射区补充电子，便形成了发射极电流 I_E。

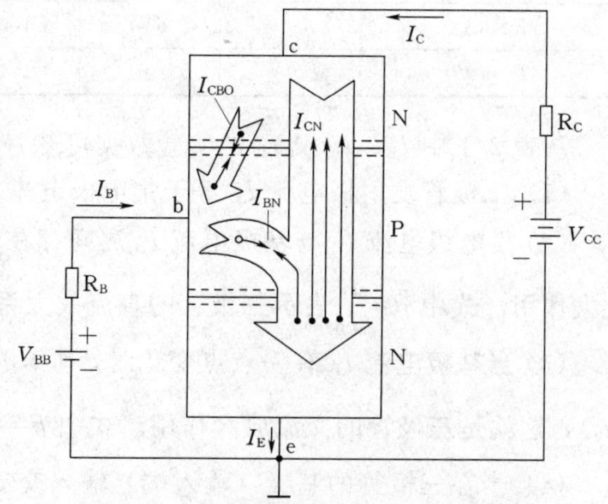

图 2.2　三极管内部载流子的运动情况

2. 电子在基区的扩散和复合过程

电子注入基区后，因为靠近发射结的电子多，靠近集电结的电子少，形成了浓度差，所以电子要向集电结方向扩散。电子在基区的扩散过程中，由于基区很薄，掺杂少，由发射区注入基区的电子绝大部分扩散到集电结，而只有很少一部分与基区空穴复合；为了保持基区内空穴载流子浓度的平衡，由外接电源 V_{BB}经过基极向基区填充空穴，便形成了流入的基极电流 I_{BN}，而且 I_{BN}很小。

3. 电子被集电区收集的过程

由于集电结反偏，使其耗尽层加宽，内电场增强，因此大量没有被复合的电子扩散到集电结的边沿，在强电场的作用下，越过集电结到达集电区；为了保持集电区内载流子浓度的平衡，外电源 V_{CC}使大量电子载流子经过集电极释放，便形成了流入的集电极电流 I_{CN}。

上面只说明了多数载流子的运动过程。实际上，集电结反偏，引起集电区与基区之间少数载流子的定向运动，形成反向饱和电流 I_{CBO}。I_{CBO}取决于少数载流子的浓度，它的数值很小，但受温度影响很大，容易使三极管工作不稳定。I_{CBO}越小，三极管的稳定性越好。

由图 2.2 不难得出：

$$I_C = I_{CN} + I_{CBO}$$

$$I_B = I_{BN} - I_{CBO}$$

$$I_E = I_{CN} + I_{BN} = I_C + I_B$$

上式说明，在三极管中发射极电流 I_E 等于集电极电流 I_C 和基极电流 I_B 之和。

对于 PNP 管，三个电极产生的电流方向正好和 NPN 管相反。其内部载流子的运动情况读者可自己分析。

2.1.2.4　三极管电流放大作用的进一步理解

在明确了正常放大状态下三极管内部载流子分配和传输过程后，为了使我们对三极管的电流放大作用有一个感性的认识，下面对实际三极管放大电路中的一组实验数据（见表 2.1）进行分析。

表 2.1　I_B、I_C、I_E 的实验数据

I_B/mA	−0.004	0	0.01	0.02	0.03	0.04	0.05
I_C/mA	0.004	0.01	1.09	1.98	3.07	4.06	5.05
I_E/mA	0	0.01	1.10	2.00	3.10	4.10	5.10

从表 2.1 中 I_E、I_C 及 I_B 的实验数据可知：

（1）三极管发射极电流 I_E 等于集电极电流 I_C 与基极电流 I_B 之和，即满足：$I_E = I_C + I_B$。

（2）集电极电流 I_C 与基极电流 I_B 之间存在着放大关系，即：$I_C = \overline{\beta} I_B$。这就是三极管的直流放大作用，式中 $\overline{\beta} = \frac{I_C}{I_B}$表示三极管的直流放大系数。

（3）当基极电流 I_B 有一点点变化时，其集电集电流 I_C 就有很大的变化，即 $\Delta I_c = \beta \Delta I_b$（$i_c = \beta i_b$），这就是三极管的交流放大作用。式中 $\beta = \frac{\Delta I_c}{\Delta I_b}$表示三极管对交流（变化量）的放大系数。

（4）当在三极管的基极（输入端）输入交流信号时，三极管在其集电极（输出端）的信号不仅放大了 β 倍，而且，输入端基极电流 i_b 的变化对输出端集电极电流 i_c 变化具有一定的控制作用。因此，双极型三极管是一种电流控制器件。

2.1.3　三极管的特性曲线

为了能直观、全面地了解和掌握三极管各电极之间电流与电压的关系，正确使用晶体三极管，必须了解晶体三极管的特性曲线。

三极管的特性曲线，是指各电极之间电压与电流之间的关系曲线。把各级电压与电流之间的相互关系，在直角坐标平面上绘成连续的曲线，称之为特性曲线。最常用的是晶体管共发射极电路的输入、输出特性曲线，这些曲线可利用特性测试仪直观地显示出来，也可用实验测试的方法逐点绘出。

2.1.3.1　输入特性曲线

三极管的输入特性曲线如图 2.3（a）所示，该曲线表示当集电极与发射极电压 u_{CE} 一定时，输入回路中的基极电流 i_B 与基—射极电压 u_{BC} 之间的关系曲线，用函数表示为

$$i_B = f(u_{BE})\big|_{u_{CE}=\text{常数}}$$

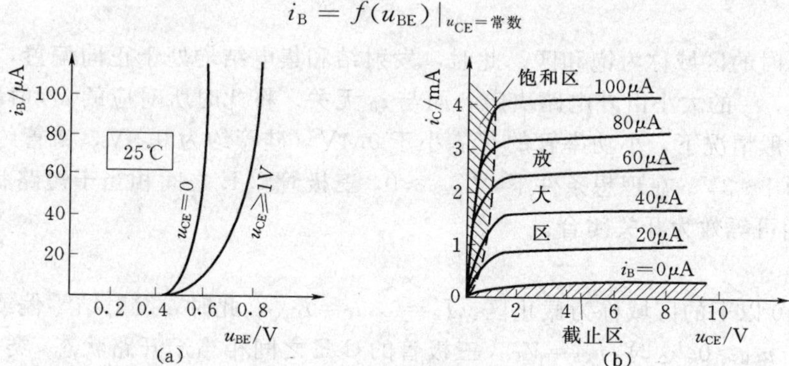

图 2.3　三极管的特性曲线

1. 当 $u_{CE}=0V$ 时

从输入端看进去，相当于两个 PN 结并联且正向偏置，此时的特性曲线类似于二极管的正向伏—安特性曲线。

2. 当 $u_{CE}\geqslant 1V$ 时

从图中可见，$u_{CE}\geqslant 1V$ 的曲线比 $u_{CE}=0V$ 时的曲线稍向右移，这是因为 $u_{CE}\geqslant 1V$ 时，

集电结加反偏电压，使耗尽层加宽，基区变薄，基区复合电流减小，即 i_B 减小，故特性曲线右移。由于当 $u_{CE}>1V$ 以后，不同 u_{CE} 对应的输入特性曲线基本重合，因此常用 $u_{CE}\geqslant 1V$ 的一条曲线来表示三极管的输入特性曲线。

由图可见，输入特性曲线与二极管正向特性曲线形状一样，也有一个死区，只有当 u_{BE} 大于死区电压时，输入回路才有基极电流 i_B 产生。常温下硅管的死区电压约为 0.5V，锗管的约为 0.1V。另外，当发射结完成导通时，三极管也具有恒压特性。常温下，硅管的导通电压为 0.6～0.7V，锗管的导通电压为 0.2～0.3V。

2.1.3.2　输出特性曲线

输出特性曲线如图 2.3（b）所示，该曲线是指当 i_B 一定时，输出回路中的 i_C 与 u_{CE} 之间的

关系曲线，用函数式可表示为

$$i_C = f(u_{CE})|_{i_B=\text{常数}}$$

在图 2.3 中，给定不同的 i_B 值，便可对应地得到不同的曲线，这样不断地改变 i_B，便可以得到如图 2.3（b）中所示的一组曲线。根据输出特性曲线的形状，可将其划分为三个区，即：放大区、饱和区、截止区。

1. 放大区

将 $i_B>0$ 以上曲线比较平坦的区域叫放大区。三极管的发射结正向偏置，集电结反向偏置。根据曲线特性，可总结放大区有如下特性：

（1）受控特性：指 i_C 随着 i_B 的变化而变化，即 $i_C=\beta i_B$。

（2）恒流特性：指当输入回路中有一个恒定的 i_B 时，输出回路便对应一个不受 u_{CE} 影响的恒定的 i_C。

（3）各曲线间的间隔大小可体现 β 值的大小。

2. 饱和区

将 $u_{CE} \leqslant u_{CES}$ 时的区域称为饱和区。此时，发射结和集电结均处于正向偏置，三极管失去了放大作用，这时，i_C 的大小由外电路决定，而与 i_B 无关。将此时所对应的 u_{CE} 值称为饱和压降，用 U_{CES} 表示。一般情况下，小功率管的 U_{CES} 小于 0.4V（硅管约为 0.3V，锗管约为 0.1V），大功率的 U_{CES} 约为 1～3V。在理想条件下，$U_{CES} \approx 0$，三极管 C-E 之间相当于短路状态，此时，三极管的 C-E 之间可等效为开关闭合。

3. 截止区

一般将 $i_B=0$ 以下的区域称为截止区。$I_B=0$，$i_C=I_{CEO}$，此时，发射结零偏或反偏，集电结反偏，即 $u_{BE} \leqslant 0$，$u_{CB}>0$。这时，$u_{CE}=V_{CC}$，三极管的 C-E 之间相当于开路状态，类似于开关断开。

在实际电路分析中，常把以上三种不同的工作区域称为三种工作状态，即：放大状态、饱和状态和截止状态。

由以上分析可知，三极管在电路中既可以作为放大元件，又可以作为开关元件使用。

2.1.4 三极管正常工作时的主要特点

从三极管输入、输出特性的分析可知，三极管工作于放大状态、饱和状态、截止状态。通过前面的分析不难看出，这三种工作状态的实现，是由外界条件来保证的。

1. 三极管工作于放大状态的条件及特点

条件：发射结加正向偏置电压，集电结加反向偏置电压（无论是 NPN 管、还是 PNP 管均应满足此条件）。

特点：对输入的信号具有放大作用，$i_C=\beta i_B$ 及 $i_E=i_C+i_B=(1+\beta)i_B$ 关系式成立，i_C 受 i_B 的控制。

2. 三极管工作于饱和状态的条件及特点

条件：发射结、集电结均加正向偏置电压。

特点：对输入信号不能起放大作用，关系式 $i_C=\beta i_B$ 不成立，当 $u_{CE}=0.3\text{V}$ 时为临界饱和状态，当 $u_{CE}<0.3\text{V}$ 时，为深度饱和状态。在理想情况下，三极管的集电极与发射极间相当短路，

此时可视为开关接通状态（c、e 之间短路）。

3. 三极管工作于截止状态时的条件及特点

条件：发射结、集电结均加反向偏置电压。

特点：对输入信号无放大作用，关系式 $i_C=\beta i_B$ 不成立，理想情况下，$I_C=I_E=0$，$u_C=V_{CC}$，此时可视为开关断开状态（c、e 之间开路）。

*2.1.5　特殊晶体管简介

2.1.5.1　光电三极管

光电三极管也称光敏三极管，它是在光电二极管的基础上发展起来的光电器件，它和光电二极管一样，能把输入的光信号变成电信号输出，但与光电二极管不同的是，能将光信号产生的电信号进行放大，因而其灵敏度比光电二极管高得多。为了对光信号有良好的响应，要求基区面积比发射区面积大得多，以扩大光照面积，提高对光的敏感性。光电三极管，可视为是在一般三极管的基极和集电极之间接入了光电二极管，一般外形只引出集电极和发射极两个电极，这种管子的光窗口即为基极。其等效电路和在电路中的符号如图 2.4 所示。

2.1.5.2　光电耦合器

光电耦合器是将发光的二极管和光敏元件（光敏电阻、光电二极管、光电三极管、光电池等）组装在一起而形成的二端口器件，其电路符号如图 2.5 所示。它的工作原理是以光信号作为媒体将输入的电信号传送给外加负载，实现了电—光—电的传递与转换。光电耦合器主要用在高压开关、信号隔离器、电平匹配等电路中，起信号的传输和隔离作用。

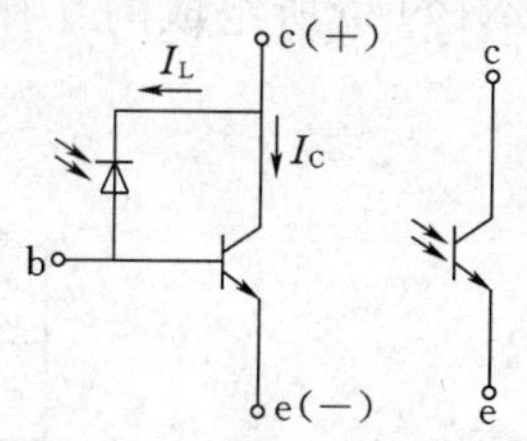

图 2.4　光电三极管的等效电路与电路符号

(a) 等效电路；(b) 电路符号

2.1.5.3　晶闸管

晶闸管原称可控硅，它是一种大功率的半导体器件，具有耐压高、容量大、效率高、控制灵敏等优点。晶闸管既有单向导电的整流作用，又具有可控的开关作用，具有弱电控制强电的特点。因而它在可控整流、可控开关、交直流电机调速系统、调光、调压、温控与步控等方面获得了广泛的应用。晶闸管按其容量有大、中、小功率管之分，一般电流容量大于 50A 的为大功率管，5A 以下的则为小功率管，小功率晶闸管的触发电压为 1V 左右，触发电流为零点几毫安，而中功率以上的晶闸管的触发电压为几伏到几十伏，电流为几十毫安到几百毫安。按其控制特性，晶闸管又分为单向晶闸管和双向晶闸管。

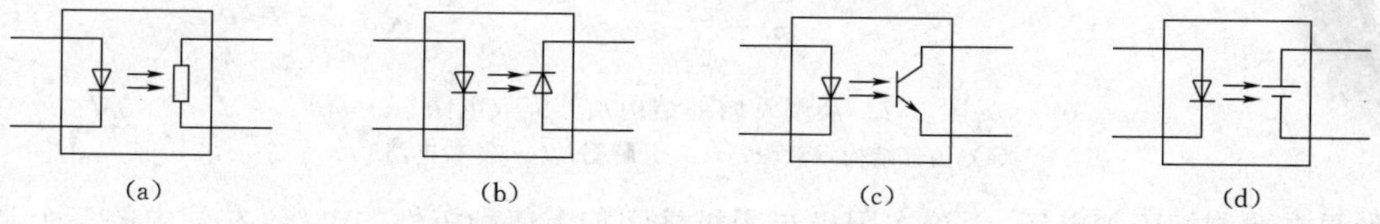

图 2.5　光电耦合器电路符号

(a) LED＋光敏电阻；(b) LED＋光电二极管；(c) LED＋光电三极管；(d) LED＋光电池

1. 单向晶闸管

图 2.6 (a) 和 (b) 是单向晶闸管的两种外形，图 (c) 是它的电路符号。晶闸管它们都有三个电极，即：阳极 A（或 a）、阴极 K（或 k）和控制极 G（或 g）。

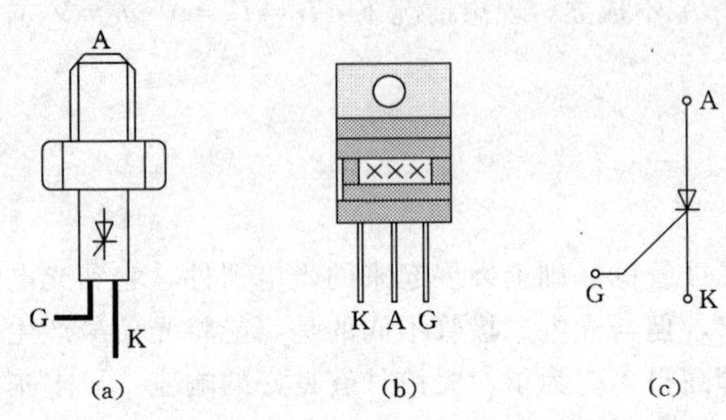

图 2.6 单向晶闸管外形及电路符号

(1) 单向晶闸管的内部结构及工作原理

A. 内部结构

图 2.7 (a) 所示是晶闸管的内部结构图。由图可见，晶闸管由 PNPN 四层半导体构成，中间形成三个 PN 结：J_1、J_2、J_3，由最外层分别引出两个电极分别称为阳极 A 和阴极 K，由中间层 P_2 引出控制极 g。

B. 工作原理

为了说明工作原理，可以把四层 PNPN 半导体分成两部分，如图 2.7 (b) 所示。P_1、N_1、P_2 组成 PNP 型三极管，N_2、P_2、N_1 组成 NPN 型三极管，这样，晶闸管就可等效为一个由 PNP 与 NPN 管所组成的互补复合型三极管，其等效电路如图 2.7 (c) 所示。

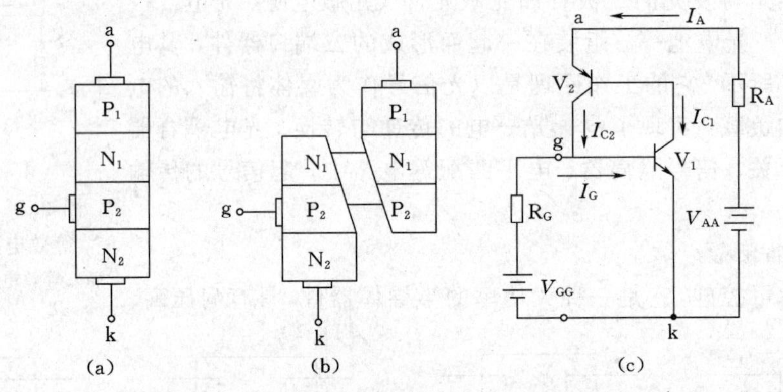

图 2.7 晶闸管内部结构及其等效电路

(a) 内部结构示意图；(b) 分解图；(c) 等效电路

如果在控制极不加电压，无论在阳极与阴极之间加上何种极性的电压，在管内的三个 PN 结中，至少有一个 PN 结处于反偏状态，因而阳极没有电流产生，晶闸管处于不导通状态。

如果在晶闸管 ak 之间接入正向阳极电压 V_{AA} 后，在控制极加入正向控制电压 V_{GG}，V_1 管的基极便产生输入电流 I_G，经 V_1 放大，形成集电极电流 $I_{C1}=\beta_1 I_G$，I_{C1} 又是 V_2 管的基极电流，同样经过 V_2 的放大，产生集电极电流 $I_{C2}=\beta_1\beta_2 I_G$，$I_{C2}$ 又作为 V_1 的基极电流再次进行放大，如此反复循环，晶闸管的电流便越来越大，内阻急剧下降，管压减小，直至晶闸管完全导通。导通时，晶闸管 ak 之间的正向压降约为 0.6～1.2V，流经晶闸管的电流 I_A 由外加电源 V_{AA} 和负载电阻 R_A 决定，即 $I_A \approx V_{AA}/R_A$。由于管内的正反馈，使得管内的导通过程极短，一般不超过几微秒。

晶闸管一旦导通，控制极就不再起控制作用，不管 V_{GG} 是否存在，晶闸管仍将导通。若要导通的管子关断，则只有减小 V_{AA}，直至切断阳极电流，使之不能维持正反馈过程。在反向阳极电压作用下，两只三极管均处于反向电压，不能放大信号，所以晶闸管不导通。

（2）单向晶闸管的测量

A. 判定晶闸管的电极

图 2.6（a）所示型号的晶闸管的电极可以从外形上判别，一般阳极为外壳，阴极线比控制极引线长；图 2.6（b）所示的大功率晶闸管可以照图中直接识别。其他形式的封装，如果不知道电极引线时，可以用指针式万用表的电阻挡进行判别。其判别方法是：用 $R\times100\Omega$ 挡先测量出其控制极，方法是将万用表的黑表笔接其一电极，红表笔分别接触其他两个电极，假如有一次电阻值很小（约几百欧），另一次阻值很大（约几千欧），说明黑表笔接的是晶闸管的控制极，在阻值很小时，接红表笔的是阴极，阻值大时，接红表笔的是阳极；若两次测量的阻值都很大，说明黑表笔接的不是控制极，应更换另外一个电极，重复上述步骤来判别其电极。

B. 测量晶闸管的导通情况

将指针式万用表置于 $R\times1\Omega$ 挡，黑表笔接阳极（A），红表笔接阴极（K），此时电阻值应为无穷大（或很大），其阻值大小反映其漏电电流在大小，电阻值越大，其漏电电流越小；将控制极与阳极之间瞬间短路一下，晶闸管应导通，导通后的电压应≤1V，反映在电阻值应该是阻值很小，否则晶闸管损坏。

2. 双向晶闸管

（1）双向晶闸管的结构

双向晶闸管内部是由 NPNPN 五层半导体组成的，它常用于交流调压或作双向交流开关，它有三个电极 T_1、T_2 和 G。下面以 TUC336 为例讲述。图 2.8 是它的外形图和电路符号。

单向晶闸管是从控制极（G）流入电流触发的，而双向晶闸管则既可以从 G 极流入电流触发，也可以从 G 极流出电流触发，采取哪一种方式，视具体电路而定。

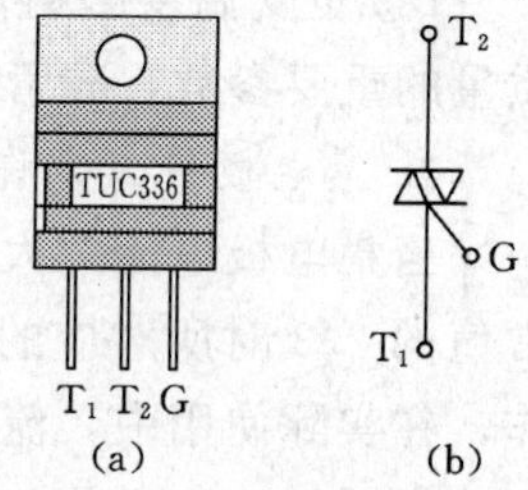

图 2.8　双向晶闸管外形及电路符号

（2）双向晶闸管的测量

①确定控制极和检查其好坏

控制极（G）的确定有两种方法：一种方法是看实物识别，具体引脚排列如图 2.8（a）所示；另一种方法是用指针式万用表的 $R\times1\ k\Omega$ 挡，测量某两个电极之间的阻值，若两次阻值均为无穷大，则表笔对应的电极为 T_1、T_2，那么第三只引脚则为控制极（G），若不符合上述情况（即某两引脚之间的正反向阻值不为无穷大），则晶闸管损坏。

②测量双向晶闸管的导通情况

测量双向晶闸管的导通情况与测量单向晶闸管的方法一样，这里不再重复。

与大功率三极管一样，晶闸管的损坏特点是击穿短路，用万用表的低电阻挡很容易检查其是否损坏，其检查结果是各电极之间的阻值均为零。

2.1.6　三极管的主要参数

三极管的参数是用来表征其性能和适用范围的，它可作为选用、代换三极管的依据。其主要参数有以下几个。

1. 电流放大系数

三极管接成共射电路时，其电流放大系数用 β 表示。β 的表达式在前面已介绍过，这里不再重复。

在选择三极管时，如果 β 值太小，则电流放大能力差；若 β 值太大，则会使工作稳定性差。低频管的 β 值一般选 20～100，而高频管的 β 值只要大于 10 即可。

β 的数值可以直接从曲线上求取，也可以用图示仪测试。实际上，由于管子特性的离散性，同型号、同一批管子的 β 值也有所差异。

三极管连接成共基极放大电路时，其电流放大系数用 α 表示，其表达式为

$$\alpha = \frac{\Delta I_C}{\Delta I_E}$$

可以看出，由于在三极管中 $I_C < I_E$，因此 α 是小于 1 而近似于 1 的数。

2. 反向饱和电流 I_{CBO}

I_{CBO}是指发射极开路，集电结在反向电压作用下，形成的反向饱和电流。因为该电流是由少子定向运动形成的，所以它受温度变化的影响很大。常温下，小功率硅管的 $I_{CBO} < 1\mu A$，锗管的 I_{CBO}在 $10\mu A$ 左右。I_{CBO}的大小反映了三极管的热稳定性，I_{CBO}越小，说明其稳定性越好。因此，在温度变化范围大的工作环境中，尽可能地选择硅管。

3. 穿透电流 I_{CEO}

I_{CEO}是指基极开路，集电极—发射极间加上一定数值的反偏向电压时，流过集电极和发射极之间的电流。它与 I_{CBO}的关系为

$$I_{CEO} = (1+\beta)I_{CBO}$$

I_{CEO}也受温度影响很大，温度升高，I_{CBO}增大，I_{CEO}增大。穿透电流 I_{CEO}有大小是衡量三极管质量的重要参数，硅管的 I_{CEO}比锗管的小。

4. 集电极最大允许电流 I_{CM}

当集电极电流太大时，三极管的电流放大系数 β 值下降。我们把 i_c 增大到使 β 值下降到正常值的 2/3 时所对应的集电极电流，称为集电极最大允许电流 I_{CM}。为了保证三极管的正常工作，在实际使用中，流过的集电极电流 i_c 必须满足 $i_c < I_{CM}$。

5. 集电极、发射极间的击穿电压 U_{CEO}

U_{CEO}是指当基极开路时，集电极与发射极之间的反向击穿电压。当温度上升时，击穿电压 U_{CEO}要下降，故在实际使用中，必须满足 $u_{CE} < U_{CEO}$。

6. 集电极最大耗散功率 P_{CM}

集电极最大耗散功率是指三极管正常工作时最大允许的消耗功率。三极管消耗的功率 $P_C = I_C U_{CE}$转化为热能损耗于管内，并主要表现为温度升高。所以，当三极管消耗的功率超过 P_{CM}值时，其发热量将使管子性能变差，甚至烧坏管子。因此，在使用三极管时，P_C 必须小于 P_{CM}才能保证管子正常工作。

2.1.7　三极管的检测与代换

2.1.7.1　国产三极管的命名方法简介

三极管一般由五部分组成，下面以三极管 3DG6C 为例说明，其各部分的含义如下：

3　D　G　6　C

①　②　③　④　⑤

第①部分表示三极管；第②部分表示三极管所用的材料与类型，其中，D 表示该三极管为硅材料 NPN 型三极管；第③部分一般表示三极管的功率和频率，G 是表示该三极管为高频小功率（功率视三极管的体积而定）；第④部分表示产品的序列号；第⑤ 部分表示管子的耐压值。另外国产三极管的外壳上还标有色点，表示管子的共发射极直流放大倍数（即 h_{FE}或 $\overline{\beta}$），常用色点对应的值如下：

h_{FE}	—— 15 ——	25 ——	40 ——	55 ——	80 ——	120 ——	180 ——	270 ——
色标	棕	红	橙	黄	绿	蓝	紫	灰	白

上述国产晶体管命名方法所表示的含义如图 2.9 所示。

①	②	③	④	⑤
3	A（锗材料 PNP）	X（低频小功率）	6	A
	B（锗材料 NPN）	K（开关管）	8	B
	C（硅材料 PNP）	G（高频小功率）	15 产品序列号	C 耐压值递增
	D（硅材料 NPN）	D（低频大功率）	21	D
		A（高频中、大功率）	⋮	E

图 2.9　国产三极管的命名方法示意图

说明：以上仅供读者在实践中参考，使用时要特别注意三极管的功率。早期还有一些国产三极管不是以上述方法命名的，如 DD03C、DF104 等，它们都是硅材料低频大功率三极管。还有同一型的三极管，不同的厂家命名不同，如 3DG12 和 3DG130；3DA87 和 3DG150 是同一型号的管子，只是不同的厂家命名不同罢了。

2.1.7.2　三极管三个电极（管脚）的估测

三极管三个电极（管脚）的识别，对于初学者来讲，是比较难掌握的，下面先就笔者的一点实践经验，介绍一些常用三极管三个电极的识别方法，仅供参考。

（1）中小功率国产金属帽三极管、小功率（国产）塑封三极管，管脚的识别方法：管脚朝上，圆边（缺口）对自己，左起 E、B、C。其识别方法示意图如图 2.10（a）所示。

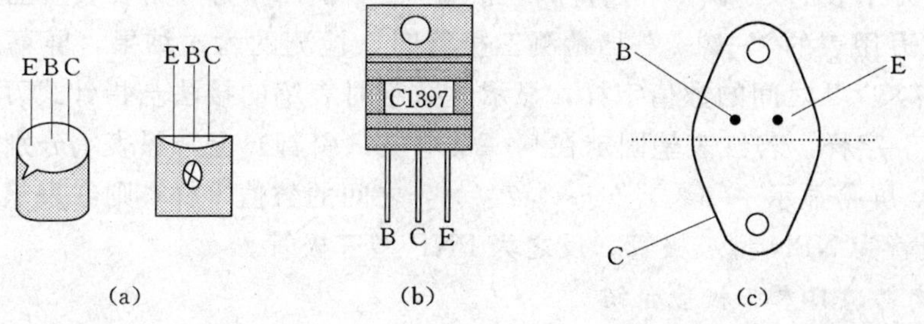

图 2.10　三极管引脚识别示意图

（2）带散热片的国内、外各种型号的中、大功率塑封三极管（其散热片与 C 极相通，并有一与外界散热片固定的螺丝孔）的识别方法：管脚朝下，标志（指产品型号、规格）对自己，左起B、C、E。其识别方法示意图如图 2.10（b）所示。

(3) 国内、外金属（壳）封装大、中功率三极管的管脚识别方法：如图 2.10（c）所示。从图中我们可以看出，其外壳为C极并带有两个与外界散热片连接的固定螺丝孔。

(4) 用万用表确定三极管的电极：不符合上述外形和规格的其他三极管，除了靠平时积累的经验识别外，主要是用万用表来确定三极管的各个电极。

用万用表可以准确地将B极找出来，而对于大部分三极管，还可以在确定B极的基础上找出E极和C极，下面就着重介绍用万用表确定三个电极的方法，供读者在修理实践中参考。

下面仅以使用最多的硅三极管为例介绍其确定方法。

①用指针式万用表的 $R\times1\text{k}\Omega$ 电阻挡确定其型号（即 PNP 或 NPN）和B极。

A. 用指针式万用表的 $R\times1\text{k}\Omega$ 电阻检测三极管时，共测量三只引脚的六次电阻值。其中只有两次有阻值，其阻值大约在 10kΩ 左右，此情况只可能是将一只表笔固定在（比如黑表笔）三极管的某个电极（引脚）上不动，另一只表笔分别去接其他两个电极（引脚）的测量结果；其余四次测量阻值均为无穷大。

B. 在测量有两次阻值的情况下，其固定不动表笔接的肯定是三极管的B极，若固定的为黑表笔，则三极管为 NPN 型，反之为 PNP 型。

②用指针式万用表的 $R\times10\text{k}\Omega$ 电阻挡识别大多数三极管的E极和C极，并初略检查其耐压值（此方法仅供读者参考）。

我们可以在第一步的基础上，用指针式万用表的 $R\times10\text{k}\Omega$ 电阻挡来识别大多数三极管的E极和C极，并能初略估算其耐压值和检查三极管的质量。下面以 NPN 型三极管为例介绍其检测方法。

B极找出来后，我们用 $R\times10\text{k}\Omega$ 电阻挡去测量其他两只引脚的正向电阻值，测量的结果应该是一次有阻值，而另一次阻值为无穷大，在有阻值的一次，其万用表黑表笔接的是三极管的E极，另一只引脚则为C极；若阻值越大，则说明三极管的耐压值越高。若两次测量结果都为无穷大，则上述判别方法不适用，但在一定程度上说明其管子耐压值高和管子质量较好，在这种情况下，怎样识别E极和C极，需另外寻找其他方法，有兴趣的读者可以在实践中自己去探索。

③用数字式万用表的“—▶|—”挡检测三极管（“—▶|—”为万用表表盘上用的符号）。

在用数字式万用表的“—▶|—”挡检测三极管时，检测的六次结果，屏幕上只有两次显示“.6××”～“.7××”之间的数值字样，显示此数字时表笔的接法与指针式万用表相同；其他四次均显示“1.”字样。若红表笔固定在某一个电极（引脚）上，黑表笔分别去接触另外两个电极（引脚）时，屏幕显示“.6××”～“.7××”之间的数值字样，则红表笔接的是该三极管的B极且此三极管为 NPN 型三极管，反之为 PNP 型三极管。

2.1.7.3 南韩、日本三极管介绍

近年来，南韩、日本的三极管基本上取代了国产三极管而成为市场主导产品，这类三极管质量较好且价格便宜，下面就两类产品简单介绍一下。

南韩 9000 系列：其主要是中、小功率塑封三极管；其主要型号、材料如表 2.1 所列（仅供参考）。

表 2.2　南韩 9000 系列的型号及性能

名　称	9011	9012	9013	9014	9015	9016	9018
材料	硅	硅	硅	硅	硅	硅	硅
极性	NPN	PNP	NPN	NPN	PNP	NPN	NPN
功率	小	小	小、中	小	小、中	小	小
频率	高	高	高	高	高	甚高	甚高
h_{FE}	50～100	50～100	100～150	50～100	100～300	100～150	100～150

由于上述各管子的价格相差不大，从实用和通用性的角度考虑，我们多选取用 9013、9015 和 9018 这三种管子。

日产三极管：日产三极管的种类繁多，其产品几乎包揽了整个晶体管系列。常见的有 2SA、2SB、2SC、2SD 和 2SK（后面加上产品序号）系列产品。其符号含义是：2 表示晶体管的两个 PN 结（即三极管）；S 表示在日本 EIA 协会注册的半导体分立器件；A、B 表示 PNP 型三极管，C、D 表示 NPN 型三极管，K 表示场效应管；A、C 一般为高频管，B、D 为低频管，而 D 多数表示内含阻尼二极管的大功率三极管。

说明：正品（或进口）塑封三极管，其管子背面（即圆边）有一小孔，其小孔内一般都用激光器打了一个字母（见图 5.32），并且它的 h_{FE} 在 100 以上；若不符合上述情况，则该三极管为仿制产品。正品（或进口）集成电路（或其他元器件）也有同样的标记。

2.1.7.4　彩电和彩显行输出管简介

目前彩色电视机和彩色显示器用的行输出管均为带阻尼二极管的大功率金属管或塑封管，在一般情况下，彩色电视机和彩色显示器的行输出管可以通用。两种大功率管的引脚的识别方法在前面已作介绍，其电路符号如图 2.11 所示。从图中可以看出，它与一般的三极管相比，其内部多一只电阻和一只阻尼二极管，其电阻的阻值一般为 30Ω 左右。

目前市场上出售的行输出管多为日本生产的产品，其产品后的标号为 2SD××或 D××，其产品封装有金属壳和塑封两种，其中塑封管用的较为普遍。此类三极管的检测与普通三极管不一样，其具体检测方法如下：

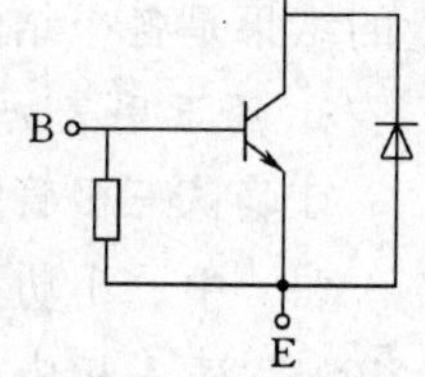

图 2.11　行输出管电路符号

（1）测量 BC、BE 结电阻均采用万用表的 $R\times10\Omega$ 挡，测量其正反向阻值。测量结果是：一次阻值较小，一次阻值较大。

（2）测量 CE 之间的阻值用 $R\times1\Omega$ 挡，测量的结果是：一次阻值为十几欧，一次阻值为 30Ω 左右。

（3）在购买此类三极管时，最好用晶体管测试仪检查一下三极管的耐压值，其耐压值（即反压）应大于 1000V 以上。

2.1.7.5　三极管好坏的判别

1. 用指针式万用表判别三极管的好坏

（1）万用表打在 $R\times10k\Omega$ 挡，将黑表笔接在三极管的基极，红表笔分别接在三极管的发射极和集电极，测得两次电阻值应在 10kΩ 左右，然后将红表笔接在基极，黑表笔分别接三极管的发射极和集电极，测得的两次阻值应该为无穷大，再将红表笔接三极管的发射极，黑表笔接集电极，然后调换表笔测量，其测量的两次电阻值也应该为无穷大。然后用万用表测量三极管的CE结之间的正反向阻值，其阻值也是无穷大。若测量结果符合上述结论，则三极管基本完好。

以上测量结果另一种表述是：在测量三极管三个电极之间的正反向六次电阻值的过程中，只有黑表笔接三极管的基极，红表笔分别去接触三极管的发射极和集电极，测量两次电阻时，万用表的指针偏转，其阻值为10kΩ左右，其他四次测量时，指针都为不偏转，其阻值为无穷大。

若测量的结果，某个PN结之间的电阻值正反向都为零，则该结短路；若某个PN结之间的电阻值正反向都为无穷大，则该结开路；若测量各个PN结的正反向阻值均为零，则该三极管短路。在实际运用过程中，三极管短路的故障较为常见，特别是大功率三极管。这类故障现象很容易作万用表判别，其测量的结果，各个电阻值均为零。

（2）在上述测量的基础上，将万用表打在$R\times 10\text{k}\Omega$挡上，黑表笔接三极管的发射极，红表笔接集电极，测量的电阻值应在几百千欧左右，然后，对调表笔测量，其电阻值应该为无穷大，若三极管测量结果符合上述结论，说明三极管质量完好，否则三极管质量欠佳。

2. 用数字式万用表判别三极管的好坏

检测时，万用表打在“→⊢”挡，红表笔固定在三极管的基极上，黑表笔分别去接触三极管的发射极和集电极，两次屏幕应显示“.6××”～“.7××”之间的数值字样，其余四次测量的结果，屏幕上应该都显示为“1.00”的数值字样。若测量结果符合上述结论，则三极管完好。

注：若在上述测量过程中，屏幕显示的数字为“.2×”～“.3××”之间的数值字样，则检测的三极管为锗管。

若测量的结果，某个PN结之间的两次测量结果（调换表笔）屏幕上都显示为“0.00”，且万用表的蜂鸣器不停地响（因为大多数数字表该挡与蜂鸣器共一挡），则该结短路；若某个PN结之间两次测量结果（调换表笔）屏幕上都显示为“1.00”字样，则该结开路；若测量各个结时屏幕上都显示为“0.00”且万用表的蜂鸣器不停地响，则该三极管短路。在实际运用过程中，三极管短路的故障较为常见，特别是大功率三极管。这类故障现象很容易作万用表判别，其测量的结果是各个结的屏幕显示数字均为“0.00”且万用表的蜂鸣器不停地响。

3. 用万用表的h_{FE}挡挑选三极管

在确认三极管完好的情况下，我们可以用万用表的h_{FE}挡来进一步挑选三极管。

（1）中、小功率的三极管可以用万用表的“h_{FE}”挡来进行，方法是将三极管按“PNP”或“NPN”插入相应的管座脚中，就可以在表中显示出“h_{FE}”的值。一般来讲，国产三极管的“h_{FE}”值应选50～120之间为好，而进口管则应选择100～300之间。

（2）由于万用表不能提供大功率三极管测试有关参数的电流，故挑选大功率三极管的“h_{FE}”值一般在晶体管测试仪上进行。对于大功率三极管，其耐压值越高，“h_{FE}”值也越小，一般来讲，耐压值在200V左右的三极管，其“h_{FE}”值在50～80左右，而耐压值在1000V以上的大功率三极管，其“h_{FE}”值为10～20左右。

2.1.7.6 三极管的代换原则

三极管代换的原则一般是用同型号、同规格的三极管进行更换，若要代换则首先要考虑其功率和耐压值。代换时可参考本书的附录或晶体管手册。

2.2　三极管基本放大电路及其分析方法

2.2.1　放大的基本概念

放大电路的作用就是把微弱的电信号，放大到推动负载所需要的数值。所谓放大，表面上看是将小信号经三极管放大后其幅度由小增大，但实质上，放大的过程在三极管放大电路中，是实现能量转换和控制的过程，即由一个能量较小的输入信号去控制直流电源，使之转换成为一个能量较大的交流信号输出。因此，三极管在放大电路中只是一种能量控制和转换元件，而不是一种能源。

2.2.2　三极管在实际应用中的三种放大电路形式

由于三极管有三个电极，在实际应用中，一般是将一个电极作为信号的输入端，另一个电极作为信号的输出端，第三个电极则作为信号输入回路和输出回路的公共端。所以按信号输入和输出回路公共端的不同，在实际应用中的放大电路，就有三种不同的放大形式，即：共发射极放大电路、共集电极放大电路、共基极放大电路。本章我们将以应用最为广泛的，NPN 管组成的共发射极（简称为共射极）放大电路为例，讨论基本放大电路的工作原理及其分析方法。

2.2.3　放大电路的组成

1. 基本放大电路的组成原则

（1）直流偏置：为保证三极管在电路中实现正常的放大（无论是 NPN 管还是 PNP 管），发射结必须加正向偏置，集电结必须加反向偏置。

（2）信号的输入和输出：信号源和负载接入电路时，应不影响三极管原直流偏置，即：仍应保证发射结正偏，集电结反偏。另外，信号源和负载在一般情况下也不希望有直流电流流入，所以，信号源、放大电路和负载之间的耦合电路，一般要求既能隔断直流，又能使交流信号畅通无阻地传输。

2. 放大电路的组成及各元件的作用

根据上述原则，典型的共射极放大电路如图 2.12 所示。从图中可见，该电路由三部分组成，即：需要放大的信号部分（通常称为信号源）；满足放大条件的三极管放大电路部分；放大电路的输出信号承接部分（负载）。

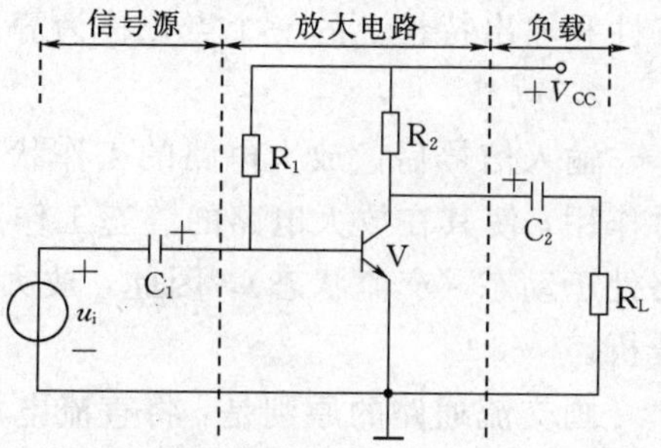

图 2.12　基本放大电路的组成

电路中各元件的作用简述如下：

（1）电源 V_{CC}：其作用是为整个电路提供静态工作电压，并为交流信号放大时，提供能量转换的直流电源（在画图时，往往省略直流电源的电路符号，只标出直电源电压的文字符号）。

(2) u_i：需要放大的信号（信号源）。

(3) 三极管 V：其作用是放大 u_i（实现能量的转换）。

(4) 基极偏置电阻 R_1（R_b）：其作用是为三极管基极提供合适的偏置电压，以获得合适的基极偏置电流 I_B。

(5) 集电极电阻 R_2（R_c）：其作用是，为三极管集电极提供合适的偏置电压，以获得合适的集电极电流 I_C。

(6) 耦合电容 C_1、C_2：其作用是隔直流、通交流。

(7) 负载电阻 R_L：其作用是承接被电路放大的输出端信号。

(8) 符号"⊥"为接地符号，是电路中的零参考电位。

说明：电路中只有在合适的 V_{CC}、R_b、R_c 的共同作用下，才能保证三极管在静态时发射结处于正向偏置状态，集电结处于反向偏置状态。才能获得合适的基极偏置电流 I_B 和合适的集电极电流 I_C。才能使电路处于正常的准备放大状态。

2.2.4 放大电路的两种状态——静态和动态

由图 2.13 可清楚地看到，在放大电路中，既有直流电源，又有交流信号源，因此电路中交、直流并存。具体对一个放大电路进行定性、定量分析时，首先需要求出电路各处的直流电压和直流电流的数值，以便判断放大电路是否工作于放大状态，其次是分别讨论放大电路的放大倍数、输入电阻、输出电阻及电路的失真问题。前者讨论的对象是直流成分，而后者讨论的对象则是交流成分。因此，在对放大电路进行具体分析时，必须正确地分清直流（静态）通路和交流（动态）通路。

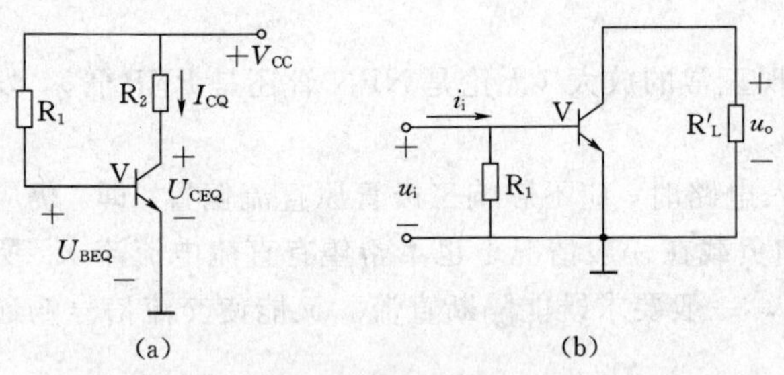

图 2.13 直流、交流通路
(a) 直流通路；(b) 交流通路

1. 静态

无输入信号（输入信号为零）时放大电路的工作状态称为静态。静态时，只有直流电源作用于电路，此时，因无交流信号耦合其电容相当于开路。

画直流通路的原则是：将电路中的交流信号耦合元件开路。根据这一原则，画出了图 2.12 所示电路的直流通路，如图 2.13（a）所示。静态时的 U_{BEQ}、I_{BQ}、I_{CQ}和 U_{CEQ}代表输入特性和输出特性上的一个点，称为静态工作点，即 Q 点。

2. 动态

输入信号后，放大电路的工作状态称为动态。动态时，因电路中的直流电源和交流信号同时作用，使其在放大电路的静态工作点 I_{BQ}、I_{CQ}、U_{BEQ}、U_{CEQ}上叠加了交流分量，使整过放大电路处于动态（交流状态），因此，放大电路的动态分析也就是对其交流等效电路（交流通路）的分析。

画交流通路的原则是：将直流电源和电容视作短路。根据这一原则，画出了图 2.12 所示电路的交流通路，如图 2.13（b）所示，其中 $R'_L=R_c//R_L$。

2.2.5　基本放大电路的工作过程

以图 2.12 所示电路为例，静态时管子的各极电流和极间电压为 I_{BQ}、I_{CQ}、U_{BEQ}、U_{CEQ}；信号 u_i 输入后，使 U_{BEQ}和 u_i 同时作用于基极—发射极间。这样，i_B、i_C 在直流分量 I_{BQ}、I_{CQ}上叠加了交流分量，且 $i_C=\beta i_B$。i_C 交、直流分量均在 R_C 上产生电压降，使 u_{CE}也在 U_{CEQ}上叠加交流分量 u_c，这一交流分量经 C_2 耦合后就得到输出电压 u_o。u_o 相位与 u_i 相反。电路参数合理时，u_o 将大于 u_i，使输入信号电压被放大。工作过程可用图 2.14 所示的波形图表示。

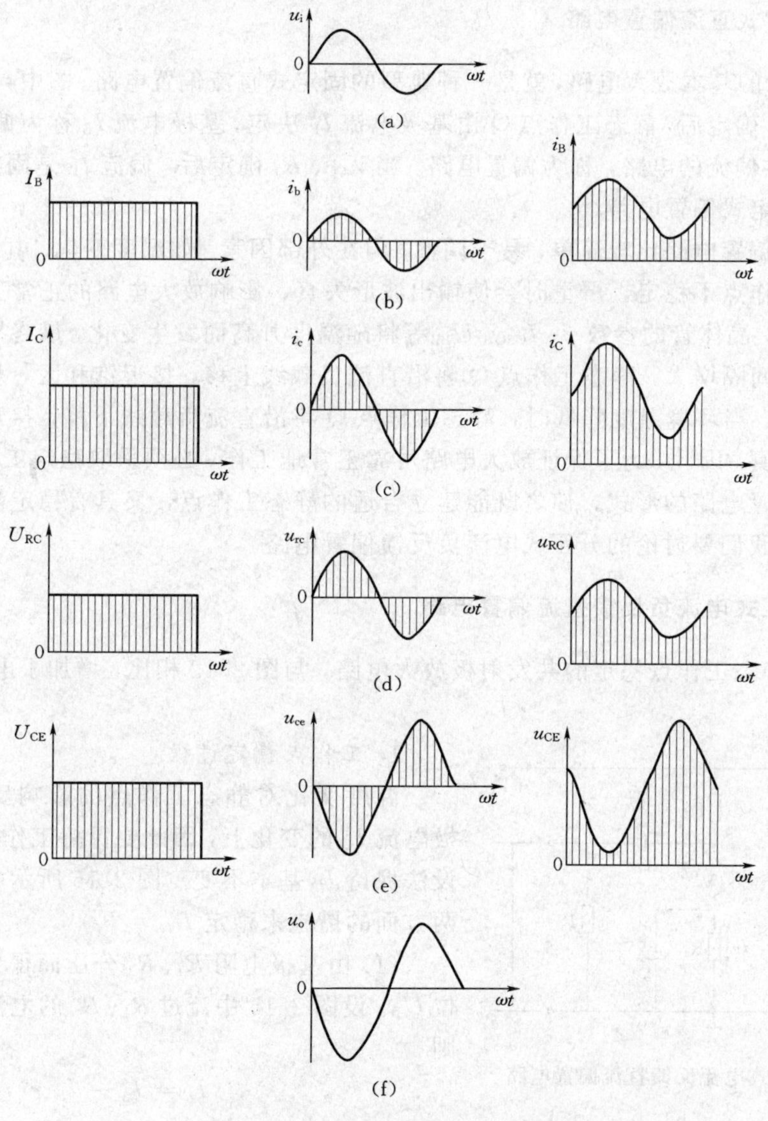

图 2.14　基本放大电路的工作波形

(a) 输入信号电压波形；(b) 基极电流波形；(c) 集电极电流波形；
(d) R_c 上压降的波形；(e) 管压降的波形；(f) 输出信号电压波形

2.3 放大电路常用的直流偏置电路

放大电路能不失真地放大信号的前提，就是要设置合适的静态工作点。合适的静态工作点是靠直流偏置电路提供的。放大电路常用的直流偏置方式有三种，即：固定式直流偏置电路、分压式电流负反馈直流偏置电路、恒流源直流偏置电路。

2.3.1 固定式直流偏置电路

图 2.12 所示的基本放大电路，就是一种典型的固定式直流偏置电路。图中，当电源电压 V_{CC} 和集电极电阻 R_2 确定后，静态工作点 Q 由基极电流 I_B 决定，基极电流 I_B 称为偏置电流。而 V_{CC} 和电阻 R_1 是提供偏流的电路，称为偏置电路。当 V_{CC}、R_1 确定后，偏流 I_B 是固定的，所以这种偏置电路称为固定式偏置电路。

固定式直流偏置电路比较简单，易于调整，但在外部因素（如温度变化、电源电压波动）的影响下，会使工作点不稳定，严重时会使输出波形失真，影响放大电路的正常工作。例如，当环境温度升高时，晶体管的参数 β、I_{CBO}、U_{BE}等将随温度升高而发生变化，最终导致曲线都向上平移，且曲线簇间隔增大，静态工作点 Q 将沿直流负载线上移，接近饱和区，从而使输出波形严重失真。同样，当环境温度降低时，静态工作点 Q 将沿直流负载线下移，接近截止区，同样会使输出波形失真。因此，为了保证放大电路可靠正常地工作，必须采取稳定工作点的措施。具体方法是改进偏置电路的形式，使之既能建立合适的静态工作点，又具有稳定静态工作点的作用，这就是下面我们要讨论的分压式电流负反馈偏置电路。

2.3.2 分压式电流负反馈直流偏置电路

图 2.15 为静态工作点稳定的共发射极放大电路，与图 2.12 相比，增加了电阻 R_2、R_e 和电容 C_e。

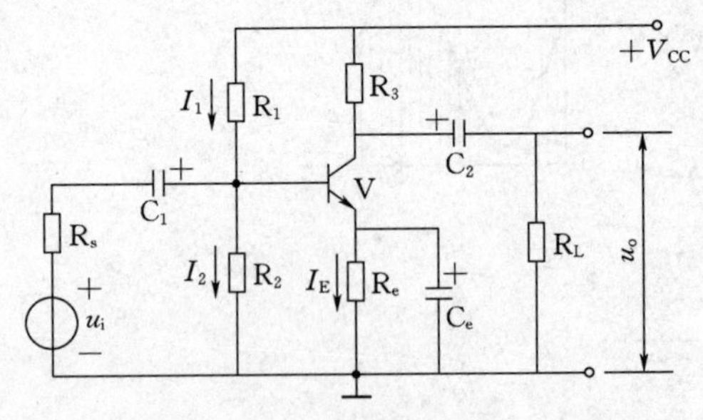

图 2.15 分压式电流反馈直流偏置电路

1. 工作点稳定过程

温度变化对静态工作点的影响反映在静态集电极电流 I_C 的变化上，因此要保持工作点的稳定，就要设法保持 I_C 基本不变。图 2.15 所示电路采取了以下两方面的措施来稳定 I_C：

(1) 由基极电阻 R_1、R_2 分压而得到固定的基极电位 U_B。设图 2.15 中流过 R_1、R_2 的电流分别为 I_1、I_2，则

$$I_1 = I_2 + I_B$$

当 I_1（或 I_2）$\gg I_B$ 时，则有 $$I_1 \approx I_2$$

由以上推导可知，只要电阻 R_1、R_2 适当小，就可使 $I_1 \gg I_B$，从而使基极电位 U_B 基本固定不变，即 U_B 由电源电压 V_{CC}和分压电阻 R_1、R_2 决定，而与晶体管的参数无关，使得 U_B 不随温

度而变化。

（2）利用发射极电阻 R_e 的电流负反馈作用稳定静态工作点

在放大电路中增加发射极电阻 R_e，目的是通过发射极电流（$I_E=I_B+I_C$）在 R_e 上产生发射极电压 U_E。当基极电位 U_B 固定不变时，集电极电流 I_C 的变化必然会引起发射极电流 I_E 的变化，从而引起发射极电位 U_E 的变化，使加在发射结上的电压 U_{BE}发生变化，从而又引起基极电流的变化，进而影响集电极电流 I_C 的变化，其过程如下：

$$\text{温度}\uparrow \rightarrow I_C\uparrow \rightarrow I_E\uparrow \rightarrow U_E\uparrow \rightarrow U_{BE}\downarrow \rightarrow I_B\downarrow \rightarrow I_C\downarrow$$

当温度升高时，由于晶体管参数 β、I_{CEO}、U_{BE}的变化会使 I_C 增大，则 R_e 上压降增大，因 U_B 固定，故 U_{BE}减小，使 I_B 变小，从而使 I_C 变小。当温度降低时，其过程则相反。总之，当温度变化使静态工作点集电极电流变化时，由于电路结构的改进，将会使集电极电流向相反方向变化，即牵制集电极电流的变化，从而达到自动稳定工作点的目的。这实际上是一个负反馈过程，R_e 起的是电流负反馈作用，有关负反馈的内容将在本书第 4 章专门讲述。

上述稳定工作点的偏置电路（R_1、R_2、R_e）称为分压式电流负反馈偏置电路。

2. 电容 C_e 的作用

发射极电阻 R_e 的接入，虽然带来了稳定工作点的好处，但是，R_e 的负反馈作用同样会对输出交流信号（i_c）起作用，使输出信号减小，电压放大倍数下降。为了在稳定静态工作点的同时，又保证电压放大倍数不下降，可在发射极电阻 R_e 上并联电容 C_e（C_e 的容量足够大一般约为几十微法至几百微法）。电容 C_e 对直流可视为开路，故 C_e 的接入不影响电路的静态工作点。C_e 对交流信号起短路作用，使 R_e 不再对交流信号产生负反馈作用，从而保证电压放大倍数不变。由于电容 C_e 使发射极与地之间交流短路，故称电容 C_e 为发射极旁路电容。

2.3.3 恒流源直流偏置电路

恒流源直流偏置电路是目前应用最为广泛的一种高稳定性的直流偏置电路，它特别适合应用在集成电路中。

图 2.16 所示是一基本恒流源偏置电路，它是由制造工艺和结构完全一致的两只晶体管 V_1 和 V_2 组成的。两管的基—射极电压任何时候都保持相等，因此，$U_{BE1}=U_{BE2}$，所以任何时候都有

$$\beta_1=\beta_2=\beta,\ I_{B1}=I_{B2}=I_B$$

忽略穿透电流不计，则

$$I_{C1}=I_{C2}=\beta I_{B1}=\beta I_{B2}=\beta I_B \tag{2.1}$$

则其输入电流 I 为

$$I=I_{C1}+I_{B1}+I_{B2}=I_{C1}+2I_B=(\beta+2)I_B \tag{2.2}$$

由以上两式得

$$\frac{I_{C2}}{I}=\frac{\beta}{\beta+2} \tag{2.3}$$

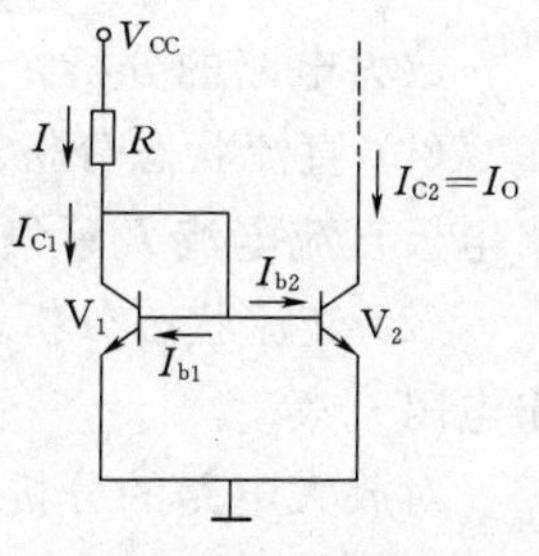

图 2.16　镜像恒流源的基本电路

当 $\beta\gg2$ 时，输出电流

$$I_{C2} \approx I \tag{2.4}$$

如果能做到 I 与晶体管的参数无关，则 I_{C2} 也就稳定了。而

$$I=\frac{V_{CC}-U_{BE}}{R}$$

当满足 $V_{CC} \gg U_{BE}$ 时，上式可简化为

$$I \approx \frac{V_{CC}}{R}$$

则有

$$I_{C2}=\frac{V_{CC}}{R}$$

由此可见，它与晶体管的参数无关，由式（2.4）可知，输出电流 I_{C2} 与输入电流 I 构成了镜像关系，故把该恒流源电路称为镜像恒流源电路。由前面分析可知，当满足 $V_{CC} \gg U_{BE}$，$\beta \gg 2$，且两管又完全对称时，环境温度的变化不会引起 I 和 I_O 的变化，因此，镜像恒流源电路是一种高热稳定的偏置电路。

除上述基本的镜像恒流源之外，经常见到的还有如图 2.17（a）、（b）、（c）分别所示的改进型恒流源电路。电路工作原理请读者参考有关资料自行分析。

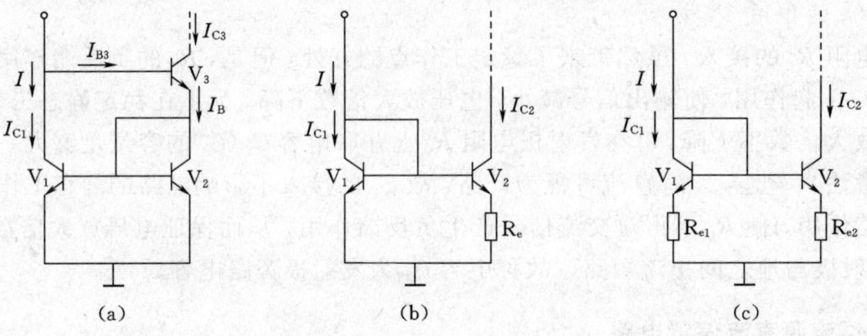

图 2.17 改进型恒流源电路

（a）威尔逊恒流源；（b）小电流恒流源；（c）改变射极电阻比获得不同输出电流的恒流源

2.4 放大电路的三种基本分析方法

放大电路的分析，主要包括以下两大部分：

（1）直流状态分析，又称为静态分析，主要求出放大电路的静态工作点：基极直流电流 I_B；集电极直流电流 I_C；集电极与射极间直流电压 U_{CE}。

（2）交流状态分析，又称动态分析，主要求出放大电路的电压放大倍数 A_u、输入电阻 r_i、输出电阻 r_o 等。

对放大电路的分析方法主要有三种，即静态工作点估算法、图解分析法和微变等效电路分析法。静态工作点估算法：主要用于计算放大电路的静态工作点（I_{BQ}、I_{CQ}、U_{CEQ}）；图解分析法：是分析非线性电路常用的方法，它既可用来分析放大电路的静态，也可用来分析放大电路的动

态；微变等效电路分析法：主要用于放大电路的动态分析。

2.4.1　静态工作点估算法

静态工作点估算法也称近似计算法，具体步骤如下：

（1）画出放大电路的直流通路。

（2）由直流通路列出输入回路和输出回路方程，代入方程，分别求出I_{BQ}、I_{CQ}、U_{CEQ}。

例2.1　估算图2.18所示放大电路的静态工作点，设$V_{CC}=12V$，$R_c=3k\Omega$，$R_b=280k\Omega$，$\beta=50$。

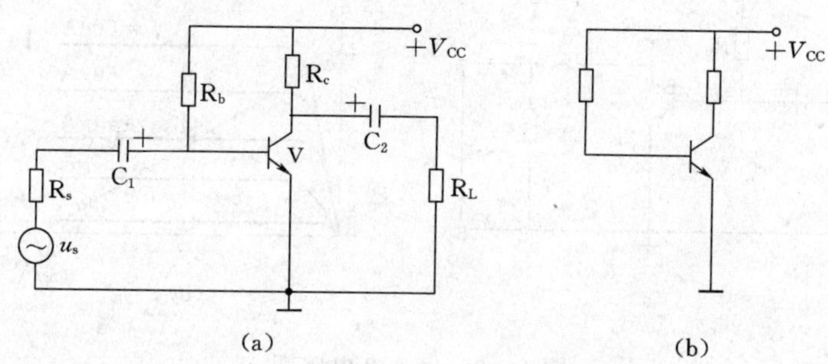

图2.18　例2.1电路

（a）放大电路；（b）直流通路

解：（1）画出直流通路，如图2.18（b）所示。

（2）根据直流通路列出输入回路方程：$I_{BE}\cdot R_b=V_{CC}-U_{BE}$求出$I_{BQ}$，即

$$I_{BQ}=\frac{V_{CC}-U_{BE}}{R_b}\quad（取 U_{BE}=0.7V），将数据代入得$$

$$I_{BQ}=\frac{12-0.7}{280}\approx 0.04mA=40\mu A$$

（3）根据三极管基极与集电极电流关系，可求出静态工作点的集电极电流I_{CQ}

∵
$$I_{CQ}=\beta I_{BQ}$$

∴
$$I_{CQ}=50\times 0.4=2mA$$

（4）根据直流通路列出集电极输出回路方程

$$U_{CEQ}=V_{CC}-I_C\cdot R_c$$

即
$$U_{CEQ}=12-2\times 3=6\ V$$

2.4.2　放大电路的图解分析法

2.4.2.1　用图解法确定静态工作点的步骤

用图解法确定静态工作点的步骤如下：

（1）在i_C、u_{CE}平面坐标上作出晶体管的输出特性曲线。

（2）根据直流通路列出放大电路直流输出回路的电压方程式：$U_{CE}=V_{CC}-I_C\cdot R_C$

（3）根据电压方程式，在输出特性曲线所在坐标平面上作直流负载线。因为两点可决定一

条直线，所以分别取（$I_C=0$，$U_{CE}=V_{CC}$）和（$U_{CE}=0$，$I_C=E_C/R_c$）两点，这两点也就是横轴和纵轴的截距，连接两点，便得到直流负载线。

（4）根据直流通路中的输入回路方程求出 I_{BQ}。

（5）找出 $I_B=I_{BQ}$这一条输出特性曲线，该曲线与直流负载线的交点即为 Q 点（静态工作点），该 Q 点直观地反映了静态工作点（I_{BQ}、I_{CQ}、U_{CQ}）的三个值，即为所求静态工作点的值。

例 2.2 图 2.19（a）所示的电路，已知 $R_b=280\text{k}\Omega$，$R_c=3\text{k}\Omega$，$V_{CC}=12\text{V}$，三极管的输出特性曲线如图 2.19（b）所示，试用图解法确定静态工作点。

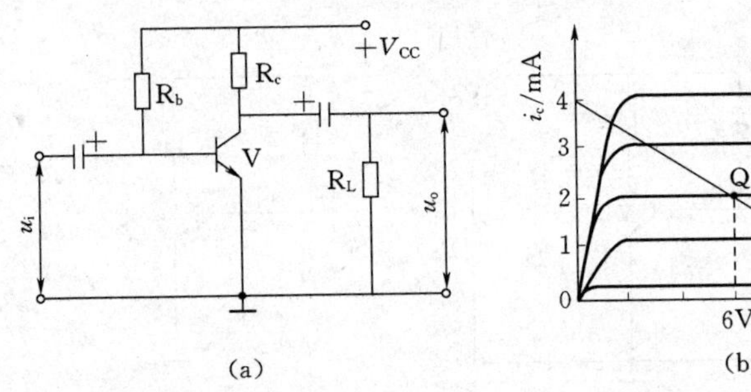

图 2.19 例 2.2 电路图

（a）电路图；（b）特性曲线

解：（1）在 i_c、u_{CE}平面坐标上作出输出特性曲线。

（2）写出直流负载方程，并作出直流负载线：

$$u_{CE}=V_{CC}-i_cR_c$$

$$i_c=0,\ u_{CE}=V_{CC}=12\text{V};\ u_{CE}=0,\ i_c=\frac{V_{CC}}{R_c}=\frac{12}{3}=4\ \text{mA}$$

（3）连接这两点，即得直流负载线。

（4）由基极输入回路，计算 I_{BQ}：

$$I_{BQ}=\frac{V_{CC}-U_{BE}}{R_b}=\frac{12-0.7}{280}\approx 0.04\ \text{A}=40\ \mu\text{A}$$

（5）找出直流负载线与 $i_B=I_{BQ}=40\mu\text{A}$ 这一条特性曲线的交点，即为 Q 点，从图上查出 $I_{BQ}=40\mu\text{A}$，$I_{CQ}=2\text{mA}$，$U_{CEQ}=6\text{V}$，与例 2.1 结果一致。

2.4.2.2 电路参数对静态工作点的影响

下面我们将分析电路参数 R_b、R_c、V_{CC}的变化对静态工作点的影响，为调试电路给出理论指导。

1. R_b 对 Q 点的影响

为明确元件参数对 Q 点的影响，当讨论 R_b 的影响时，固定 R_c 和 V_{CC}。

R_b 变化，仅对 I_{BQ}有影响，而对负载线无影响。如 R_b 增大，I_{BQ}减小，工作点沿直流负载线下移，当输入信号时，易产生截止失真；如 R_b 减小，I_{BQ}增大，则工作点将沿直流负载线上移，当输入信号时，易引起饱和失真，如图 2.20（a）所示。

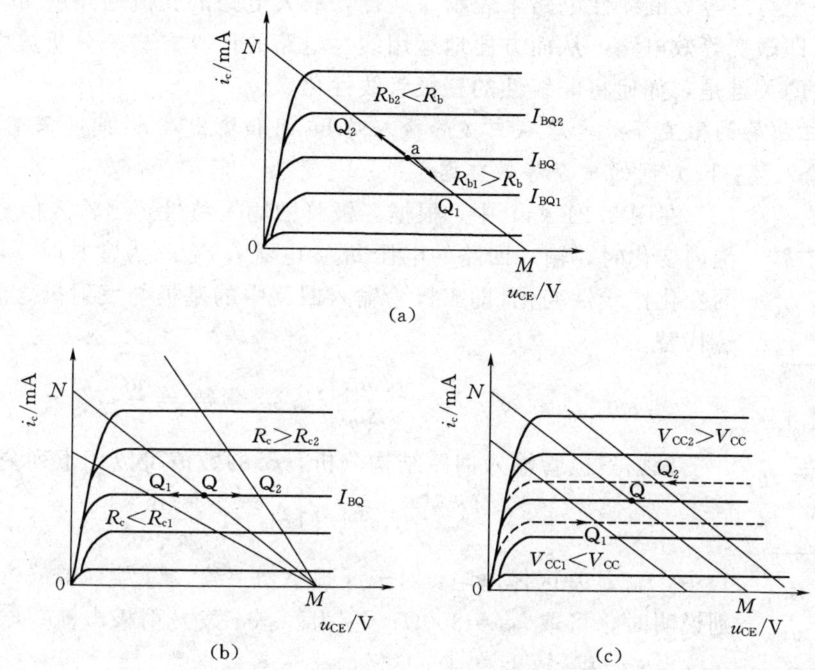

图 2.20　电路参数对 Q 点的影响

(a) R_b 变化对 Q 点的影响；(b) R_c 变化对 Q 点的影响；(c) V_{CC}变化对 Q 点的影响

2. R_c 对 Q 点的影响

R_c 的变化，仅改变直流负载线的 N 点，即仅改变直流负载线的斜率。

R_c 减小，N 点上升，直流负载线变陡，工作点沿 $i_B=I_{BQ}$这一条特性曲线右移。

R_c 增大，N 点下降，直流负载线变平坦，工作点沿 $i_B=I_{BQ}$ 这一条特性曲线向左移，如图 2.20 (b)所示。

3. V_{CC}对 Q 点的影响

V_{CC}的变化不仅影响 I_{BQ}，还影响直流负载线，因此，V_{CC}对 Q 点的影响较复杂。

V_{CC}上升，I_{BQ}增大，同时直流负载线 M 点和 N 点同时增大，故直流负载线平行上移，所以工作点向右上方移动。

V_{CC}下降，I_{BQ}下降，同时直流负载线平行下移，所以工作点向左下方移动。如图 2.20 (c)所示。

实际调试中，主要通过改变电阻 R_b 来改变静态工作点，而很少通过改变 V_{CC}来改变工作点。

2.4.3　放大电路的微变等效电路分析法

微变等效电路分析法，主要用于动态分析（计算放大电路的电压放大倍数、输入电阻和输出电阻）。由于三极管的输入与输出特性都是非线性的，所以三极管放大电路是一个非线性电路。但是，如果放大电路的输入和输出电压、电流都比较小，而且使三极管工作在输入、输出特性曲线的线性区内，那么，对于微变量（小信号）来说，三极管就可近似看做是一个线性元件，此时，就可以用一个与之等效的线性电路来表示。这样，放大电路的交流通路就可转化为一个等效的线性电路，即微变等效电路，从而方便地运用线性电路的计算方法来分析放大电路。微变等效电路分析法的关键是，如何将非线性的三极管线性化。

2.4.3.1 三极管的微变等效电路（三极管输入端 be 间和输出端 ce 间的微变等效电路）

1. 三极管输入端（be）间的微变等效电路

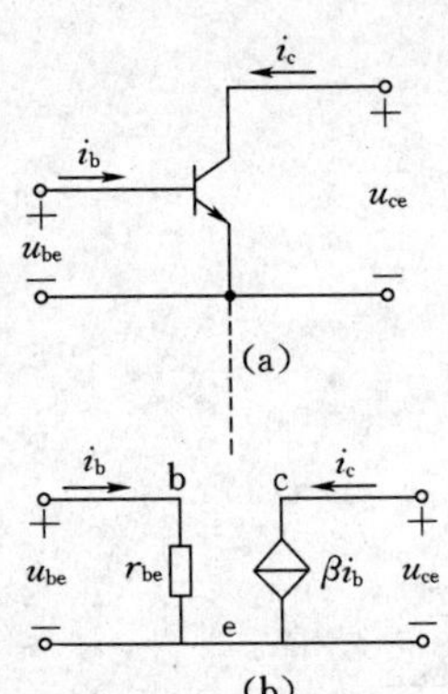

图 2.21 三极管的微变等效电路

在图 2.21（a）中，根据三极管的输入特性，当输入信号 u_i 在很小范围内变化时，输入回路的电压 u_{be}、电流 i_b 在 u_{ce}为常数时，可认为其随 u_i 的变化作线性变化，即三极管输入回路中的基极与发射极之间用等效电阻 r_{be}代替。

$$r_{be} = \frac{\Delta u_{be}}{\Delta i_b}\bigg|_{U_{ce}} = \text{常数} = \frac{u_{be}}{i_b} \tag{2.5}$$

根据三极管输入回路结构分析，r_{be}的数值可以用下列公式计算：

$$r_{be} = r_{bb'} + (1+\beta)\frac{26(\text{mV})}{I_{EQ}(\text{mA})} \tag{2.6}$$

式中，$r_{bb'}$是基区体电阻，对于低频小功率管，约为 100～500Ω，一般无特别说明时，可取 $r_{bb'}=300\Omega$；I_{EQ}为静态（发）射极电流；r_{be}单位为 Ω。

2. 三极管输出端（ce）间的微变等效电路

当三极管工作于放大区时，i_C 的大小只受 i_b 控制，而与 u_{ce}无关，即实现了三极管的受控恒流源特性，$i_C=\beta i_B$。所以，当输入回路的 i_b 给定时，三极管输出回路的集电极与发射极之间，可用一个大小为 βi_b 的理想受控电流源来等效。

通过上面的分析，我们便可得到三极管的微变等效电路，如图 2.21（b）所示。

2.4.3.2 放大电路的微变等效电路

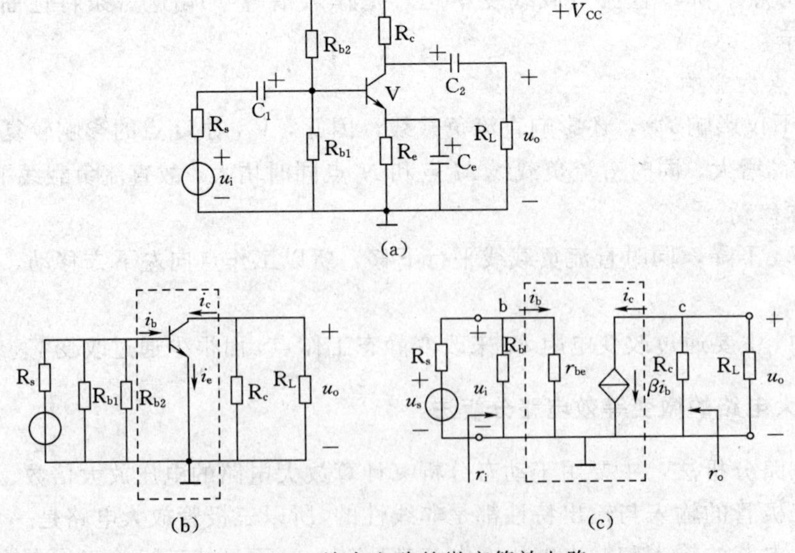

图 2.22 放大电路的微变等效电路

（a）放大电路；（b）交流通路；（c）微变等效电路

画放大电路微变等效电路的步骤如下：

第一，根据放大电路画出交流通路。

第二，用三极管的微变等效电路代替交流通路中的三极管，画出放大电路的微变等效电路。

例 2.3　画出图 2.22（a）所示电路的微变等效电路。

解：(1) 根据图 2.22（a）所示电路画出交流通路，如图 2.22（b）所示。

(2) 用三极管的微变等效电路代替交流通路中的三极管，合并 R_{b1} 和 R_{b2} 为 R_b，则得到如图 2.22（c）所示的微变等效电路。

2.5　放大电路的动态性能指标及分析

2.5.1　放大电路的动态性能指标

放大电路的放大对象是变化量，研究放大电路时除了要保证放大电路具有合适的静态工作点外，更重要的是要研究其放大性能。对于放大电路的放大性能有两个方面的要求：一是放大倍数要尽可能大；二是输出信号要尽可能不失真。衡量放大电路性能的重要指标有放大倍数 A_u、输入电阻 r_i 和输出电阻 r_o。

1. 放大倍数

放大倍数是衡量放大电路放大能力的指标。它是指输出信号与输入信号之比，也叫增益。常用的有电压放大倍数和电流放大倍数。

电压放大倍数的定义为

$$A_u=\frac{u_o}{u_i} \tag{2.7}$$

式中，u_i、u_o 是输入、输出信号的交流量。

2. 输入电阻 r_i

如图 2.23 所示，放大电路的输入端可以用一个等效交流电阻 r_i 来表示，它定义为

$$r_i=\frac{u_i}{i_i} \tag{2.8}$$

r_i 是衡量放大电路对信号影响程度的重要参数。其值越大，放大电路从信号源索取的电流越少，信号源对放大电路的影响也越小。

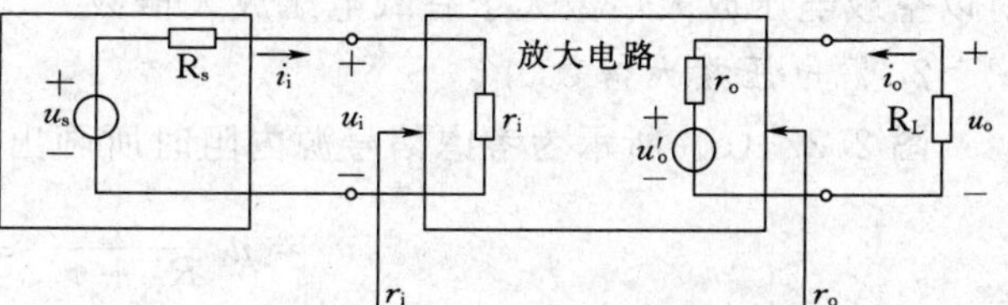

图 2.23　放大电路的方框图

3. 输出电阻 r_o

如图 2.23 所示，从放大电路输出端看，放大电路对于负载 R_L 相当于一个信号源，该信号源的内阻就是放大电路的输出电阻，用 r_o 表示，它定义为

$$r_o=\frac{u_o}{i_o} \tag{2.9}$$

其值既可用戴维南定理分析，也可根据电路来测试，请读者自行分析。

由图 2.23 可以看出，输出电阻 r_o 越小，接入负载 R_L 后，输出电压 u_o 变化越小，电路的带负载能力越强。因此，r_o 的大小反映了放大电路带负载能力的强弱。

需要注意的是：以上三个参数是分析放大电路时的最基本的动态参数，若输出波形出现明显的失真现象，其值就失去了意义。

2.5.2 放大电路性能指标估算的方法、步骤

(1) 在放大电路静态分析的基础上，根据静态工作点的数值及相关公式，求出 r_{be}。

(2) 画出放大电路的微变等效电路。

(3) 根据微变等效电路及 A_u、r_i、r_o 的定义式，分别求出 A_u、r_i、r_o。

2.5.3 共发射极放大电路基本动态参数的估算

以图 2.22 (a) 所示的共射极放大电路为例进行估算。

1. 电压放大倍数

(1) 有载电压放大倍数 A_u

$$u_o = -i_c R'_L = -\beta i_b R'_L \tag{2.10}$$

$$R'_L = R_c \mathbin{/\!/} R_L$$

$$u_i = i_b r_{be} \tag{2.11}$$

将式 (2.10) 和式 (2.11) 代入定义式，可得

$$A_u = -\frac{\beta i_b R'_L}{i_b r_{be}} = -\frac{\beta R'_L}{r_{be}} \tag{2.12}$$

式中，"－"表示输入信号电压与输出信号电压相位反相。

(2) 空载电压放大倍数 A'_u 即不接负载电阻 R_L 时的电压放大倍数 ($R_L \to \infty$)。

$$R'_L = R_c \mathbin{/\!/} R_L = R_c$$

则

$$A'_u = -\frac{\beta R_c}{r_{be}} \tag{2.13}$$

因为

$$R_c > R_L \qquad (R'_L = R_c \mathbin{/\!/} R_L)$$

所以空载电压放大倍数大于有载电压放大倍数。

2. 源电压放大倍数 A_{us}

图 2.22 (c) 所示为考虑信号源内阻时所画出的微变等效电路，可以得出

$$u_i = u_s \frac{r_i}{R_s + r_i} \approx u_s \frac{r_{be}}{R_s + r_{be}} \tag{2.14}$$

将式 (2.14) 代入式 (2.15) 可求得考虑信号源内阻时的源电压放大倍数 A_{us} 为

$$A_{us} = \frac{u_o}{u_s} = \frac{u_o}{u_i} \cdot \frac{u_i}{u_s} = A_u \frac{r_{be}}{R_s + r_{be}} \tag{2.15}$$

将式 (2.12) 代入式 (2.15)，得

$$A_{us} = \frac{u_o}{u_s} = -\beta \frac{R'_L}{R_s + r_{be}} \tag{2.16}$$

3．输入电阻 r_i

$$r_i = \frac{u_i}{I_i} = R_b \,/\!/\, r_{be} \quad (R_b = R_{b1} \,/\!/\, R_{b2}) \tag{2.17}$$

当 $R_b > r_{be}$ 时

$$r_i = R_b \,/\!/\, r_{be} \approx r_{be} \tag{2.18}$$

4．输出电阻 r_o

在图 2.22 中，根据戴维南定理可得

$$r_o = R_c$$

例 2.4　放大电路如图 2.22(a)所示，其中硅三极管的 $\beta=50$，电阻 $R_{b1}=50\text{k}\Omega$，$R_{b2}=10\text{k}\Omega$，$R_e=1.3\text{k}\Omega$，$R_c=6\text{k}\Omega$，$R_L=6\Omega$，电源 $V_{CC}=12\text{V}$，试求该电路：

(1) 静态工作点；

(2) A_u、r_i 和 r_o 值；

(3) 不接电容 C_e 时的 A_u、r_i 和 r_o 值。

解：(1)

$$U_{BQ} = \frac{R_{b2}}{R_{b1} + R_{b2}} V_{CC} = \frac{10}{50 + 10} \times 12 = 2\ \text{V}$$

$$U_{EQ} = U_{BQ} - U_{BEQ} = 2 - 0.7 = 1.3\ \text{V}$$

$$I_{CQ} \approx I_{EQ} = \frac{U_{BQ} - U_{BEQ}}{R_e} = \frac{1.3}{1.3} = 1\ \text{mA}$$

$$U_{CEQ} \approx V_{CC} - I_{CQ}(R_c + R_e) = 12 - 1 \times (6 + 1.3) = 4.7\ \text{V}$$

$$I_{BQ} = \frac{I_{CQ}}{\beta} = \frac{1}{50} = 0.02\ \text{mA}$$

$$r_{be} = 300 + (1 + \beta)\frac{26}{I_{EQ}} = 300 + 51 \times \frac{26}{1} = 1626\ \text{k}\Omega$$

(2)

$$A_u = \frac{-\beta R'_L}{r_{be}} = -\frac{50 \times \dfrac{6 \times 6}{6 + 6}}{1.6} \approx -93.8$$

$$r_i = R_{b1} \,/\!/\, R_{b2} \,/\!/\, r_{be} = 50 \,/\!/\, 10 \,/\!/\, 1.6 \approx 1.34\ \text{k}\Omega$$

$$r_o = R_c = 6\ \text{k}\Omega$$

(3) 不接电容 C_e 时，电路图 2.18 (a) 所对应的微变等效电路如图 2.24 所示。根据电路图，可得

$$A_u = \frac{-\beta R'_L}{r_{be} + (1 + \beta)R_e} = \frac{-50 \times \dfrac{6 \times 6}{6 + 6}}{1.6 + 51 \times 1.3} \approx -2.2$$

$$r_i = R_{b1} \,/\!/\, R_{b2} \,/\!/\, [r_{be} + (1 + \beta)R_e] = 50 \,/\!/\, 10 \,/\!/\, [1.6 + 51 \times 1.3] \approx 7.4\ \text{k}\Omega$$

$$r_o = R_c = 6\ \text{k}\Omega$$

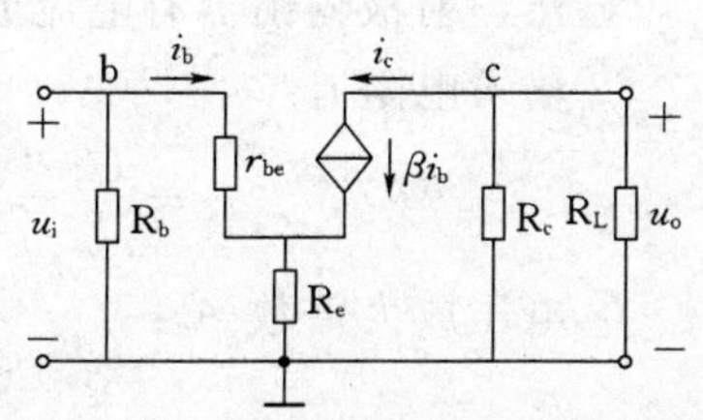

图 2.24　不接 C_e 的微变等效电路

2.5.4　共集电极、共基极放大电路

根据输入和输出回路公共端的不同，放大电路可分为三种组态，前面我们所讨论的是共发射极放大电路，下面我们将分别讨论共集电极放大电路和共基极放大电路。

1. 共集电极放大电路

共集电极放大电路的原理电路如图 2.25（a）所示，它的交流通路如图 2.25（b）所示。由交流通路可知，三极管的负载电阻是接在发射极上，输入电压 u_i 加在基极和集电极之间，而输出电压 u_o 从发射极和集电极两端取出，所以集电极是输入、输出回路的公共端。下面计算电路的静态工作点、电压放大倍数及输入、输出电阻。

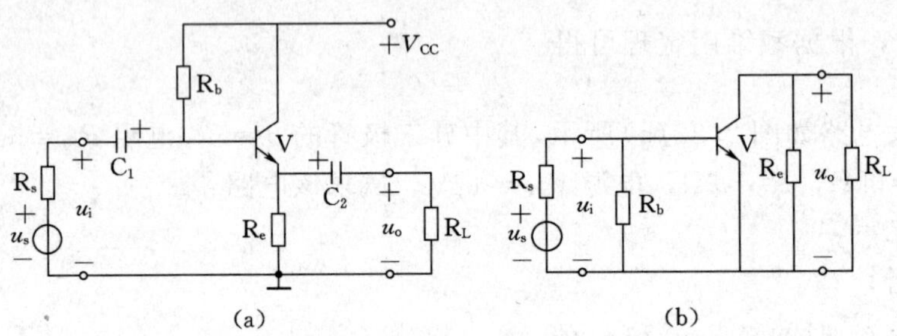

图 2.25　共集电极电路

（a）典型电路；（b）交流通路

（1）静态工作点的估算

由图 2.21（a）可列出基极回路方程为

$$V_{CC} = I_{BQ}R_b + U_{BE} + U_E$$

又

$$U_E = I_{EQ}R_e = (1+\beta)I_{BQ}R_e$$

可得

$$I_{BQ} = \frac{V_{CC} - U_{BE}}{R_b + (1+\beta)R_e}$$

因 $V_{CC} \gg U_{BE}$，所以

$$I_{BQ} \approx \frac{V_{CC}}{R_b + (1+\beta)R_e}$$

由 $I_{CQ} = \beta I_{BQ}$，$U_{CEQ} = V_{CC} - I_{CQ}R_e$，可求出静态工作点。

（2）动态分析

①电流放大倍数 A_i：

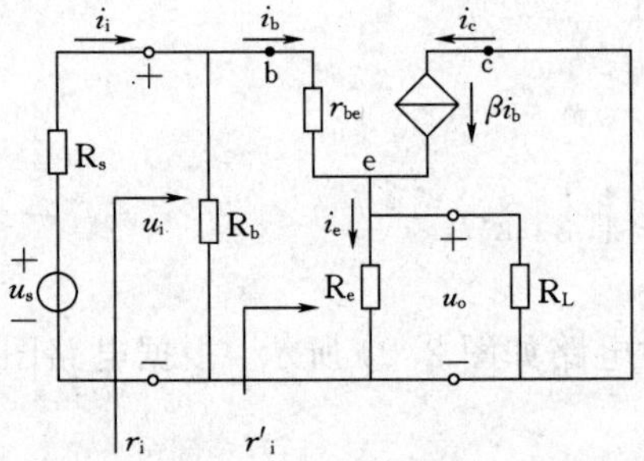

图 2.26 为共集电极放大电路微变等效电路。图中，当不考虑 R_b 对输入电流 i_i 的分流作用时，则 $i_i \approx i_b$；流经负载 R'_L（$R'_L = R_e /\!/ R_L$）的输出电流 $i_o = i_e$，所以

$$A_i = \frac{i_o}{i_i} = \frac{i_e}{i_i} = 1 + \beta$$

图 2.26　共集电极放大电路的微变等效电路

显然，射极输出器有电流放大作用。

②输入电阻 r_i：

$$r_i = \frac{U_i}{I_i} = \frac{r_{be}I_b + (1+\beta)I_bR'_L}{I_b} = r_{be} + (1+\beta)R'_L$$

③电压放大倍数 A_u：

$$A_u = \frac{u_o}{u_i} = \frac{(1+\beta)I_bR'_L}{[r_{be} + (1+\beta)R'_L]I_b} = \frac{(1+\beta)R'_L}{r_{be} + (1+\beta)R'_L}$$

由上式可知，共集电极放大电路的电压放大倍数小于等于 1，且输出电压与输入电压同相，所以又称射极输出器为射极跟随器。

④输出电阻 r_o：

由图 2.25 可求出射极输出器的输出电阻 r_o 为：

$$r_o = R_e \mathbin{/\!/} \frac{r_{be} + (R_s + R_b)}{1 + \beta}$$

一般满足下式

$$\frac{r_{be} + (R_s + R_b)}{1 + \beta} \ll R_e$$

所以实际的 r_o 很小，用射极输出器的这一特点，将射极输出器作为多级放大电路的输出级，则可大大提高电路的带负载能力。

2. 共基极放大电路

共基极放大电路如图 2.27 (a) 所示，其中 R_c 为集电极电阻，R_{b1}、R_{b2} 为基极分压偏置电阻，基极所接的大电容 C_B 保证基极对地交流短路。图 2.27 (b) 为其交流通路，可以看出，基极是输入、输出回路的公共端，因此是共基放大电路。

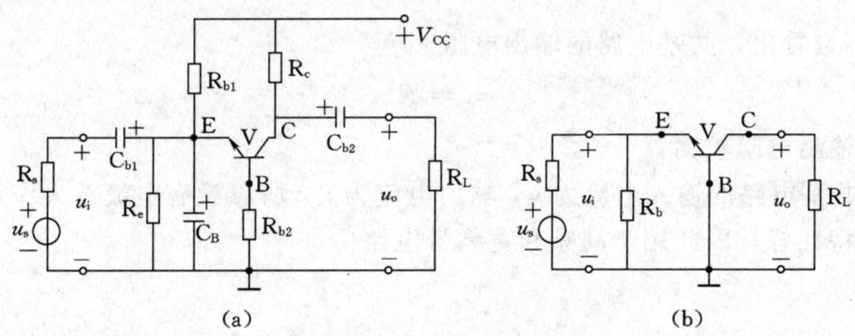

图 2.27　共基放大电路

(a) 电路图；(b) 交流通路

(1) 静态分析

共基极放大电路的直流通路与分压式偏置电路的直流通路完全相同，因此工作点的求法也相同，这里不再重复。

(2) 动态分析

共基极放大电路的微变等效电路如图 2.28 所示，由该图可求出其性能指标。

①电压放大倍数 A_u：

设 $R'_L = R_c \mathbin{/\!/} R_L$，由图 2.28 得

$$u_i = -i_b r_{be}$$

$$u_o = -i_c R'_L = -\beta R'_L i_b$$

$$A_u = \frac{u_o}{u_i} = \frac{\beta R'_L}{r_{be}}$$

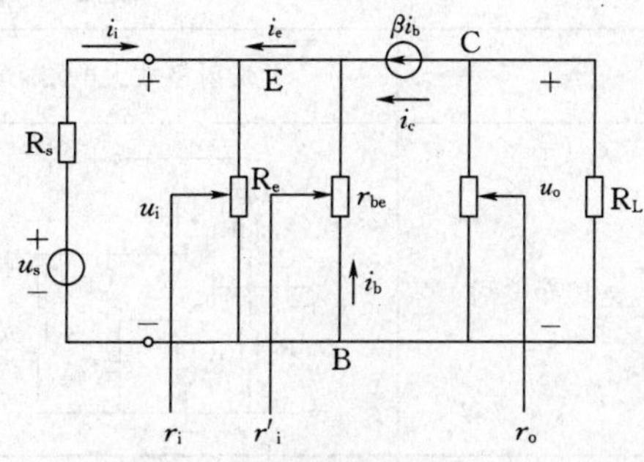

图 2.28　共基极微变等效电路

可见其电压放大倍数在数值上与共射基放大电路相同，只差了一个负号，这是由于共基极电路的输出电压 u_o 与输入电压 u_i 同相，而共射极电路的 u_o 与 u_i 反相的缘故，输出电压与输入电压同相（或 $A_u>0$）的放大电路称为同相放大电路，二者反相（或 $A_u<0$）的放大电路称为反相放大电路。

②输入电阻 r_i：

先求图 2.28 中三极管的发射极与基极之间看进去的等效电阻 r'_i，即共基极组态时三极管的输入电阻 r_{eb}：

$$r'_i=\frac{u_i}{i_e}=\frac{-i_b r_{be}}{-i_e}=\frac{r_{be}}{1+\beta}=r_{eb}$$

可见，三极管的共基输入电阻 r_{eb} 为共射输入电阻 r_{be} 的 $\frac{1}{1+\beta}$ 倍，这是由于共基电流 i_e 为共射输入电流 i_b 的（$1+\beta$）倍的缘故。电路的输入电阻 r_i 为

$$r_i=R_e /\!/ r'_i=R_e /\!/ \frac{r_{be}}{1+\beta}\approx\frac{r_{be}}{1+\beta}$$

上式表明，共基电路的输入电阻很低，一般只有几欧到几十欧。

③输出电阻 r_o：

由图 2.28 不难看出，共基电路的输出电阻 r_o 为

$$r_o=R_c$$

可见，它的输出电阻较高。

应当指出，共基电路的输入电流为 i_e，输出电流为 i_c，所以没有电流放大作用。但是，由于共基电路的频率特性好，因此用于高频和宽频带电路中。

2.6 三种基本放大电路的比较

上述所讲的三种组态放大电路，是晶体三极管组成放大电路的三种基本形式，其他类型的单级放大电路归根到底都是由这三种变化而来的。三种组态的基本放大电路的比较见表 2.3。

表 2.3 三种组态的基本放大电路的比较

	共发射极放大电路	共基极放大电路	共集电极放大电路
电路形式	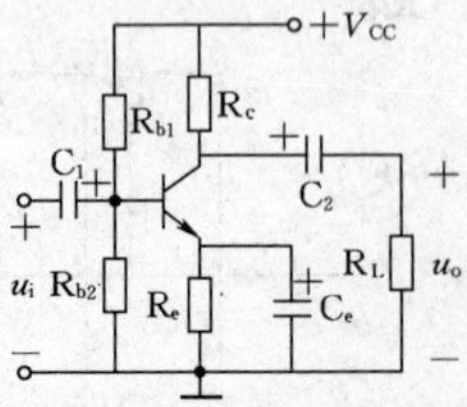 +V_{CC} R_{b1} R_c C_1 C_2 u_i R_{b2} R_e C_e R_L u_o	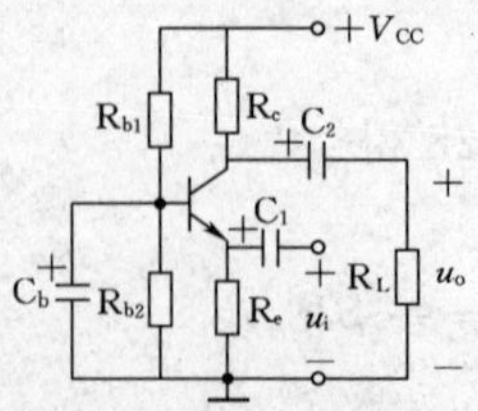 +V_{CC} R_{b1} R_c C_2 C_1 C_b R_{b2} R_e u_i R_L u_o	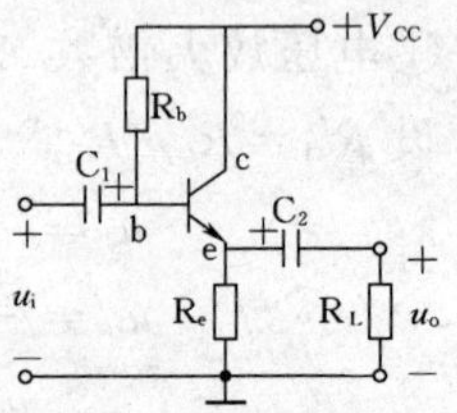 +V_{CC} R_b C_1 b c e C_2 u_i R_e R_L u_o

续表

	共发射极放大电路	共基极放大电路	共集电极放大电路
交流等效电路	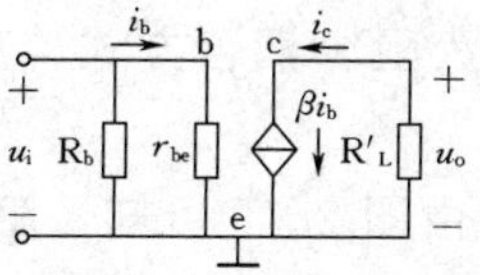	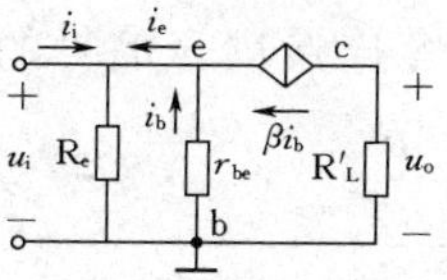	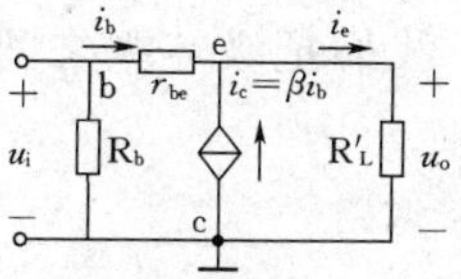
A_u	$\frac{-\beta R'_L}{r_{be}}$ $(R'_L=R_c // R_L)$ 大	$\frac{\beta R'_L}{r_{be}}$ $(R'_L=R_c // R_L)$ 大	$\frac{(1+\beta)\ R'_L}{r_{be}+\ (1+\beta)\ R'_L}\approx 1$ $(R'_L=R_e // R_L)$
r_i	$R_b // r_{be}$ $(R_b=R_{b1} // R_{b2})$ 中	$R_e // \frac{r_{be}}{(1+\beta)}$ 低	$R_b //\ [r_{be}+\ (1+\beta)\ R'_L]$ 高
r_o	R_c　高	R_c　高	$R_e // \frac{r_{be}}{1+\beta}$　低
相位	180°（u_i 与 u_o 反相）	0°（u_i 与 u_o 同相）	0°（u_i 与 u_o 同相）
高频特性	差	好	较好

＊2.7　多级放大电路

前面讲过的基本放大电路，其电压放大倍数一般只能达到几十至几百倍。然而在实际工作中，放大电路所得到的信号往往都非常微弱，要将其放大到能推动负载工作的程度，仅通过单级放大电路放大，达不到实际要求，则必须通过多个单级放大电路连续多次放大，才可满足实际要求。

2.7.1　多级放大电路的组成

多级放大电路的组成可用图 2.29 所示的框图来表示。其中，输入级与中间级的主要作用是实现电压放大，输出级的主要作用是功率放大，以推动负载工作。

2.7.2　多级放大电路的耦合方式

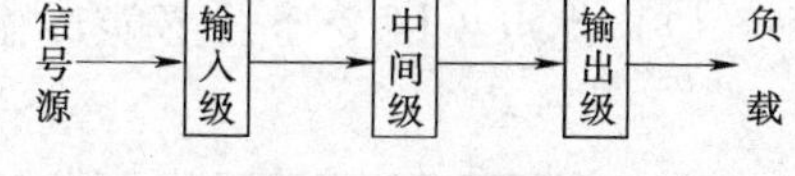

图 2.29　多级放大电路的结构框图

多级放大电路是由两级或两级以上的单级放大电路连接而成的。在多级放大电路中，我们把级与级之间的连接方式称为耦合方式。而级与级之间耦合时，必须满足：

（1）耦合后，各级电路仍具有合适的静态工作点；

（2）保证信号在级与级之间能够顺利地传输；

（3）耦合后，多级放大电路的性能必须满足实际的要求。

为了满足上述要求，一般常用的耦合方式有：阻容耦合、直接耦合、变压器耦合。

2.7.3 阻容耦合

我们把级与级之间通过电容连接耦合信号的方式称为阻容耦合方式。其电路如图 2.30 所示。

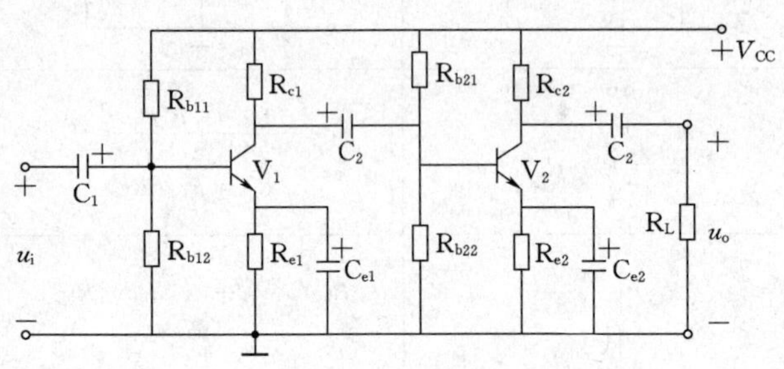

图 2.30 两级阻容耦合放大电路

由图 2.30 可知，阻容耦合放大电路具有如下优、缺点。

(1) 优点：因电容具有“隔直”作用，所以各级电路的静态工作点相互独立，互不影响。这给放大电路的分析、设计和调试带来了很大的方便。此外，还具有体积小、重量轻等优点。

(2) 缺点：因电容对交流信号具有一定的容抗，在信号传输过程中，会受到一定的衰减。尤其对于变化缓慢的信号容抗很大，不便于传输。此外，在集成电路中，制造大容量的电容很困难，所以这种耦合方式下的多级放大电路不便于集成。

2.7.4 直接耦合

为了避免电容对缓慢变化的信号在传输过程中带来的不良影响，也可以把级与级之间直接用导线连接起来，这种连接方式称为直接耦合。其电路如图 2.31 所示。

由图 2.31 可知直接耦合电路具有如下优、缺点。

(1) 优点：既可以放大交流信号，也可以放大变化非常缓慢（直流）的信号；电路简单，便于集成，所以集成电路中多采用这种耦合方式。

(2) 缺点：存在着各级静态工作点相互牵制和零点漂移这两个问题（将在第 5 章讨论零点漂移问题）。

2.7.5 变压器耦合

我们把级与级之间通过变压器连接的方式称为变压器耦合。其电路如图 2.32 所示。

由图 2.32 可知变压器耦合电路具有如下优、缺点。

(1) 优点：因变压器不能传输直流信号，只能传输交流信号和进行阻抗变换，所以，各级

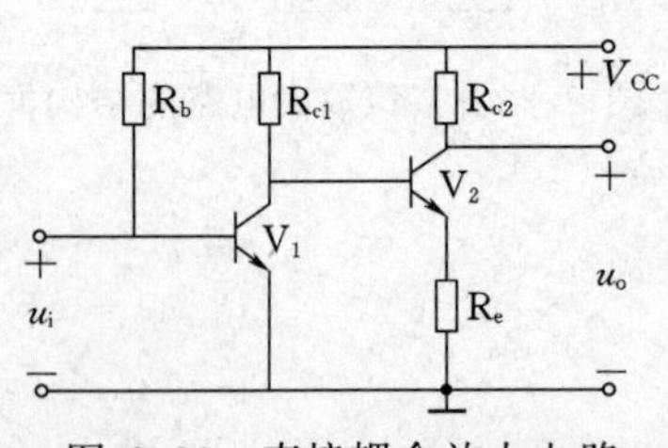

图 2.31 直接耦合放大电路

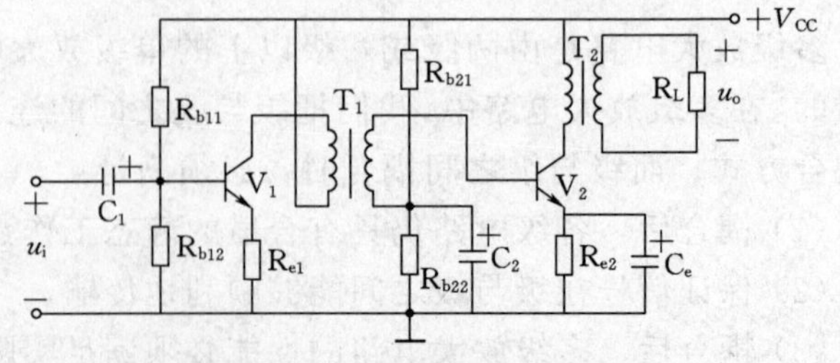

图 2.32 变压器耦合放大电路

电路的静态工作点相互独立，互不影响。改变变压器的匝数比，容易实现阻抗变换，因而容易获得较大的输出功率。

(2) 缺点：变压器体积大而重，不便于集成。同时频率特性差，也不能传送直流和变化非常缓慢的信号。

2.7.6　组合放大电路

根据前面的分析可以看到，三种基本组态电路的性能各有不同的特点。就增益而言，共基级电路的电压增益远大于 1，但电流增益小于 1；而共集电极电路的电流增益远大于 1，但电压增益小于 1；唯有共发射极电路的电压增益和电流增益均远大于 1。因此，在放大设备中，增益主要由共发射极放大器提供，如果采用有源负载，则共发射极电路还可提供增益。就输入和输出电阻而言，共基极电路的输入电阻很小，而输出电阻很大；共集电极电路的输入电阻很大，而输出电阻很小；共发射极电路的输入和输出电阻则居共基、共集电极电路之中。

如果根据三种组态电路的不同特点，将其中任何两种组态进行组合，构成相应的放大电路，就可发挥各自特点，使它更适合实际工作的需要。下面介绍几种常用的组合放大电路。

2.7.6.1　共发—共基组合放大电路

共发—共基组合放大器的交流通路如图 2.33 所示。图中，V_1 管接成共发射极组态，V_2 管接成共基极组态。

由于共基极电路的电流增益接近于 1，它在组合电路中的作用类似于一个电流接续器，将共发射极电路的输出电流几乎不衰减地接续到输出负载 R'_L 上。因此组合放大电路的电压增益，为该组合放大电路中的第一级共发射极放大电路的增益。此外，这种组合电路的输入电阻取决于共发射极组态，输出电阻取决于该组合电路。这种组合电路特别适宜于高频信号状态工作。

2.7.6.2　共集—共发组合放大电路

共集—共发组合放大器的交流通路如图 2.34 所示。图中，V_1 管接成共集电极组态，V_2 管接成共发射集组态。

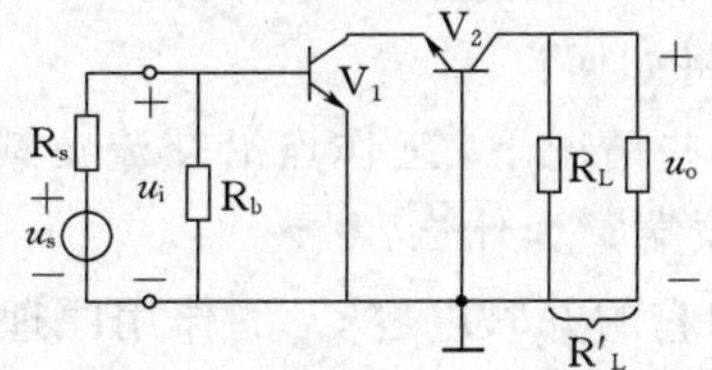

图 2.33　共发—共基组合放大器的交流通路

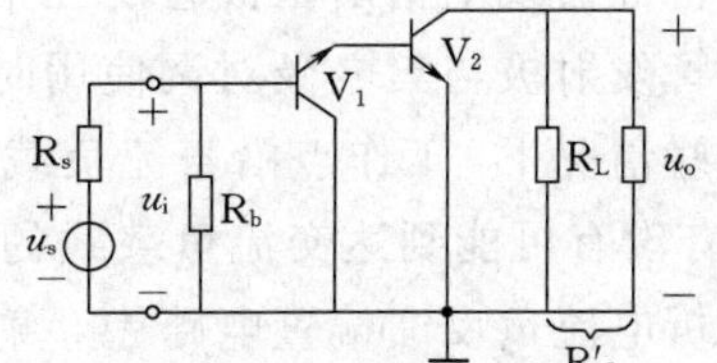

图 2.34　共集—共发组合放大器的交流通路

这种组合电路又称为达林顿电路，它的电压增益由共发射极组态提供，而共集组态主要用来提高组合电路的输入电阻。

1. 电压放大倍数

根据电压放大倍数的定义

$$A_u = \frac{u_o}{u_i}$$

在图 2.26 中，由于 $u_o=A_{u2}u_{i2}$，$u_{i2}=u_{o1}$，$u_{o1}=A_{u1}u_i$

故
$$A_u=\frac{u_o}{u_i}A_{u1}A_{u2} \tag{2.19}$$

因此可推广到 n 级放大电路的电压放大倍数为
$$A_u = A_{u1}A_{u2}\cdots A_{un} \tag{2.20}$$

注意：在计算各级电路的电压放大倍数时，必须考虑后级电路的输入电阻对前级电路电压放大倍数的影响。

2. 输入电阻

多级放大电路的输入电阻，就是输入级的输入电阻。计算时要注意：当输入级为共集电极放大电路时，要考虑第二极的输入电阻作为前级负载时对输入电阻的影响。

3. 输出电阻

多级放大电路的输出电阻就是输出级的输出电阻。计算时要注意：当输出 级为共集电极放大电路时，要考虑前级对输出电阻的影响。

思考题与练习题

思 考 题

1. 基本放大电路由哪些必不可少的部分组成？各元件有什么作用？

2. 试画出 PNP 型三极管的基本放大电路，并注明电源的实际极性，以及各电极实际电流方向。

3. 三极管具有放大作用的内部条件和外部条件各是什么？

4. 为什么说三极管放大作用的本质是电流控制作用？如何用三极管的电流分配关系来说明它的控制作用？

5. 试在特性曲线上指出三极管的三个工作区：放大区、截止区、饱和区。

6. 三极管发射极与集电极对调使用时，放大作用将如何？

7. 在哪些情况下，工作点沿直流负载线移动？在哪些情况下，工作点沿交流负载线移动？实际上工作点有没有可能到达交流负载线的上顶端和下顶端？为什么？

8. 试分析电流负反馈偏置电路中，射极电阻 R_e 和它的并联电容 C_e 的作用原理。

9. 什么是放大电路中的动态电阻，它与直流电阻和一般的交流电阻有什么区别和联系？它们的测量方法有什么不同？如何测量放大器的输入电阻和输出电阻？

练 习 题

2.1 分别测得两个放大电路中三极管的各电极电位如题 2.1 图所示，判断：

1. 三极管的管脚，并在各电极上注明 e、b、c；

2. 是 NPN 管还是 PNP 管，硅管还是锗管。

2.2 在两个放大电路中，测得三极管各极电流分别如题 2.2 图所示。求另一个电极的电流，并在图中标出其实际方向及各电极 e、b、c。试分别判断它们是 NPN 管还是 PNP 管。

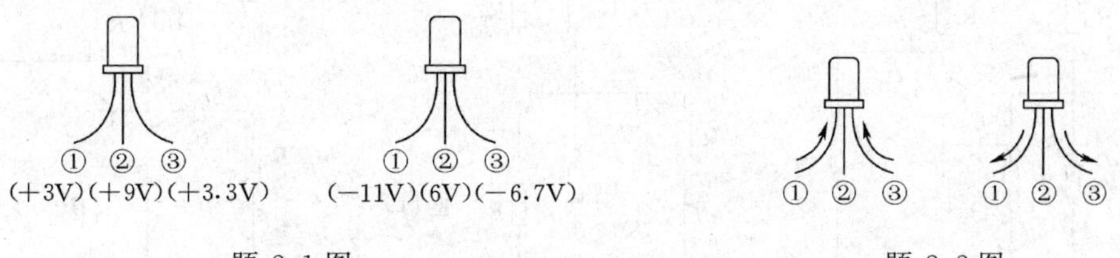

题 2.1 图　　　　题 2.2 图

2.3　判断题 2.3 图中电路能否对交流信号实现正常的放大。若不能，说明其原因。

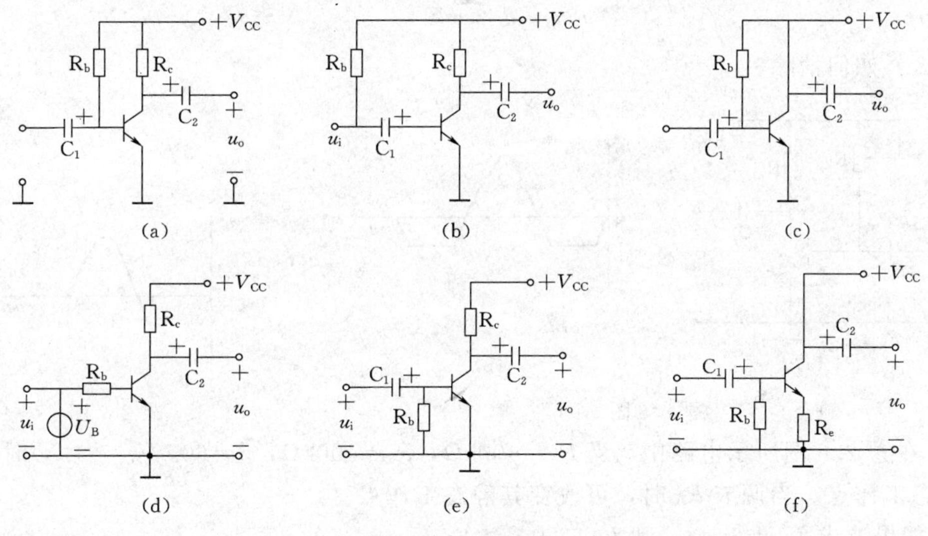

题 2.3 图

2.4　根据题 2.4 图中放大电路的直流通路，计算其静态工作点，并判断三极管的工作情况（所需参数如图中注）。

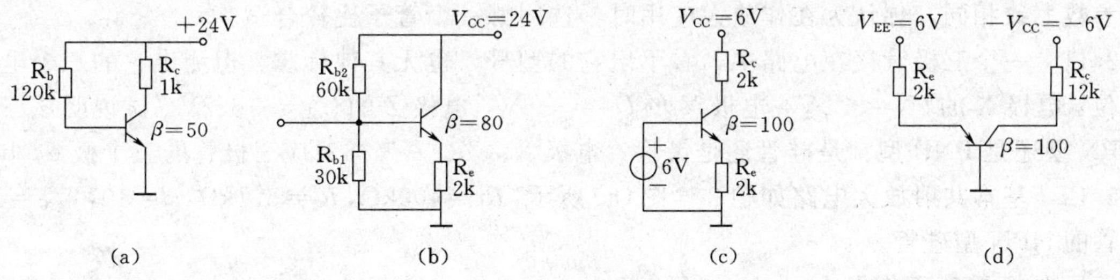

题 2.4 图

2.5　判断题 2.5 图中电路属于何种组态的放大电路。

2.6　放大电路如题 2.6 图（a）所示，当输入交流信号时，出现如题 2.6 图（b）的输出波形，试判断是何种失真？如何才能使其不失真？

2.7　在上题电路中，当输出波形为题 2.7 图所示时，试判断是何种失真？产生该种失真的

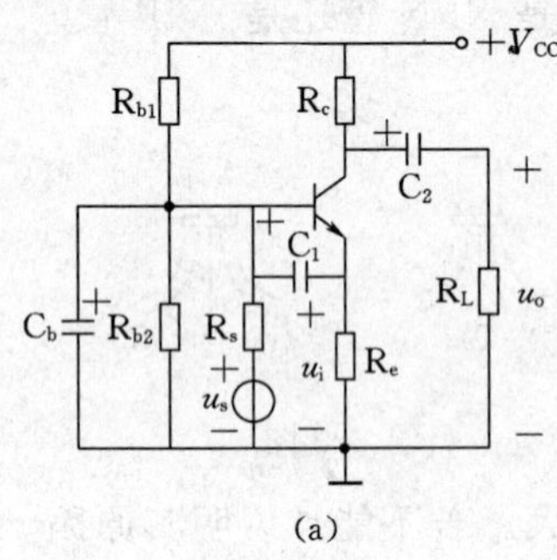

(a)

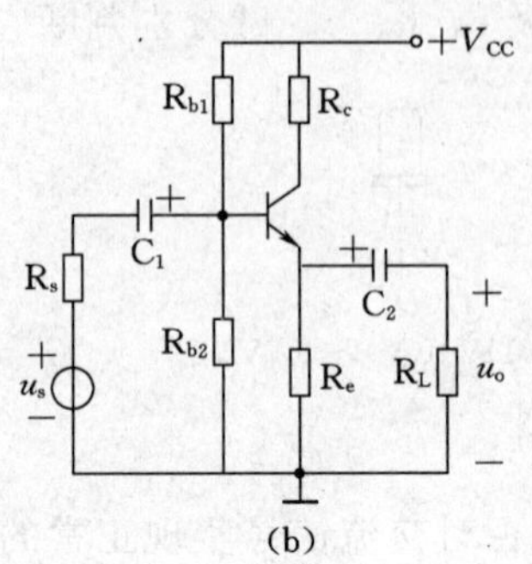

(b)

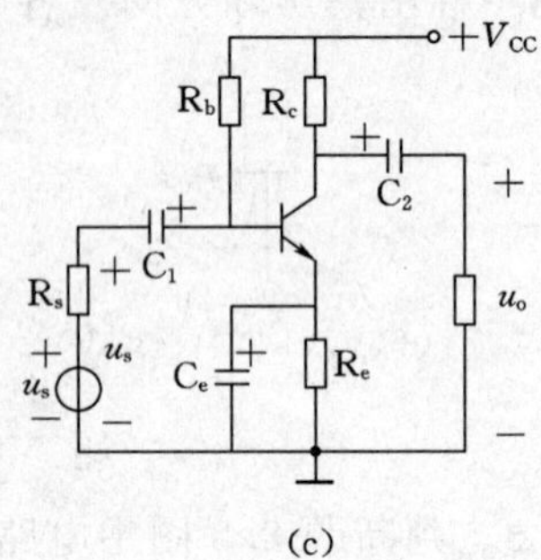

(c)

题 2.5 图

原因是什么？如何消除？

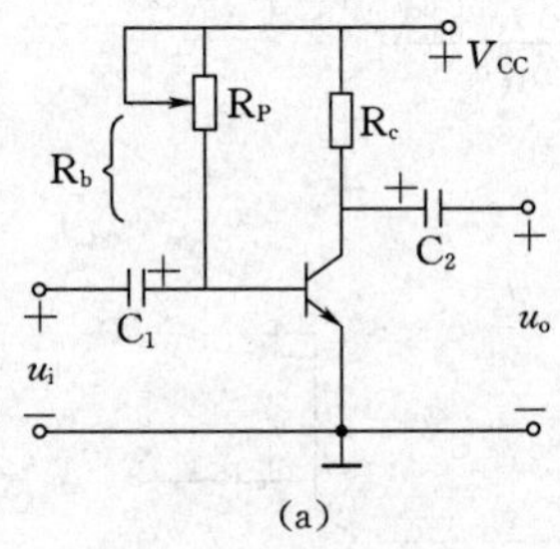

(a)

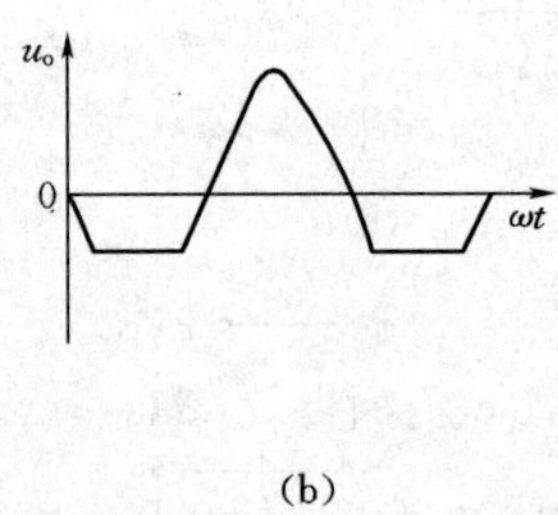

(b)

题 2.6 图

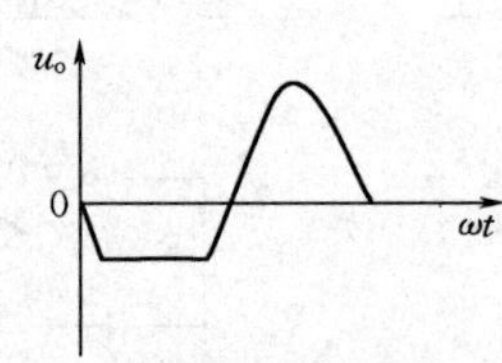

题 2.7 图

2.8　在题 2.6 图所示电路中，当 $R_b=400\text{k}\Omega$，$R_c=400\text{k}\Omega$，$\beta=60$，$V_{CC}=12\text{V}$ 时，确定该电路的静态工作点。当调节 R_b 时，可改变其静态工作点。

1. 如果要求 $I_{CQ}=2\text{mA}$，则 R_b 应为多大？

2. 如果要求 $U_{CEQ}=6\text{V}$，则 R_b 应为多大？

2.9　画出 PNP 型和 NPN 型两种三极管的结构示意图和代表符号。

2.10　有两个三极管，一个管子的 $\beta=150$，$I_{CBO}=2\mu\text{A}$；另一个管的 $\beta=50$，$I_{CBO}=0.5\mu\text{A}$，其他参数大致相同，你认为在作放大应用时，选用哪一个管子比较合适？

2.11　一个三极管接在电路中，看不出它的型号，也无其他标志，但测出它的三个电极对地电位：电极 X 的 $U_X=-9\text{V}$，电极 Y 的 $U_Y=-6\text{V}$，电极 Z 的 $U_Z=-6.2\text{V}$。试说明该三极管是 NPN 型还是 PNP 型？是硅管还是锗管？电极 X、Y、Z 怎样对应三极管的三个极 e、b、c。

2.12　基本共射放大电路如题 2.6 图（a）所示，$R_b=400\text{k}\Omega$，$R_c=5.1\text{k}\Omega$，$\beta=40$，$V_{CC}=12\text{V}$，三极管的 NPN 型硅管。

1. 估算静态工作点 I_{BQ}、I_{CQ}和 U_{CEQ}；

2. 画出其微变等效电路；

3. 估算空载电压放大倍数 A'_u 以及输入、输出电阻 r_i 和 r_o。

4. 当负载 $R_L=5.1\text{k}\Omega$ 时，$A_u=$？

2.13　分压式共射放大电路如题 2.13 图所示，$U_{BEO}=0.7\text{V}$，$\beta=50$，其他参数如图中标注。

1. 估算静态工作点 I_{BQ}、I_{CQ}和 U_{CEO}；

2. 画出其微变等效电路；

3. 估算空载电压放大倍数 A'_u 以及输入、输出电阻 r_i 和 r_o；

4. 当负载 $R_L=2k\Omega$ 时，$A_u=$？

2.14 放大电路如题2.14图所示，$\beta=50$，其他参数如图所示。

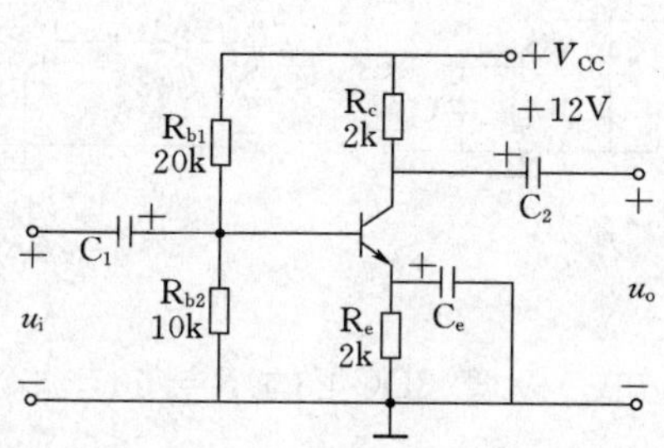

题2.13图

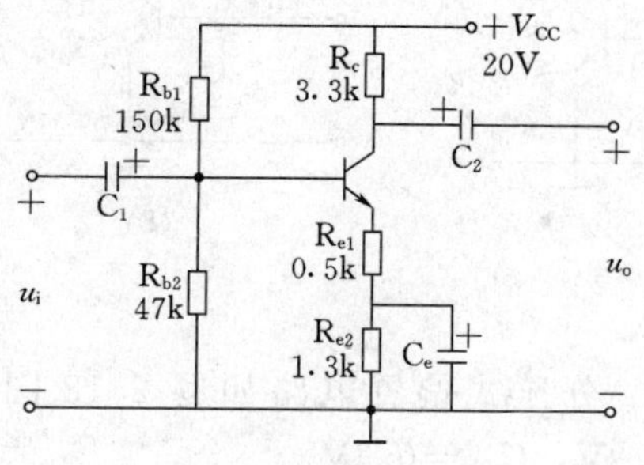

题2.14图

1. 估算静态工作点 I_{BQ}、I_{CQ}和 U_{CEO}；

2. 画出其微变等效电路；

3. 估算空载电压放大倍数 A'_u 以及输入、输出电阻 r_i 和 r_o。

2.15 某射极输出器的电路如题2.15图所示，已知 $V_{CC}=12V$，$R_b=200k\Omega$，$R_e=2k\Omega$，$R_L=2k\Omega$，三极管 $\beta=40$，$r_{be}=1.2\ k\Omega$，信号源 $u_s=200mV$，$R_s=1k\Omega$。

1. 画出放大器的直流通路，并求静态工作点（I_{BQ}、I_{CQ}、U_{CEO}）；

2. 画出放大电路的微变等效电路；

3. 计算 A_u、r_i、r_o。

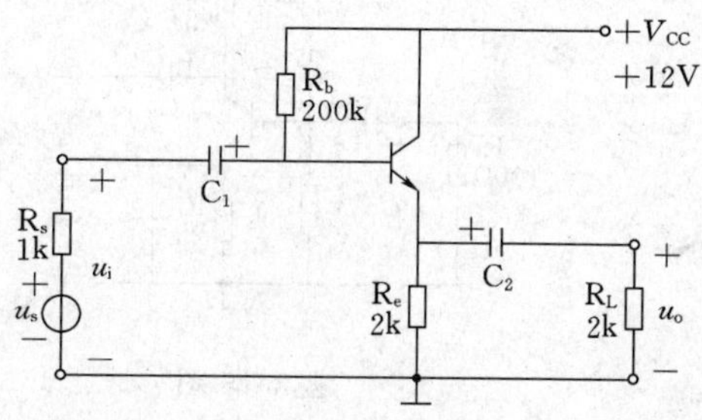

题2.15图

2.16 两级放大电路如题2.16图所示，$\beta_1=\beta_2=50$，其他参数如图中标注。

1. 求各级电路的静态工作点；

2. 画出放大电路的微变等效电路；

3. 计算电路总的输入电阻 r_i 和总的输出电阻 r_o。

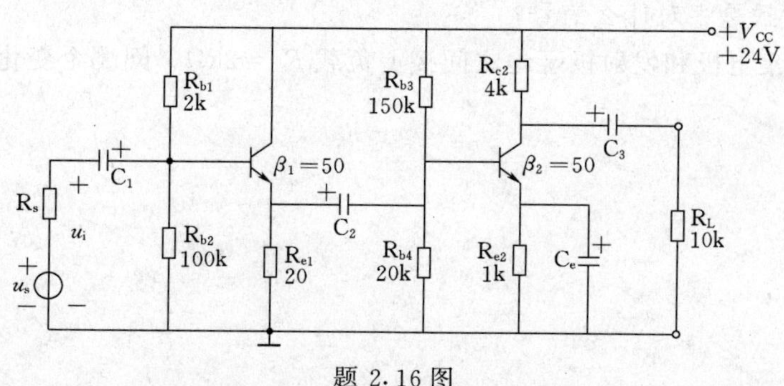

题2.16图

2.17　当输入电压为正弦波时，试分析题 2.17 图所示的各电路是否具有电压放大作用？为什么？

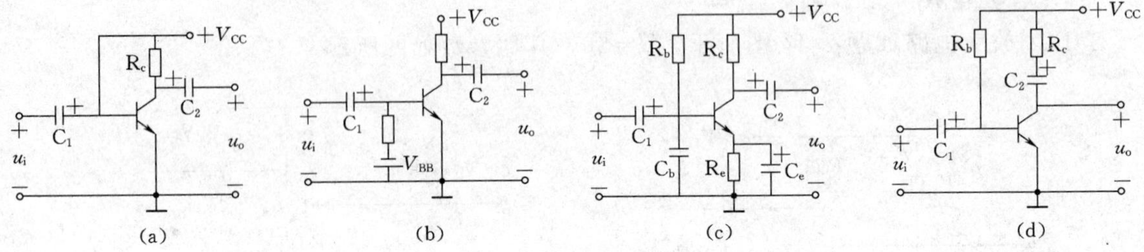

题 2.17 图

2.18　分压式偏置电路如题 2.18 图所示，已知三极管 3DG4 的 $\beta=60$，$r_{bb'}=100\Omega$，$U_{CE(sat)}=0.3V$，$U_{BE}=0.7V$。

1. 估算工作点 Q；

2. 求放大电路的 A_u、r_i、r_o 和 A_{us}；

3. 求最大输出电压 U_{omax}；

4. 若电路其他参数不变，向上偏流电阻 R_{b1} 为多大时，能使 $U_{CE}=4V$？

2.19　电路如题 2.19 图所示，三极管参数 $\beta=50$，$U_{BE}=0.7V$，$r_{bb'}$ 可忽略。

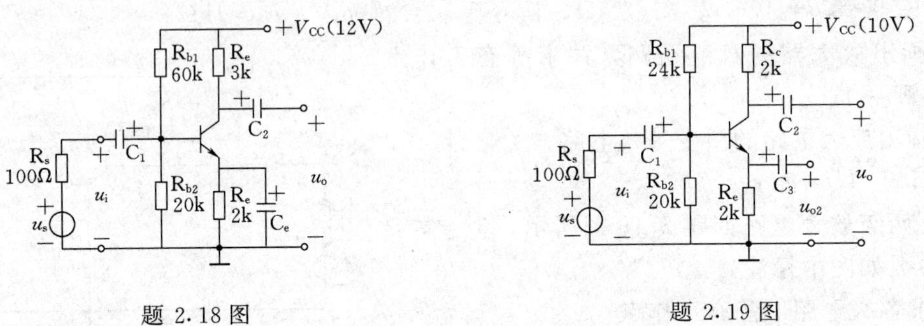

题 2.18 图　　题 2.19 图

1. 求静态电流 I_C；

2. 求分别从集电极和发射极输出时的输入电阻、输出电阻和源电压放大倍数 $A_{us1}=u_{o1}/u_s$、$A_{us2}=u_{o2}/u_s$；

3. u_{o1} 与 u_{o2} 大致是一对什么信号？

4. 若分别在集电极和发射极至地之间接上负载 $R_L=2k\Omega$，问哪个变化大？为什么？

第 3 章　场效应管及其放大电路

本章重点内容

- 结型、绝缘栅型场效应管的工作原理、输出特性、转移特性及主要参数。
- 共源、共漏极放大电路的工作原理。
- 场效应管的偏置方式及静态工作点的求法。

3.1 概　　述

3.1.1 场效应管的特点

场效应管是利用电场效应来控制电流的一种半导体器件。其特点是控制端基本上不需要电流，属电压控制器件。它在工作过程中起主要导电作用的是多数载流子，而在半导体三极管的工作过程中，管子内部的载流子都起着导电作用。据此又称场效应管为单极型晶体管，称半导体三极管为双极型晶体管。

3.1.2 场效应管的分类

按结构和控制电场的形式不同，场效应管分为结型和绝缘栅型；按工作方式的不同又可分为增强型和耗尽型。由于结构和工作原理的特点，结型场效应管只有耗尽型；按导电沟道掺杂类型的不同可分为 N 沟道型和 P 沟道型。

- 场效应管（FET）
  - 结型场效应管（JFET）
    - N 沟道
    - P 沟道
  - 绝缘栅型场效应管（JGFET）
    - 增强型
      - N 沟道
      - P 沟道
    - 耗尽型
      - N 沟道
      - P 沟道

3.1.3 场效应管与晶体三极管的比较

场效应管和晶体三极管都是具有受控作用的半导体器件，其优点是体积小、重量轻、耗 电省、可靠性高、便于集成等。但存在以下不同：

(1) 场效应管是利用多数载流子导电的器件，称为单极型晶体管，温度性能较好，并具有零温度系数工作点。而晶体三极管是空穴和自由电子都参与导电的器件，称为双极型晶体管(BJT)，温度特性较差。

(2) 场效应管是电压控制器件，输入电阻很高；JFET 输入电阻可达 $10^{7}\Omega$ 以上，MOSFET 输入电阻更高，可达 $10^{11}\Omega$ 以上；而型晶体管为电流控制器件，输入电阻较低，约几千欧。

(3) MOSFET 的噪声比 BJT 低，JFET 的噪声比 MOSFET 的噪声还要低。

(4) 正常工作时，耗尽型 MOSFET 的栅压可正可负，灵活性较大，而增强型 MOSFET、JFET 的栅极电压和 BJT 的栅极偏压只能是一种极性。

(5) 正常工作时，BJT 的发射极和集电极不能互换。而 MOSFET、JFET 由于结构上的对称性，漏极和源极可以互换使用。但要注意，厂家如果已将衬底与源极在管内短接，或者增加了二极管保护电路时漏极和源极不能互换使用。

(6) MOSFET 工艺最简单（与 BJT、JFET 相比），功率又小，封装密度极高，适合于制造大规模、超大规模集成电路。

(7) BJT 具有跨导大、电压增益高、非线性失真小、性能稳定等优点，所以在分立元件电路和中、小规模模拟集成电路中，BJT 电路占优势。

(8) FET 在小电流、小电压工作时，漏源极间可以等效为一受栅压近几年内的可变电阻器，因此被广泛应用于自动增益控制、电压控制衰减器等中。

场效应管具有放大作用，它的 3 电个极与晶体三极管的 3 个电极之间存在对应关系：栅极 G 对应基极 B；源极 S 对应发射极 E；漏极 D 对应集电极 C。所以根据晶体三极管放大电路可以组成相应的场效应管电路，但由于两种器件的工作原理不同，不能简单地用场效应管取代晶体三极管放大电路。

3.2 场 效 应 管

3.2.1 结型场效应管

3.2.1.1 结构

结型场效应管有两种结构形式。图 3.1 (a) 所示为 N 沟道结型场效应管。图 3.1 (b) 所示为 P 型沟道结型场效应管。其电路符号如图 3.1 (c)、(d) 所示。

以 N 沟道为例。在一块 N 型硅半导体材料的两边，利用合金法、扩散法或其他工艺做成高浓度的 P^{+}型区，使之形成两个 PN 结，然后将两边的 P^{+}型区连在一起，引出一个电极，称为栅极 G。在 N 型区是源极与漏极之间的电流通道，称为导电沟道。由于 N 型半导体多数载流子是电子，故此沟道称为 N 型沟道。同理，P 型沟道结型场效应管中，沟道是 P 型区，称为 P 型沟道，栅极与 N^{+}型区相连。电路符号中栅极的箭头方向可理解为两个 PN 型结的正向导电方向。

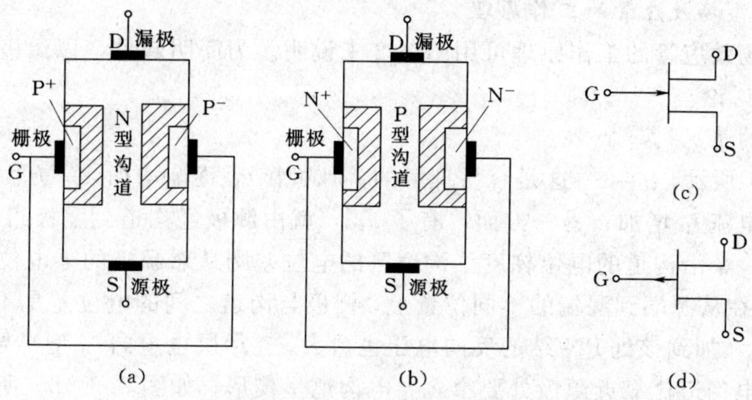

图 3.1　结型场效应管的结构示意图和符号

（a）N 型沟道；（b）P 型沟道；（c）N 沟道；（d）P 沟道

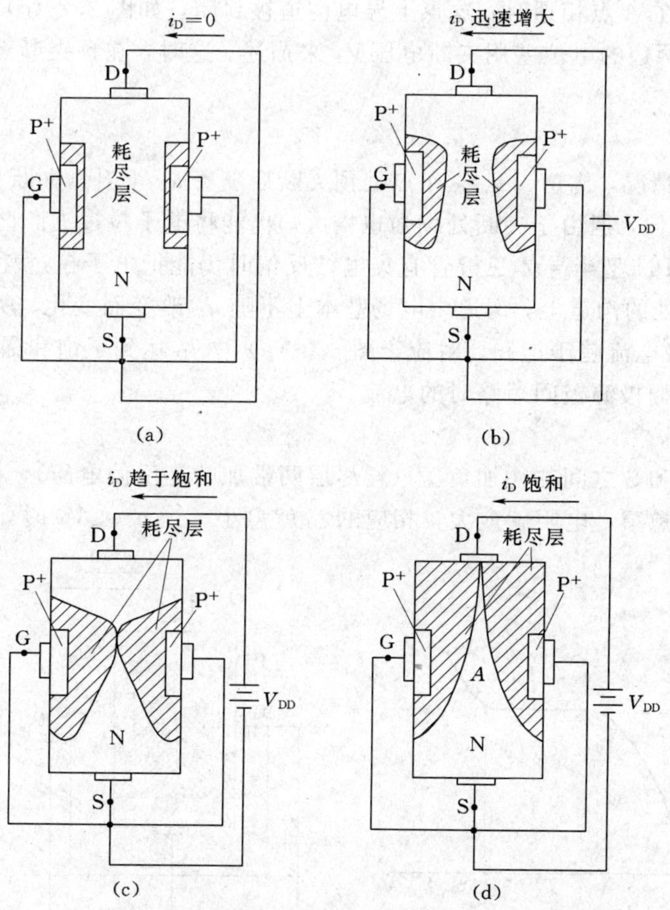

图 3.2　改变 u_{DS}时结型场效应导电沟道的变化

（a）$u_{GS}=0$，$u_{DS}=0$ 时的情况；（b）$u_{GS}=0$，$u_{DS}<|V_P|$ 时的情况；（c）$u_{GS}=0$，$u_{DS}=|V_P|$时的情况；（d）$u_{GS}=0$，$u_{DS}>|V_P|$时的情况

3.2.1.2 结型场效应管的工作原理

N 沟道结型场效应管的工作原理可用图 3.2 来说明。为简明起见，以源极为公用端，首先从 $u_{GS}=0$ 时开始讨论。

1. $u_{GS}=0$ 时的情况

如图 3.2（a）所示，$i_D=0$，这是容易理解的。但随着 u_{DS}逐渐增加，一方面沟道电场强度加大，有利于漏极电流 i_D 增加；另一方面，有了 u_{DS}，就由源极经沟道到漏极组成的 N 型半导体区域中，产生了一个沿沟道的电位梯度。沟道区的电位差则从靠源极的零电位逐渐升高到靠近漏端的 u_{DS}。所以在从源端到漏端的不同位置上，栅极与沟道之间的电位差是不均匀的，离源极愈远，电位差愈大，加到该处 PN 结的反向电压也愈大，耗尽层也愈向 N 型半导体中心扩展，使靠近漏极处的导电沟道比靠近源极处要窄，导电沟道呈楔形，如图 3.2（b）所示。因此可以说 u_{DS}对 i_D 有一定的控制作用。尤其是在 u_{DS}较小时，i_D 随 u_{DS}升高几乎成正比增大，构成如图 3.3（a）所示曲线的上升段。u_{DS}继续增加，漏栅间的电位差 u_{DG} 也增大，靠近漏端电位差最大，耗尽层也最宽。当两耗尽层在 A 点相遇时，这点上导电沟道被封闭，如图 3.2（c）所示，称为预夹断，此时，A 点耗尽层两边的电位差用夹断电压 V_P 来描述。这时，在预夹断点 A 处 V_P 与 u_{GS}、u_{DS}之间有如下关系：

$$u_{GS} \cdot u_{DS} = V_P \tag{3.1}$$

图 3.2（c）所示的情况，沟道一旦在 A 点处预夹断后随着 u_{DS}上升，夹断长度会略有增加，即自 A 点向源极方向延伸，但由于夹断处场强也增大，仍能将电子拉过夹断区（实即耗尽层），形成漏极电流，这和 NPN 型半导体三极管有集电结反偏时仍能把电子拉过耗尽区基本上是相似的。在从源极到夹断处的沟道上，沟道内电场基本上不随 u_{DS}改变而变化。所以，i_D 基本上不随 u_{DS}增加而上升，漏极电流趋于饱和。对应于图 3.3（a）中 i_D 达到了饱和漏极电流 I_{DSS}，I_{DSS} 下标中的第二个 S 表示栅极源极间短路时的电流。

2. $u_{GS}\neq 0$ 时的情况

在实际使用中，G 和 S 之间往往加负压（耗尽层两端加的是反偏电压），栅、源电压愈负，耗尽层愈宽，沟道变得愈窄，电阻就愈大，相应的 i_D 就愈小。当 $u_{GS}\leqslant V_P$ 时，两边的耗尽层完

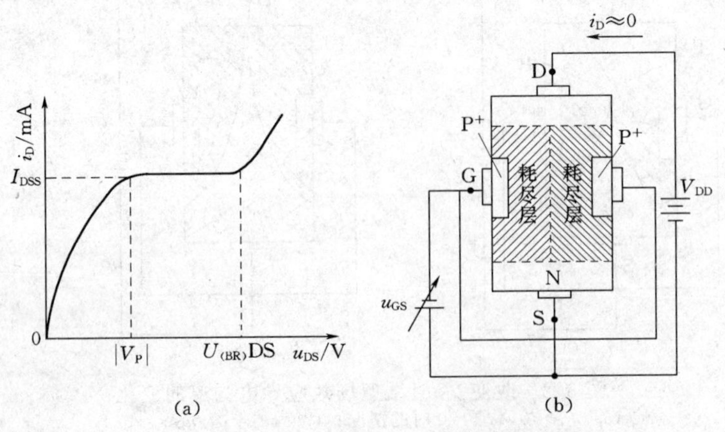

图 3.3 $u_{GS}\neq 0$ 时的工作情况

（a）$U_{GS}\neq 0$ 时；（b）$u_{GS}\leqslant V_P$ 时沟道被夹断

全会合，沟道会被夹断（简称夹断），如图 3.3（b）所示。当 u_{GS}愈负，i_D 愈小，曲线将向下移，体现了栅源电压 u_{GS}控制漏极电流 i_D 的作用。此外，由于每个管子的 V_P 为一定值，因此，由式（3.1）可知，预夹断点在输出特性上将沿着一定轨迹变化。

3.2.1.3　结型场效应管的特性曲线

场效应管的特性曲线分为转移特性曲线和输出特性曲线。

1. 转移特性

半导体三极管是电流控制器件，它的工作性能可以通过它的输入特性和输出特性及一些参数来反映。场效应管是电压控制器件，它除了用输出特性及一些参数来描述其性能外，由于栅极输入端基本上没有电流，故它的输入特性没有意义，因此引入转移特性来描述场效应管的特性，栅源电压 u_{GS}对漏极电流 i_D 的控制特性。

在 u_{DS}一定时，漏极电流 i_D 与栅源电压 u_{GS}间的关系称为转移特性，即

$$i_D = f(u_{GS})|_{u_{DS}=\text{常数}}$$

图 3.4 为 N 沟道结型场效应管的转移特性曲线。当 $u_{GS}=0$ 时，i_D 最大，称为饱和漏电流，并用 I_{DSS}表示。当$|u_{GS}|$增大时，沟道电阻增大，漏极电流 i_D 减小，当 $u_{GS}=u_{GS(off)}$时，沟道被夹断，此时 $i_D=0$。$u_{GS(off)}$称为夹断电压。

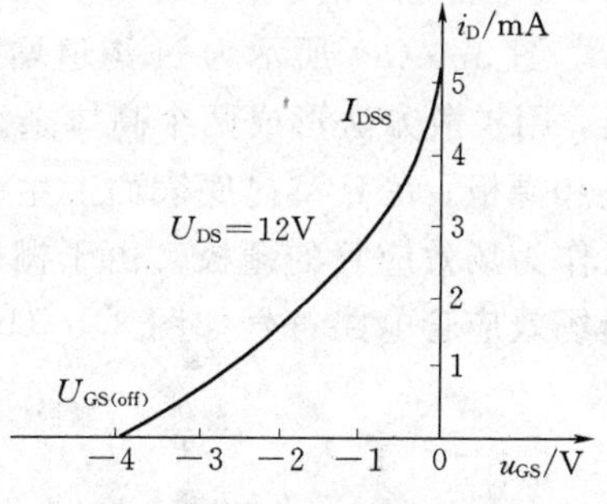

图 3.4　N 沟道结型场效应管的转移特性曲线

在 $u_{GS(off)} \leqslant u_{GS} \leqslant 0$ 的范围内，漏极电流 i_D 与栅极电压 u_{GS} 的关系为

$$i_D = I_{DSS}\left(1 - \frac{u_{GS}}{u_{GS(off)}}\right)^2 \tag{3.2}$$

2. 输出特性

输出特性是指栅、源电压 u_{GS}一定，漏极电流 i_D 与漏极电压 u_{DS}之间的关系，即

$$i_D = f(u_{DS})|_{u_{GS}=\text{常数}} \tag{3.3}$$

图 3.5 为 N 沟道结型场效应管的输出特性曲线，它可分成四个区域。

（1）可变电阻区：当漏源电压 u_{DS}很小时，场效应管工作于该区。此时，导电沟道畅通，场效应管的漏源之间相当于一个电阻一。在栅源电压 u_{GS}一定时，沟道电阻也一定，i_D 随 u_{GS}增大而线性增大。但当栅源电压变化时，特性曲线的斜率也随之发生变化。可以看出，栅源电压 u_{GS}与 u_{DS}无关，我们称这个区域为恒流区，也称为放大区。在恒流区，i_D 主要由栅源电压 u_{GS}决定。

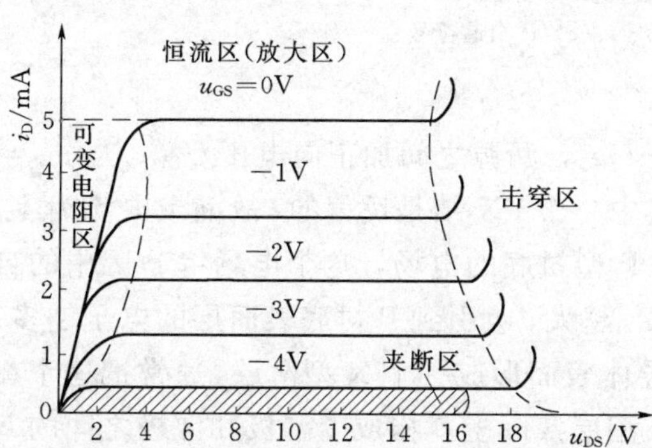

图 3.5　N 沟道结型场效应管的输出特性曲线

（2）恒流区：随着 u_{DS}增大到一定程度，i_D 的增加变慢，以后 i_D 基本恒定，而与漏源电压 u_{DS}无关，我们称这个区域为恒流区，也称为放大区。在恒流区，i_D 主要由栅源电压 u_{GS}决定。

（3）击穿区：如果继续增大 u_{DS}到一定值后，漏、源极之间会发生击穿，漏极电流 i_D 急剧上升，若不

加以限制，管子就会损坏。

(4) 夹断区：当 u_{GS}负值增加到夹断电压 $u_{GS(off)}$后，$i_D \approx 0$，场效应管截止。

3.2.2 绝缘栅型场效应管

结型场效应管的输入电阻一般可达 $10^6 \sim 10^9\Omega$，由于这个电阻是 PN 结的反向电阻，PN 结反偏时，总有一些反向电流存在，而且还受到温度影响，这就限制了输入电阻的进一步提高。绝缘栅场效应管的栅极和沟道是绝缘的，因此，它的输入电阻可高达 $10^9\Omega$ 以上。

绝缘栅型场效应管（MOSFET）是由金属、氧化物、半导体组成的，所以又叫金属氧化物半导体场效应管，简称 MOS 管。MOS 管按其导电沟道分为 N 沟道管和 P 沟道管，即 NMOS 管和 PMOS 管，而每一种 MOS 管又分为增强型和耗尽型两类。现以 NMOS 管为例说明其结构及工作原理。

3.2.2.1 增强型绝缘栅场效应管的结构及工作原理

1. 结构及符号

图 3.6 (a) 所示为 N 沟道增强型绝缘栅场效应管的结构图。它是在一块 P 型硅半导体衬底上，用扩散方法形成两个高掺杂浓度的 N 型区，并用金属导线引出两个电极作为场效应管的漏极和源极；在 P 型衬底表面上生长一层很薄的绝缘层（SiO_2），再覆盖一层金属薄层引出一个电极作为场效应管的栅极。由于栅极与源极之间都是绝缘的，因而称之为绝缘栅型。增强型绝缘栅场效应管电路符号如图 3.6 (b)、(c) 所示。

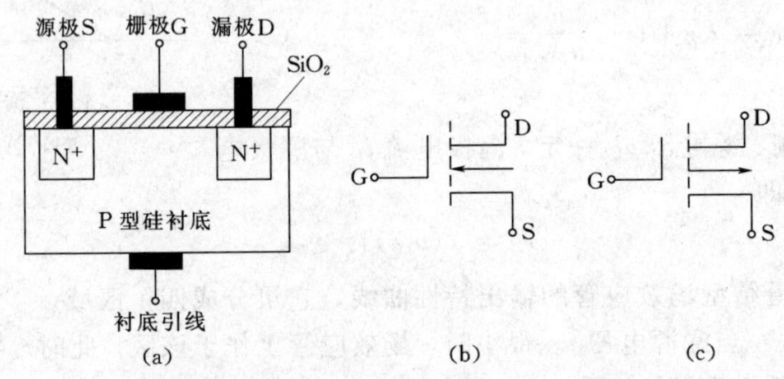

图 3.6 增强型 MOS 管结构及符号图

(a) N 沟道结构图；(b) N 沟道符号；(c) P 沟道符号

2. 工作原理

如图 3.7 所示电路，在栅、源之间正加正向电压 U_{GG}，漏源之间加正向电压 U_{DD}。当 $u_{GS}=0$ 时，漏极与源极之间形成两个反向连接的 PN 结，其中一个 PN 结是反偏的，故漏极电流为零。

当 $u_{GS}>0$ 时，在 u_{GS}作用下，会产生一个垂直于 P 型衬底的电场，这个电场将 P 区中的自由电子吸引到衬底表面，同时排斥衬底表面的空穴。u_{GS}越大，吸引到 P 衬底表面层的电子越多。当 u_{GS}达到一定值时，这些电子在栅极附近的 P 型半导体表面形成一个 N 型薄层，通常把这个在 P 型衬底表面形成一个 N 型薄层称为反型层，这个反型层实际上就构成了漏极和源极之间的 N 型导电沟道。若在漏、源之间加上电压 u_{DS}，就会产生漏极电流 i_D。我们将形成导电沟道时所需的最小栅、源电压称为开启电压，用“$U_{GS(th)}$”表示。改变栅、源电压就可以改变沟道的宽度，也就可以有效地控制漏极电流 i_D。

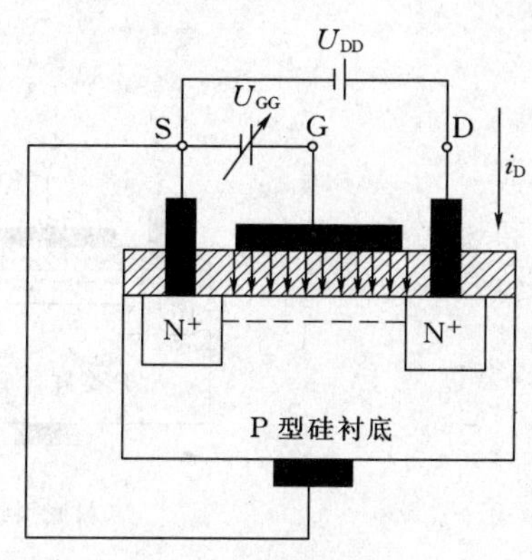

图 3.7　N 沟道增强型 MOS 管工作原理

由于这种场效应管没有原始导电沟道，只有当 $u_{GS} \geqslant u_{GS(th)}$ 时才形成导电沟道，因而称为增强型场效应管。

3. 特性曲线

(1) N 沟道增强型绝缘栅场效应管的转移特性曲线如图 3.8 (a) 所示。在 $u_{GS} \geqslant u_{GS(th)}$ 时，i_D 与 u_{GS} 的关系可用下式表示：

$$i_D = I_{DD}\left(\frac{u_{GS}}{U_{GS(th)}} - 1\right)^2 \tag{3.4}$$

式中 I_{DD} 是 $u_{GS} = 2\,U_{GS(th)}$ 时的 i_D 值。

(2) N 沟道增强型绝缘栅场效应管的输出特性曲线如图 3.8 (b) 所示。由图可见，特性曲线有 4 个区：可变电阻区、恒流区、击穿区和夹断区。其含义与结型场效应管输出特性曲线相应区域的含义相同。

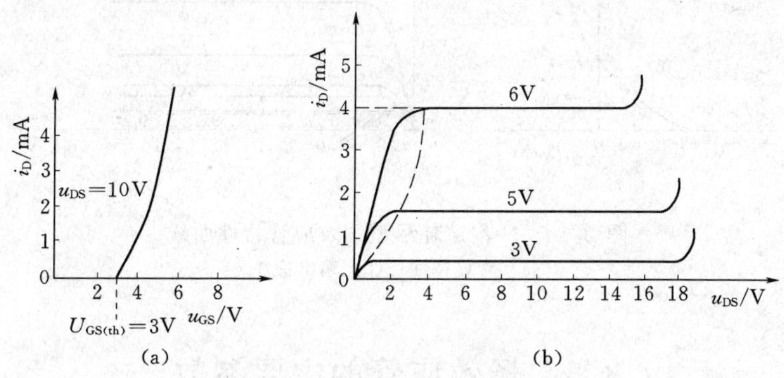

图 3.8　N 沟道增强型绝缘栅场效应管特性曲线

(a) 转移特性；(b) 输出特性

3.2.2.2　耗尽型绝缘栅场效应管的结构及工作原理

图 3.9 为 N 沟道耗尽型场效应管的结构图。其结构与增强型场效应管的结构相似，不同的是这种管子在制造时，就在二氧化硅绝缘层中掺入了大量的正离子。由于正离子的作用，使在 $u_{GS}=0$ 时，也会在漏、源极之间形成导电的沟道，此时，只要在漏、源之间加上正向电压 u_{DS}，就会产生漏极电流 i_D。通常将 $u_{GS}=0$ 时的漏极电流 i_D 称为饱和漏极电流，用 I_{DSS} 表示。当栅、源之间加反偏电压 u_{GS} 时，沟道中感应的负电荷减少，从而使 i_D 减小，反偏电压 u_{GS} 增大，沟道中感应的负电荷进一步减少。当反偏电压增大到某一值时，沟道被夹断，使 $i_D=0$，此时的 u_{GS} 称为夹断电压，用 $U_{GS(off)}$ 表示。N 沟道耗尽型场效应管的特性曲线如图 3.10 所示。这种管子的 u_{GS} 不论是正还是负或是零都可以控制 i_D，这使它的使用更具有较大的灵活性。

在 $u_{GS} \geqslant u_{GS(th)}$ 时，i_D 与 u_{GS} 的关系可用下式表示：

$$i_D = I_{DSS}\left(1 - \frac{u_{GS}}{u_{GS(off)}}\right)^2 \tag{3.5}$$

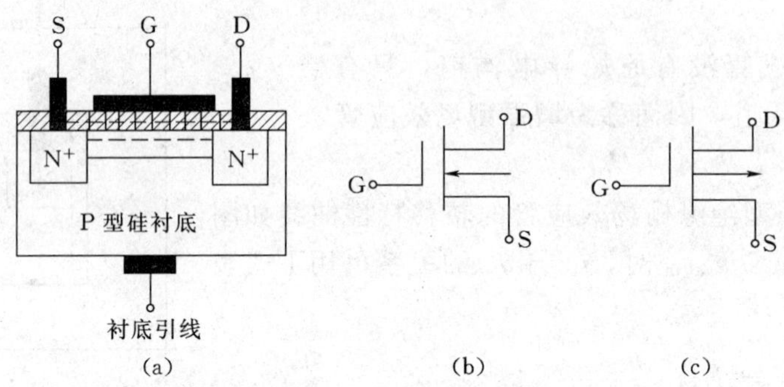

图 3.9 耗尽型 MOS 管结构及符号图

(a) N 沟道结构图；(b) N 沟道符号；(c) P 沟道符号

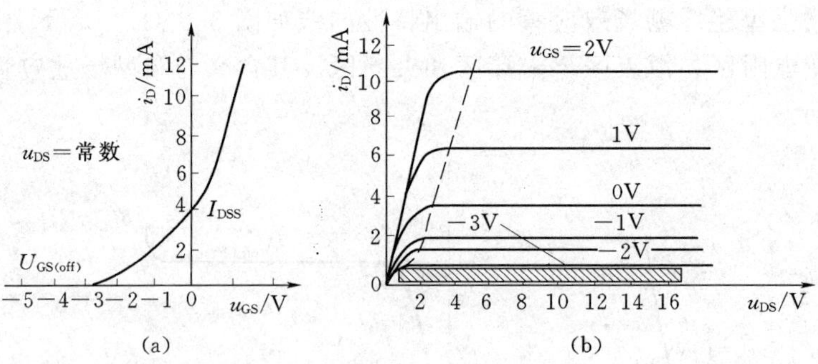

图 3.10 N 沟道耗尽型场效应管特性曲线

(a) 转移特性；(b) 输出特性

3.3 场效应管的主要参数

1. 夹断电压 $U_{GS(off)}$

$U_{GS(off)}$实质上是使 $i_D=0$ 时所需的 u_{GS}值。

2. 饱和漏电流 I_{DSS}

在 $u_{GS}=0$ 的情况下，当 $u_{DS}>|V_P|$时的漏极电流称为饱和漏电流，通常令 $u_{DS}=10$V、$u_{GS}=0$V 时测出的 i_D 就是 I_{DSS}。

在转移特性上，就是 $u_{GS}=0$ 时的漏极电流，参见图 3.8（a）所示。

对结型场效应管来说，I_{DSS}也是管子所能输出的最大电流。

3. 低频互导（跨导）g_m

在 u_{DS}=常数时，漏极电流的微变量和引起这个变化的栅源电压的微变量之比称为互导（也称跨导），即

$$g_m = \frac{di_D}{du_{GS}}\bigg|_{u_{DS}=\text{常数}} \tag{3.6}$$

互导反映了栅源电压对漏极电流的控制能力，相当于转移特性上工作点的斜率。互导 g_m 是表征场效应管放大能力的一个重要参数，单位为 mS 或 μS。g_m 一般在十分之几至几 mS 的范围内，特殊的可接近 20mS。值得注意的是，互导随管子的工作点不同而变化。

4. 最大耗散功率 P_{DM}

场效应管的耗散功率等于 u_{DS} 和 i_D 的乘积，即 $P_{DM}=u_{DS}\cdot i_D$，这些耗散在管子上的功率将变为热能，使管子的温度升高，为了使它的温度不致于升得太高，就要限制它的耗散功率，不能超过最大数值，显然，P_{DM} 将受管子的最高温度的限制。

除了以上参数外，场效应管还有噪声系数、高频参数、极间电容等其他参数。

3.4　场效应管的检测及使用注意事项

3.4.1　场效应管的检测

由于绝缘栅型（MOS）场效应管输入阻抗很高，不宜用万用表测量，必须用测试仪测量，而且测试仪必须良好接地，测试结束后应先短接各电极，以防外来感应电势将栅极击穿。

结型场效应管可用万用表来判别其管脚和性能的优劣。

1. 管脚的判别

首先确定栅极，将万用表置于 $R\times1k\Omega$ 或 $R\times100\Omega$ 挡，用黑表棒接假设的栅极，再用红表棒分别接另外两脚。若测得的阻值小，黑、红表棒对调后阻值很大，则假设的栅极正确，并知它是 N 沟道场效应管，反之为 P 沟道场效应管。其次确定源极和漏极，对于结型场效应管，由于漏、源极是对称的，可以互换，因此，剩余的两只管脚中任何一只都可以作为源极或漏极。

2. 质量判定

把万用表置于 $R\times1k\Omega$ 挡或 $R\times100\Omega$ 挡，红、黑两表分别交替接源极和漏极，阻值均小。随后将黑表棒接栅极，红表棒分别接源极和漏极，对 N 沟道管，阻值应很小；对 P 沟道管，阻值应很大。再将红、黑表棒对调，测得的数值相反，这样的管子基本上是好的。否则，要么是因击穿而短路，要么断路。

3.4.2　场效应管使用注意事项

（1）MOS 管栅、源极之间的电阻很高，使得栅极的感应电荷不易泄放，因极间电容很小，故会造成电压过高使绝缘层击穿。因此，保存 MOS 管应使 3 个电极短接，避免栅极悬空。焊接时，电烙铁的外壳应良好地接地，或烧热电烙铁后切断电源再焊。

（2）有些场效应晶体管将衬底引出，故有 4 个管脚，这种管子漏极与源极可互换使用。但有些场效应晶体管在内部已将衬底与源极接在一起，只引出 3 个电极，这种管子的漏极与源极不能互换。

（3）使用场效应管时各极必须加正确的工作电压。

（4）在使用场效应管时，要注意漏、源电压和漏源电流及耗散功率等，不要超过规定的最大允许值。

表 3.1 列出了各种类型的 FET 的特性。

表 3.1 各种类型的 FET 的特性

类型			符号	放大状态的电压极性		转移特性	输出特性	U_P	U_T
				u_{DS}	u_{DS}				
结型	N沟道	耗尽型	D; G; S	−	+	i_D; I_{DSS}; $u_{DS}=10V$; U_P; −3; 0; 1; u_{GS}/V	i_D; $U_P=-3V$; $u_{DS}=0V$; −1; −2; 0; 10; u_{DS}/V	−	
结型	P沟道	耗尽型	D; G; S	+	−	i_D; I_{DSS}; $u_{DS}=-10V$; U_P; −1; 0; 1; 2; u_{GS}/V	i_D; $U_P=3V$; $u_{GS}=-1V$; 0; 1; 2; 0; 10; $-u_{DS}/V$	+	
绝缘栅型	N沟道	耗尽型	D; B; G; S	+或−	+	i_D; $u_{DS}=10V$; I_{DSS}; U_P; −3; 0; u_{GS}/V	i_D; $U_P=-4V$; $u_{GS}=1V$; 0; −1; −2; −3; 0; 10; u_{DS}/V	−	
绝缘栅型	N沟道	增强型	D; B; G; S	+	+	i_D; $u_{DS}=10V$; U_T; 0; 2; 4; 6; u_{GS}/V	i_D; $U_T=2V$; $u_{GS}=7V$; 6; 5; 4; 3; 0; 10; u_{DS}/V		+
绝缘栅型	P沟道	耗尽型	D; B; G; S	+或−	−	i_D; $u_{DS}=-10V$; I_{DSS}; U_T; 1; 0; 1; 2; 3; u_{GS}/V	i_D; $U_P=3V$; $u_{GS}=0V$; 1; 2; 0; 10; $-u_{DS}/V$	+	
绝缘栅型	P沟道	增强型	D; B; G; S	−	−	$u_{DS}=-10V$; i_D; U_T; −6; −2; 0; u_{GS}/V	i_D; $U_T=-2V$; $u_{GS}=-8V$; −6; −4; 0; 10; $-u_{DS}/V$		−

3.5　场效应管放大电路

3.5.1　场效应管的直流偏置电路及静态分析

3.5.1.1　直流偏置电路

场效应管组成的放大电路和普通半导体三极管组成的放大电路一样，都要建立合适的静态工作点。所不同的是，场效应管是电压控制器件，因此，场效应管的各电极之间需要设置正确的工作电压。通常设置偏置的方式有两种，即自偏压电路和分压式自偏压电路。现以 N 沟道耗尽结型场效应管为例分析如下。

1. 自偏压电路

和半导体三极管的射极偏置电路相似，通常在源极接入源极电阻 R 就可组成如图 3.11 (a) 所示的自偏压电路。考虑到耗尽型场效应管即使在 $u_{GS}=0$ 时，也有漏源电流流过 R，而栅极是经电阻 R_g 接地的，所以在静态时栅、源之间有负栅压 $u_{GS}=i_D R$。图中电容 C 对 R 起旁路作用，称为源极旁路电容。

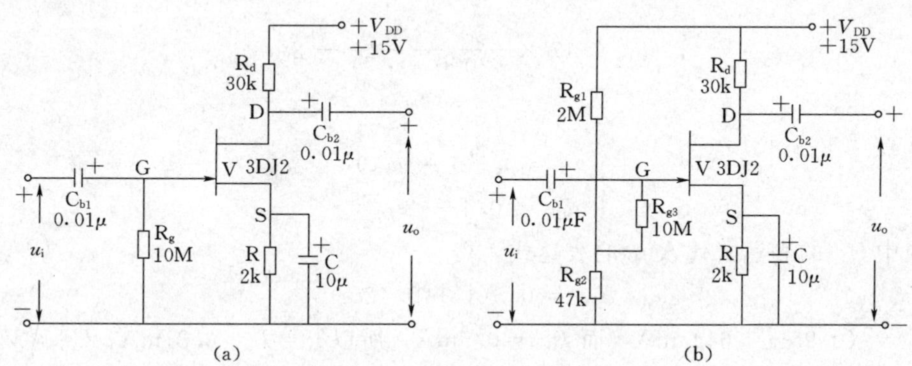

图 3.11　场效应管的偏压电路

(a) 自偏压电路；(b) 分压式自偏压电路

增强型场效应管只有栅、源电压先达到某个开启电压 V_T 时才有漏极电流 i_D，因此这类管子不能用如图 3.11 (a) 所示自偏压电路。

2. 分压式自偏压电路

虽然自偏压电路比较简单，但当静态工作点决定后，u_{GS}和 i_D 就确定了，因而 R 选择的范围很小。分压式自偏压电路是在图 3.11 (a) 的基础上加接分压电阻后组成的，如图 3.11 (b) 所示。漏极电源 V_{DD}经分压电阻 R_{g1}和 R_{g2}分压后，通过 R_{g3}供给栅极电压 $U_G= R_{g2}V_{DD}/(R_{g1}+R_{g2})$，同时漏极电流在源极电阻 R 上也产生压降 $U=I_D R$，因此，静态时加在场效应管上的栅源电压为

$$u_{GS}=u_G-u_S=\frac{R_{g2}}{R_{g1}+R_{g2}}V_{DD}-I_D R=-\left(I_D R-\frac{R_{g1}}{R_{g1}+R_{g2}}V_{DD}\right)$$

这种偏压电路的另一特点是适用于增强型管电路。

3.5.1.2 静态工作点的确定

对场效应管放大电路的静态分析可以采用图解法或用公式计算，图解的原理和半导体三极管相似。下面讨论用公式进行计算以确定Q点。由式（3.2），有

$$i_D = I_{DSS}\left(1 - \frac{u_{GS}}{V_p}\right)^2$$

对于图3.11（a）和（b）的电路分别有

$$u_{GS} = - i_D R \tag{3.7}$$

和

$$u_{GS} = -\left(i_D R - \frac{R_{g2}V_{DD}}{R_{g1} + R_{g2}}\right) \tag{3.8}$$

故确定Q时，对于图3.11（a），可联立式（3.2）和式（3.7）求解，对图3.11（b），可联立式（3.2）和式（3.8）求解。

例3.1 电路参数如图3.11（b）所示，$R_{g1}=2\text{M}\Omega$，$R_{g2}=47\text{k}\Omega$，$R_d=30\text{k}\Omega$，$R=2\text{k}\Omega$，$V_{DD}=18\text{V}$，场效应管的$V_P=-1\text{V}$，$I_{DD}=0.5\text{mA}$，试确定Q点。

解：根据式（3.2）和式（3.8），有

$$\begin{cases} i_D = 0.5\left(1 + \dfrac{u_{GS}}{1}\right)^2 \\ u_{DS} = 47 \times \dfrac{18}{(2000 + 47)} - 2i_D \end{cases}$$

或

$$\begin{cases} i_D = 0.5(1 + u_{GS})^2 \\ u_{GS} = 0.4 - 2i_D \end{cases}$$

将上式中U_{GS}的表达式代入i_D的表达式，得

$$i_{D.} = 0.5(1 + 0.42i_D)^2$$

解出$i_D=$（0.95 ± 0.64）mA，而$I_{DSS}=0.5\text{mA}$，所以$i_D=I_D=0.31\text{mA}$，$U_{GS}=V_{GS}=0.4-2i_D=-0.22\text{V}$，$u_{DS}=V_{DS}=V_{DD}-I_D$（$R_D+R$）$=8.1\text{V}$。

如果管子的输出特性和电路参数已知，则可用图解法进行分析。

例3.2 电路如图3.11（a）所示，$R_g=10\text{M}\Omega$，$R=2\text{k}\Omega$，$R_d=13\text{k}\Omega$，$V_{DD}=15\text{V}$，场效应管的输出特性如图3.12所示，试用图解法确定静态工作点Q。

解：场效应管放大电路的图解原理和半导体三极管放大电路基本相同，但由于场效应管是电压控制器件，没有栅流，因而它的图解分析有自己的特点，图解步骤及方法如下。

（1）在输出特性上作直流负载线

由输出回路有

$$u_{DS} + i_D(R_d + R) = V_{DD}$$

据此即可在输出特性上作负载线MN。

（2）作负载转移特性

根据负载线MN与各条输出特性的交点a、b、c、d和e相应的u_{GS}值，在i_D-u_{GS}坐标平面上

分别得到 a'、b'、c'、d' 和 e' 各点，连接 a'、b'、c'、d' 和 e' 就可得到负载转移特性 $i_D=f(u_{GS})$。

(3) 作源极负载线

为了确定Q点，必须从栅极回路入手，然后转到漏极回路上去。栅极电压 u_{GS} 是由 i_D 在 R 上的压降产生的，所以 u_{GS} 的大小还与 i_D 有关，其表达式为

$$u_{GS}=-i_D R$$

由此可在坐标平面上作出直线（$0L$）$i_D=-u_{GS}/R$。由于它的斜率为 $-1/R$，称为源极负载线。

(4) 确定静态工作点Q

源极负载线 $0L$ 与负载转移特性的交点就是静态工作点Q。

(5) 在转移特性和输出特性上求出Q点所对应的电压电流值：$u_{GS}=-0.7\text{V}$，$i_D=0.37\text{mA}$，$u_{DS}=9\text{V}$。

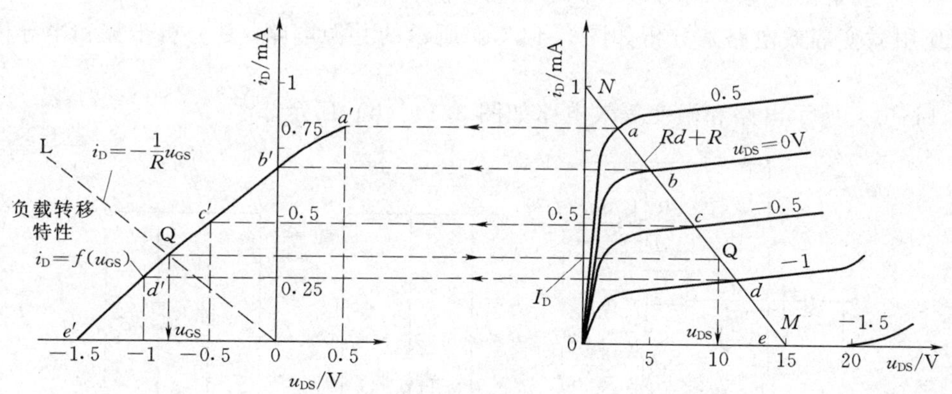

图 3.12　自偏压电路静态工作点的图解

* 3.5.2　场效应管放大器的微变等效电路分析法

如果输入信号很小，场效应管工作在线性放大区（即输出特性中饱和区）时，和半导体三极管一样可用微变等效电路来分析。

3.5.2.1　场效应管的等效电路

在第3节已讨论了场效应管的互导 g_m 和输出电阻 r_d。场效应管还可用第三个自由式变参数 μ 来描述，μ 称为电压放大系数，它和 g_m、r_d 有如下关系：

$$\mu=g_m r_d \tag{3.9}$$

μ 是一个无量纲的数，同样可在特性曲线上求出。

如果用 $g_m u_{gs}$ 表示电压 u_{gs} 控制的电流源，用 r_d 表示电流源电阻，则和半导体三极管相似，作为双口有源器件的场效应管（见图3.13(a)），也可导出其微变等效电路，如图3.13(b)所示。图中，输入电阻 r_{gs} 是栅源互相间的电阻，由于场效应管为电压控制器件，其值极大。

当场效应管用在高频或脉冲电路时，极间电容的影响不能忽略，这时场效应管需用高频等效电路来表示。

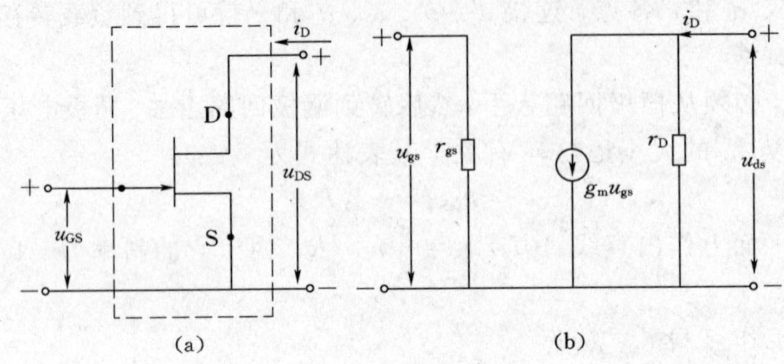

图 3.13 场效应管微变等效电路

(a) 场效应管在共源接法时的双口网络；(b) 低频等效电路

3.5.2.2 应用微变等效电路法分析场效应管放大电路

现在应用微变等效电路来分析如图 3.14 (a) 所示的共源电路。其分析步骤和半导体三极管电路相同。

图 3.14 (a) 所示电路和微变等效电路如图 3.14 (b) 所示。

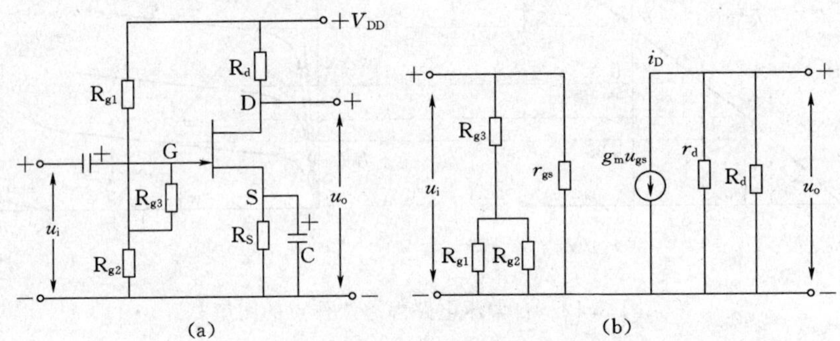

图 3.14 共源极电路及其微变等效电路

(a) 电路图；(b) 微变等效电路

1. 电压放大倍数

$$U_o = -g_m u_{gs}(R_d // r_d) = -g_m U_i (R_d // r_d)$$

$$A_v = \frac{U_o}{U_i} = -g_m (R_d // r_d)$$

考虑到一般有 $r_d \geqslant R_d$，故

$$A_V = -g_m(R_d // r_d) \approx -g_m R_d \tag{3.10}$$

式 (3.10) 中的负号表示输出电压与输入电压反相。

2. 输入电阻

$$R_i = r_{gs} // [R_{g3} + (R_{g1} // R_{g2})]$$

通常
$$r_{gs} \gg R_{g3} \gg (R_{g1} // R_{g2})$$

故
$$R_i \approx R_{g2}$$

3. 输出电阻

$$R_o = r_d \,/\!/\, R_d$$

一般 $$r_d \gg R_d$$

所以 $$R_o \approx R_d$$

3.5.2.3　三种基本放大电路的性能比较

前面分析了共源极电路。和半导体三极管共集电极电路和共基极电路相似，场效应管放大电路也有共漏极电路和共栅极电路，为了便于读者学习，现将场效应管的三种基本放大电路和性能列于表 3.2，以便比较。

表 3.2　场效应管三种基本放大电路的比较

	共源极电路	共漏极电路（源极输出器）	共栅极电路*
电路形式	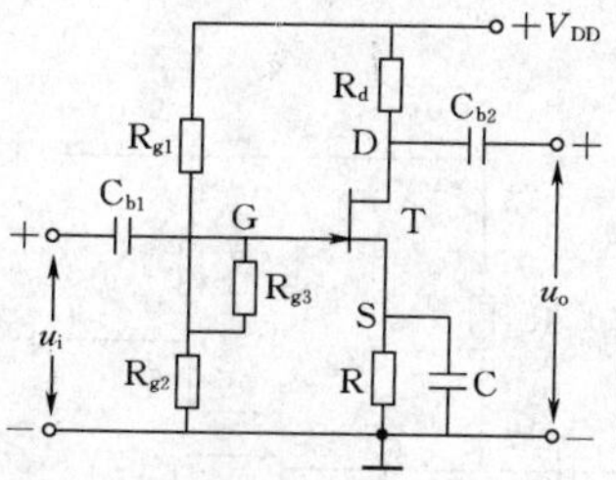 共源	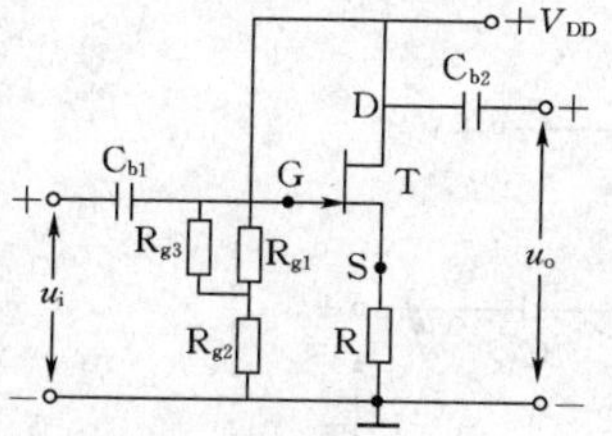 共漏	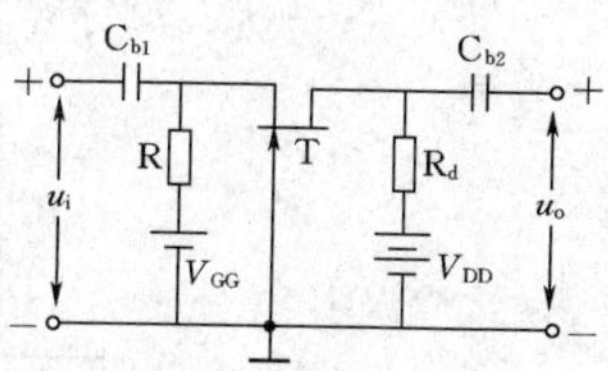 共栅
电压放大倍数 $\dot{A}_V$（未考虑极间电容时）	$\dot{A}_V = -g_m(R_d \| r_d) \approx -g_m R_d$（当 $r_d \gg R_d$）	$\dot{A}_V = \dfrac{g_m R}{1+g_m R+\dfrac{R}{r_d}} \approx \dfrac{g_m R}{1+g_m R}$	$\dot{A}_V = \dfrac{\left(g_m+\dfrac{1}{r_d}\right)R_d}{1+(R_d/r_d)} \approx g_m R_d$（当 $r_d \gg R_i$）
输入电阻 R_i	R_g^*	R_g^*	$\dfrac{1}{g_m} \| R$
输入电容 C_i	$C_{gs}+(1-\dot{A}_V)C_{dg}$	$C_{dg}+C_{gs}(1-\dot{A}_V)$	C_{gs}
输出电阻 R_o	$R_d \| r_d$	$\dfrac{1}{g_m} \| R$	$R_d /\!/ r_d\ [I+g_m(R_0/R)]$
特　　点	1. 电压放大倍数大 2. 输入电压与输出电压反相 3. 输入电阻高，输入电容大 4. 输出电阻主要由负载电阻 R_d 决定	1. 电压放大倍数小于，但接近 1 2. 输入输出电压同相 3. 输入电阻高而输入电容小 4. 输出电阻小，可作阻抗交换用	1. 电压放大倍数大 2. 输入输出电压同相 3. 输入电阻小，输入电容小 4. 输出电阻大

*　$R_g = R_{g3} - (R_{g1} \| R_{g2})$

思考题与练习题

思　考　题

1. 考虑 P 沟道结型场效应管对电源极性的要求，试画出由这种类型管子组成的共源放大电路。

2. 增强型 MOS 管能否使用自给栅偏压偏置电路来设置静态工作点？

3. 试画出自给栅偏压共源放大电路的微变等效电路，并写出 A_u、r_i、r_o 的表达式。

4. 试在具有四象限的直角坐标上分别画出各种类型场效应管(包括N沟道、P沟道MOS增强型和耗尽型，JFET P沟道、N沟道耗尽型）的转移特性示意图，并标明各自的开启电压或夹断电压。

5. 增强型场效应管能否用自偏压的方法来设置静态工作点，试说明理由。

练　习　题

3.1　电路如题3.1图所示，已知：场效应管3DJ6的 $I_{DSS}=8mA$，$U_{GS(off)}=-3V$，$R_g=3M\Omega$，$R_d=3\ k\Omega$，$R_S=1\ k\Omega$，$R_L=6k\Omega$，$U_{DD}=12V$，$g_m=5mS$。

1. 画出电路的微变等效电路；
2. 求 A_u、r_i、r_o。

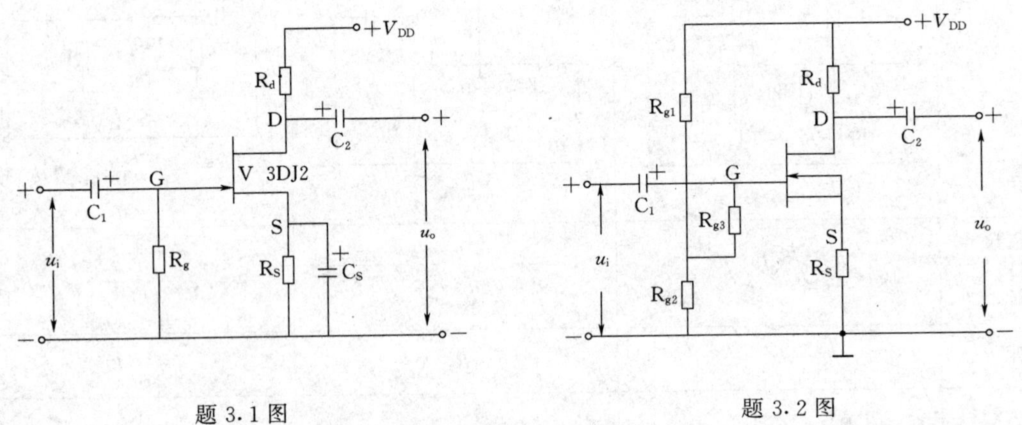

题3.1图　　题3.2图

3.2　如题3.2图所示源极输出器，已知 $R_{g1}=2M\Omega$，$R_{g2}=500k\Omega$，$R_{g3}=1M\Omega$，$R_S=10k\Omega$，$U_{DD}=12V$，场效应管的跨导 $g_m=1mS$，试求电路的输入电阻和输出电阻。

第4章　负反馈放大电路

本章重点内容

- 反馈极性、类型的判断。
- 负反馈对电路性能的影响。
- 深度负反馈电路的估算。

前面我们分别介绍了各种基本放电路的原理及性能指标。但在实际应用中，对放大电路的性能要求是多种多样的。上述的基本放大电路往往满足不了实际的需要。为此在放大电路中非常广泛地应用负反馈，以达到改善放大电路性能的目的。什么是负反馈？它对放大电路的性能有哪些改善？具有负反馈的放大电路如何分析？这些就是本章所要介绍的主要内容。

4.1　反馈的定义及概念

所谓反馈，就是将放大电路输出信号（电压或电流）的一部分或全部，通过反馈网络回送到输入端，从而影响（增加或减少）放大电路净输入信号的过程。若反馈使净输入信号增加，则称为正反馈，使净输入信号减少的称为负反馈。因此，在反馈电路中，电路的输出不仅取决于输入，而且还取决于输出本身，因而就有可能使电路根据输出状况自动地对输出进行调节，以达到改善电路性能的目的。

图 4.1 是已经在第 2 章中学习过的两种形式的放大电路。图（a）为射极输出器，由图可知，

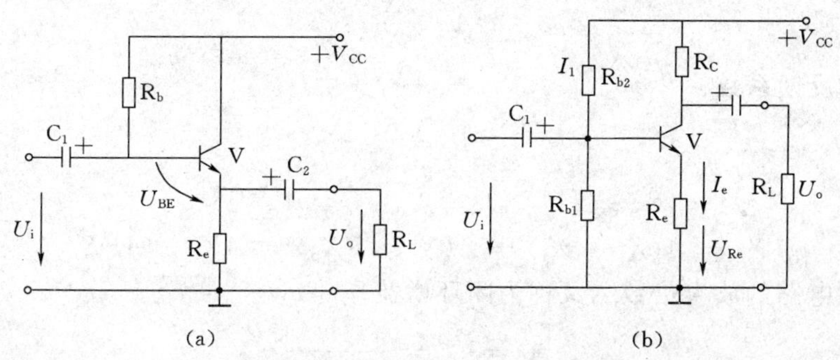

图 4.1　两种放大电路中的反馈

（a）射极输出器；（b）静态工作点稳定电路

三极管的净输入信号 $U_{be}=U_i-U_o$，此式说明，输出回路中的输出电压 U_o 影响了净输入信号 U_{be}（由于 $U_{be}<U_i$，故 U_o 是削弱了净输入信号）。图（b）为静态工作点稳定的放大电路，由图可知，$U_{be}=U_i-I_eR_e$，此式说明，输出回路中的电流 I_e 影响了净输入信号 U_{be}（这里 I_e 也是削弱了净输入信号）。可见，图 4.1 中两个电路中都存在着反馈，它们都是负反馈放大电路。负反馈放大电路也称为闭环放大电路；对应地，未引入反馈的放大电路称为开环放大电路。在反馈放大电路中，将输出回路与输入回路相连接的中间环节称为反馈网络，一般由电阻、电容元件组成。上图中 R_e 是反馈网络。反馈的形成实际上就是通过反馈网络，将输出回路中的信号引回到输入回路，以一定的形式与输入信号相叠加，将叠加后所得的信号作为净输入信号输入到电路中去。

4.2 负反馈放大电路的基本关系式

为了研究各种形式负反馈放大器的共同特点，我们可以把负反馈放大电路抽象成图 4.2 所示的方框图形式。由图可见，负反馈放大电路主要由基本放大电路和反馈网络两大部分组成。若没有反馈网络，仅有基本放大电路，则该电路就是一个开环放大电路。有了反馈网络，该电路则为闭环放大电路。图中箭头所表示的是信号传递的方向。这里我们是按理想情况来考虑的，即在基本放大电路中，信号是正向传递的，而在反馈网络中，信号是反向传递的。换句话说，输入信号只通过基本放大电路传向输出端，而忽略输入信号经反馈网络传向输出端的直通作用；反馈信号只通过反馈网络传向输入端，而忽略经基本放大电路传向输入端的内部反馈作用。这样做可以突出主要因素，使问题的处理更加简明清晰。

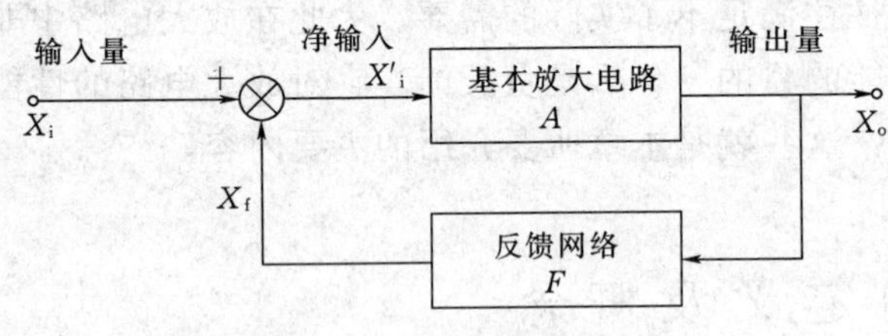

图 4.2 反馈放大电路方框图

图中 X_i、X_o、X'_i 和 X_f 分别表示放大电路的输入量、输出量、净输入量和反馈量。这些参量均为一般信号，它们可以是电压，也可以是电流。由图 4.2 可得到负反馈放大电路的基本关系式如下：

基本放大电路放大倍数（又称开环增益）

$$A=\frac{X_o}{X'_i} \tag{4.1}$$

反馈网络的反馈系数

$$F=\frac{X_f}{X_o} \tag{4.2}$$

由于

$$X'_i=X_i-X_f \tag{4.3}$$

所以

$$X_o=A(X_i-X_f)=A(X_i-FX_o)=AX_i-AFX_o$$

故反馈放大电路的放大倍数（又称为闭环增益）为：

$$A_f=\frac{X_o}{X_i}=\frac{A}{1+AF} \tag{4.4}$$

此式反映了反馈放大电路的基本关系，也是分析反馈电路的出发点。$(1+AF)$ 是描述反馈强弱的物理量，故称为反馈深度，它是反馈电路定量分析的基础。

4.3　反馈的分类与判别

在反馈放大器中，不同类型的反馈具有不同的规律性，对电路性能的影响也各不相同。因此，必须对反馈进行分类，只有分类以后才能对反馈进行比较具体的研究，才能在实际工作中正确利用或处理反馈。在本节及以后的讨论中，如不特别标明，均设电路工作在中频区段，因而各参量可用实数来表示，并用正、负来表明同相或反相的关系。

4.3.1　反馈的分类

反馈可以从不同的角度进行分类。按反馈的正、负极性来划分：可分为正反馈和负反馈；按反馈信号的交、直流成分来划分：可分为交流反馈和直流反馈；按反馈信号与输出信号之间的关系来划分：可分为电压反馈和电流反馈；按反馈信号与输入回路的关系来划分：可分为并联反馈和串联反馈。

4.3.2　正反馈与负反馈的判别

反馈信号削弱了净输入信号，使输出量变小，这种反馈称为负反馈。反之，称为正反馈，正反馈多用于振荡电路和脉冲电路，而负反馈多用于改善放大电路的性能。

判别反馈的正、负通常采用瞬时极性判断法。这种先假定输入信号为某一瞬时极性（一般假设对地为正的极性），然后再根据各级、输出之间的相位关系（对分立元件放大器：共射反相，共集同相；对集成运放：U_o与U_-反相，与U_+同相），依次推断其他有关各点，受瞬时输入信号作用，所呈现的瞬时极性（用"＋"号或↑表示升高，用"－"号或↓表示降低），最后看反馈到输入端的作用，是加强了还是削弱了净输入信号。使净输入信号加强的为正反馈，削弱的为负反馈。

图4.3所示为几个反馈电路，我们现在用瞬时极性法来判别它们的反馈极性。图（a）中R_f为反馈元件，当输入信号瞬时极性为"＋"时，根据共发射极电路集、基电位相反的关系，U_i极性为"＋"，即V_1管的基极为"＋"，使V_1管的集电极极性为"－"，即V_2管的基极极性为"－"，使V_2管的集电极为"＋"，经C_2的输出端电位为"＋"，经反馈网络，使V_1管的净输入信号电压U_{be1}增加，所以该电路为正反馈放大电路。

在图（b）所示电路中，R_e为反馈元件。当输入信号瞬时极性为"＋"时，三极管V的集电极电流瞬时增加，使发射极电位瞬时为"＋"，结果使净输入信号电压U_{be}减少，因而为负反馈放大电路。

图（c）所示为运放组成的放大电路，运放有一个同相输入端"＋"和一个反相输入端"－"（相对输出端而言），一个输出端"＋"，R_f为反馈元件。当输入电压U_i瞬时极性为"＋"时，即反相输入端为"＋"，根据运放的输入与输出之间的相位关系，输出端应与反相输入端反相，故应为"－"，经反馈电阻R_f反馈到同相输入端亦为"－"，这样运放的净输入信号（$U_- - U_+$）增加了，因此，由R_f与运算放大器组成的放大电路是正反馈放大电路。

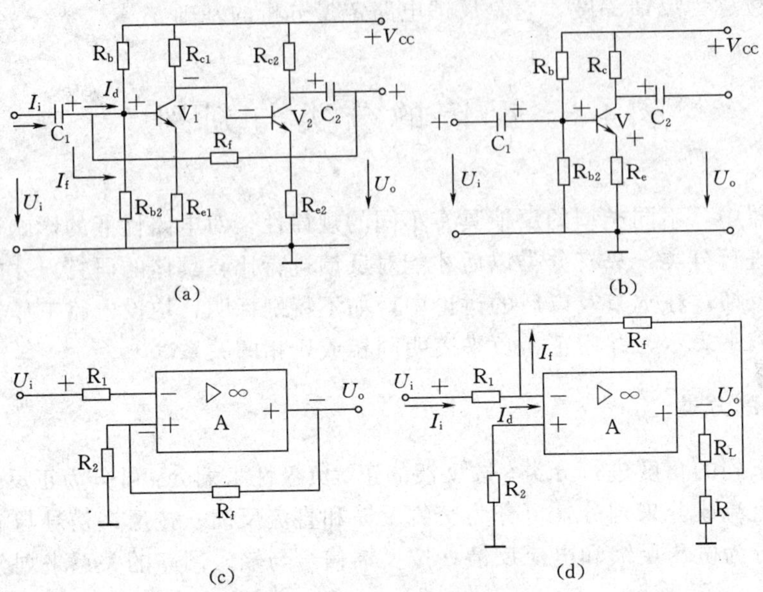

图 4.3 反馈极性的判别

图 (d) 所示也是运放组成的放大电路，R_f 为反馈元件。当输入电压 U_i 瞬时极性为“+”时，输入电流 I_i 增加，由运放输入与输出端的相位关系可知，输出端瞬时极性为“−”，因而使反馈电流 I_f 增加，由 $I_i=I_d+I_f$ 可知，I_f 削弱了净输入电流 I_d（相当于从 I_i 中分走了一个反馈电流），所以为负反馈电路。

其实，对于运放组成的放大电路来说，若反馈元件是从输出端反馈到反相输入端，则一定是负反馈；若反馈元件是从输出端反馈到同相输入端，则一定是正反馈。有关运算放大电路的详细内容将在第 5 章中介绍。

4.3.3 交流反馈与直流反馈的判别

通过前面对放大电路的分析可知，在放大电路中存在着直流分量和交流分量，反馈信号也是如此。若反馈的信号仅有交流成分，则仅对输入回路中的交流成分有影响，这就是交流反馈；若反馈的信号仅有直流成分，则仅对输入回路中的直流成分有影响，这就是直流反馈。

在图 4.4 (a) 中，反馈信号的交流成分被 C_e 旁路掉，在 R_e 上产生的反馈信号只有直流成

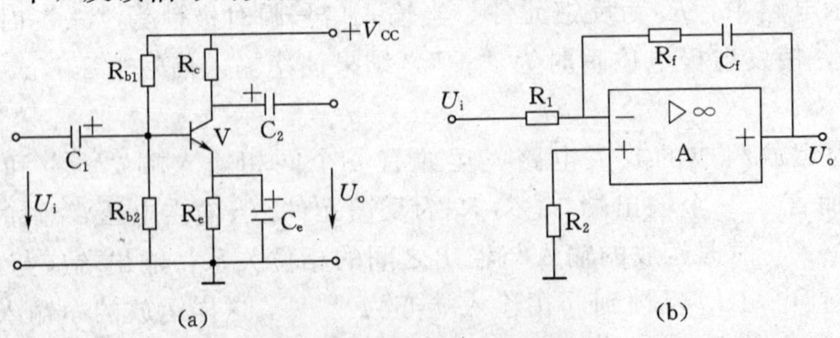

图 4.4 交流反馈与直流反馈

分，因此是直流反馈。图（b）所示的电路中因电容的隔直通交作用，所以，该电路中的反馈信号为交流反馈。若将图（a）中电容 C_e 去掉，即 R_e 不再并联旁路电容，则 R_e 两端的压降既有直流成分，又有交流成分，因而电路中同时存在交流和直流反馈。

4.3.4　电压反馈与电流反馈的判别

若其反馈信号与输出电压成正比，则是电压反馈；若反馈信号与输出电流成正比，就是电流反馈。从另一个角度说，看反馈是对输出电压采样还是对输出电流采样。显然，作为采样对象的输出量一旦消失，则反馈信号也必然随之消失，由此可以得到下面判断电压反馈还是电流反馈的基本方法。

负载电阻短路法（也称输出短路法）：这种办法是假设将负载电阻 R_l 短路，也就是使输出电压为零。此时若原来是电压反馈，则反馈信号一定随输出电压为零而消失；若电路中仍然有反馈存在，则原来的反馈应该是电流反馈。下面我们用这种方法来判断图 4.5 所示的电路为何种反馈。图（a）中反馈元件为 C_f。若将输出端短路，即令 $U_o=0$，则反馈信号不存在，因而是电压反馈。图（b）中，若将输出端短路，即令 $U_o=0$，但反馈依然存在，请注意，这里反馈信号是 R 两端电压降 U_f，它并未因 U_o 等于零而消失，因而是电流反馈。采用同样的办法也可判断出图 4.4 中图（a）为电流反馈，图（b）为电压反馈。

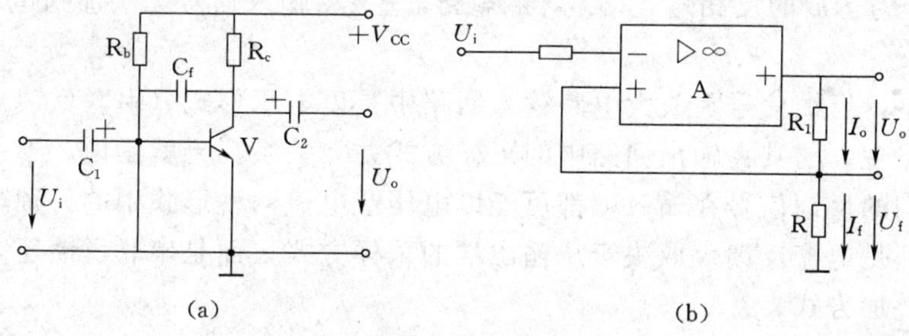

图 4.5 电流反馈与电压反馈

（a）电流反馈；（b）电压反馈

需要指出的是，在电流反馈电路中，由于直接对电流采样不方便，因而通常总是让被采样的电流通过一个小电阻，再对这个小电阻进行采样，把电阻两端电压反馈给输入回路，故称这小电阻为采样电阻。反馈信号在形式上是电压信号，但这个电压与流过小电阻的电流（这里是输出电流）成正比，因而实质上反馈信号与输出电流成正比，反馈信号取自输出电流。比如图 4.4（a）中，R_e 为采样电阻。输出电流（这里是 I_e 约等于 I_c）流过 R_e 产生压降 $U_f \approx I_c R_e$，反馈信号 U_f 与输出电流 I_e 成正比，或者说反馈信号 U_f 取自输出电流，因而是电流反馈。图 4.5（b）中，R 是采样电阻。由于运放同相输入电流很小，因而流过 R 的电流 I_f 近似等于负载 R_l 中的电流 I_o，R 两端的电压 $U_f \approx I_o R$，可见加在同相输入端的反馈信号 U_f 与输出电流 I_o 成正比，或者说反馈信号取自输出电流，因而也是电流反馈。

4.3.5　串联反馈与并联反馈的判别

反馈信号回送至输入端，与输入信号有两种不同的叠加方式，即串联和并联。如果反馈信号与输入信号是串联接在输入回路中的，则称为串联反馈；若反馈信号与输入信号是并联接在输入回路中的，则称为并联反馈。在串联反馈中，反馈信号与输入信号在输入回路中是以电压的形式相叠加的，而在并联反馈中，反馈信号与输入信号则是以电流的形式相叠加的。因此，是以电压形式还是以电流形式相叠加，也是判断串联反馈与并联反馈的依据。

例如，在图 4.3（d）中，反馈信号（R_2 上的压降 U_{R2}）与输入信号 U_i 是以电压的形式相叠加，当然是串联连接（U_{R2}与 U_i 串接在输入回路中，$U_i - U_{R2}$为净输入信号），因而是串联反馈；而图 4.3（c）中，反馈信号（流过 R_f 的电流 I_f）与输入信号 I_i 是以电流叠加的，是并联连接（I_f 并接在 I_i 的输入端，$I_i - I_f = I_d$ 为净输入信号），因而是并联反馈。同样分析可得，图 4.3（a）为并联反馈，图 4.3（b）为串联反馈。

为了区分串联反馈还是并联反馈，我们还可以假设把输入回路中的反馈节点对地短路。对于串联反馈来说，这相当于反馈信号 $U_f = 0$，于是输入信号 U_i 与净输入信号 U_d 相等，输入信号仍然可加至基本放大电路中去；而对于并联反馈，反馈节点对地短路将使输入信号也随之被短路，无法加至基本放大电路，以此便可判断是串联反馈还是并联反馈。图 4.4（a）中，若将反馈节点（反馈元件 R_e 在输入回路中的对“地”点，此处为三极管的 e 极）对地短路，也就是令 R_e 两端电压 U_{Re}（反馈信号）为零，此时输入信号 U_i 仍可加至三极管的输入端（输入信号 U_i 与净输入信号 U_{be}相等），因而是串联反馈。图 4.4（b）中，若将反馈节点（反馈元件 R_f 与输入回路的交叉点，此处为运放的反相输入端）对地短路，显然，输入信号无法加到运放的输入端，因而是并联反馈。

需要指出的是，反馈信号在放大电路输入回路中是以电压形式（串联反馈）还是以电流形式（并联反馈）出现，与其在输出回路中的采样方式并无关系。也就是说，不论是电压反馈还是电流反馈，它们的反馈信号在输入端都可能以电压或电流两种形式中的一种与输入信号去叠加。是电压反馈还是电流反馈仅取决于从输出端的采样方式，而是串联反馈还是并联反馈则仅取决于输入端的叠加方式。

通过上述分析可知，若将负反馈电路输出端的采样方式与输入端的叠加方式综合考虑，实际的负反馈放大电路，可以分为以下四种基本类型（常称为四种组态），即电压串联负反馈、电压并联负反馈、电流串联负反馈、电流并联负反馈。

4.4 负反馈的四种组态

4.4.1 电压串联负反馈及其判别

电压串联负反馈放大电路如图 4.6（a）所示，为一个两级 RC 耦合放大电路。

该电路输出电压 U_o 通过电阻 R_f 和 R_{e1}分压后送回到第一级的输入回路。当 $U_o = 0$ 时，反馈电压 U_f 就消失了，所以是电压反馈。由于输入回路中，输入信号 U_i 和反馈信号 U_f 是串联的，故是串联反馈。用瞬时极性法判断，输入⊕信号，经两级反相后 U_o 也是⊕，经 R_f、R_{e1}分压后使 V_1 管射极电压也上升，削弱了输入信号的作用，所以是负反馈。其等效方框图可用图 4.6（b）表

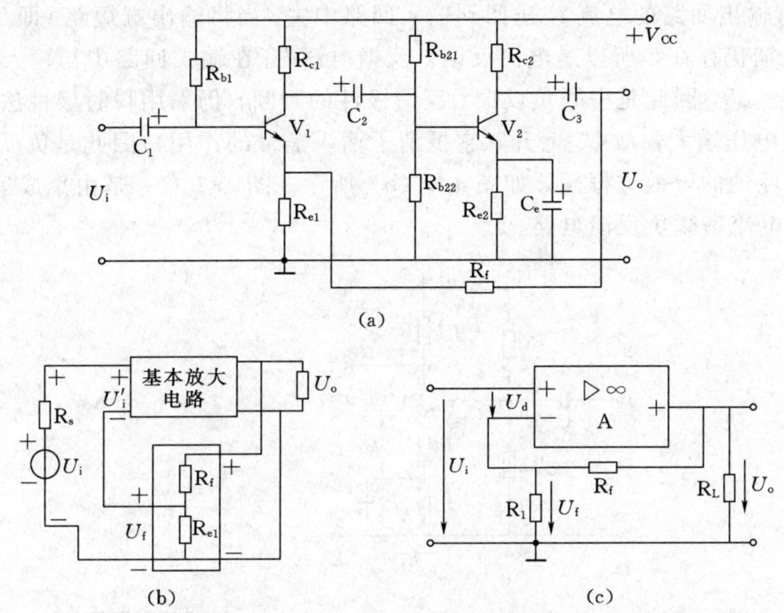

图 4.6　电压串联负反馈放大电路

(a) 电路图；(b) 方框图；(c) 由集成运放组成的电压串联负反馈电路

示。图 4.6（c）是由集成运算放大电路及反馈网络组成的电压串联负反馈电路，电压串联负反馈的放大倍数与电压有如下关系式，因为输出是电压，反馈回来是以电压形式在输入端相加，故基本放大电路的放大倍数（开环放大倍数）为

$$A_u = \frac{U_o}{U'_i} \qquad \text{(电压放大倍数)}$$

反馈系数为

$$F_u = \frac{U_f}{U_o}$$

闭环放大倍数为

$$A_f = \frac{A_u}{1 + F_u A_u} \tag{4.5}$$

此式说明串联电压负反馈的闭环电压放大倍数，是开环放大倍数的 1/（$1+F_uA_u$）倍。

由于是电压负反馈，所以它能稳定输出电压 U_o。当 U_i 为某一固定值时，由于管子参数或负载电阻发生变化，使 U_o 减小，则 U_f 也随之减小，结果使净输入电压 $U'_i = U_i - U_f$ 增大，故 U_o 将增大，所以电压负反馈具有稳定输出电压 U_o 的作用。其稳定输出电压的过程可简略表示如下：

$$R_L\downarrow \rightarrow U_o\downarrow \rightarrow U_f\downarrow \rightarrow U'_i\uparrow$$
$$U_o\uparrow \leftarrow$$

4.4.2　电流串联负反馈及其判别

电路串联负反馈放大电路如图 4.7（a）所示。该电路实际上就是一个工作点稳定电路。发

射极的电阻 R_f 将输出回路的电流 I_e 送回到输入回路中去。当将输出端短路（即 $U_o=0$），仍有电流流过 R_f，故反馈仍存在，所以是电流反馈，反馈电压 U_f 在输入回路中与输入电压 U_i 是串联关系，即 $U'_i=U_i-U_f$，因此是串联负反馈。反馈极性的判断，仍采用瞬时极性法。输入为⊕时，电流增大，R_f 上电压增大，故 U_e 上升，它抵消了输入信号的作用，因此是负反馈。

电流串联负反馈的等效方框图，如图 4.7（b）所示。图 4.7（c）是由集成运算放大电路及反馈网络组成的电流串联负反馈电路。

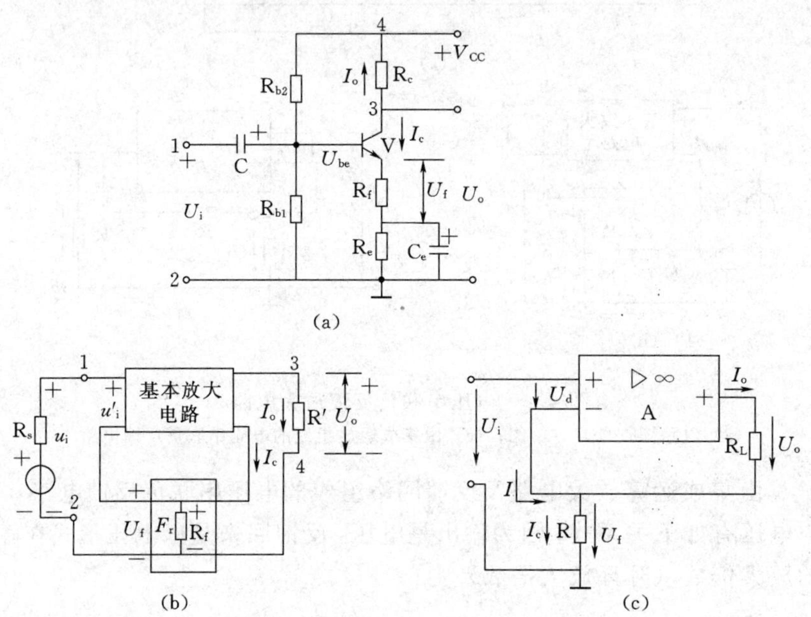

图 4.7　电流串联负反馈放大电路

（a）电路图；（b）方框图；（c）由集成运放组成的电流串联负反馈电路

电流串联负反馈放大倍数的关系如下：因为输出是电流，反馈回来是以电压形式在输入端相加，故基本放大电路的放大倍数为

$$A_g=\frac{I_o}{U'_i}\quad（互导放大倍数，电导量纲）$$

$$F_r=\frac{U_f}{I_o}\quad（电阻量纲）$$

$$A_{gf}=\frac{A_g}{1+F_rA_g}\tag{4.6}$$

电流串联负反馈的闭环放大倍数，下降到开环时的 1/（$1+F_rA_g$）倍。

由于是电流负反馈，所以稳定了输出电流。更换管子或温度变化时，使管子的 β 值增大，则输出电流 I_C（或 I_g）将增大，也使 U_f 随之增大，结果使净输入 U'_i 下降，导致输出电流下降，使电流 I_g 基本保持不变，即

$$\beta\uparrow\rightarrow I_g\uparrow\rightarrow U_f\uparrow U'_i\downarrow\rightarrow I_b\downarrow\rightarrow I_C\downarrow$$

4.4.3　电压并联负反馈及其判别

电压并联负反馈放大电路如图 4.8（a）所示，它实质是一个共发射极基本放大电路，在 c、b 间接入电阻 R_f 引入反馈。我们可按与前面同样的方法，从定义出发判断反馈的组态。该电路从输出回路看，反馈的引出端与电压输出端是同一点，故为电压反馈；从输入回路看，反馈引入点与信号输入端为同一点，故为并联反馈。用瞬时极性法判断，输入信号为⊕，反馈回路的作用使同一点为⊖，故削弱了输入信号的作用，为负反馈，其等效方框图如图 4.8（b）所示。图 4.8（c）是由集成运算放大电路及反馈网络组成的电压并联负反馈电路。

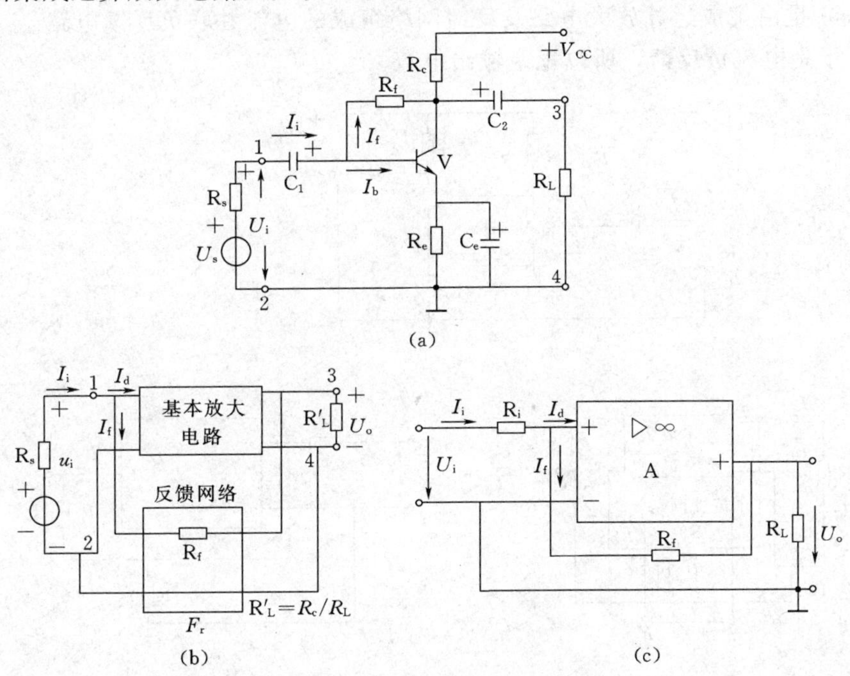

图 4.8　电压并联负反馈放大电路

（a）电路图；（b）方框图；（c）由集成运放组成的电压并联负反馈电路

并联电压负反馈的放大倍数的关系如下：

由于是电压负反馈　　$X_o = U_o$

由于是并联负反馈，输入回路用电流的叠加关系讨论较方便、直观，故

$$X_f = I_f$$

$$X_i = I_i$$

$$X'_i = I'_i$$

所以

开环放大倍数　　$A_r = \dfrac{U_o}{I'_i}$　（互组放大倍数，电阻量纲）

$F_g = \dfrac{I_f}{U_o}$　（电导量纲）

闭环放大倍数 $$A_{rf}=\frac{A_r}{1+F_gA_r} \tag{4.7}$$

由于是电压负反馈，与前面分析一样，它稳定了输出电压。

4.4.4 电流并联负反馈及其判别

电流并联负反馈放大电路如图 4.9（a）所示。反馈通过电阻 R_f，从输出级的发射极引入到输入级的基极。由于反馈的引出端与输出电压端不同极，故为电流反馈；反馈引入端与输入信号端为同一电极，故为并联反馈。按瞬时极性法判断是负反馈。其等效方框图如图 4.9（b）所示。图 4.9（c）是由集成运算放大电路及反馈网络组成的电流并联负反馈电路。

同样，由于是电流负反馈，所以稳定输出电流。

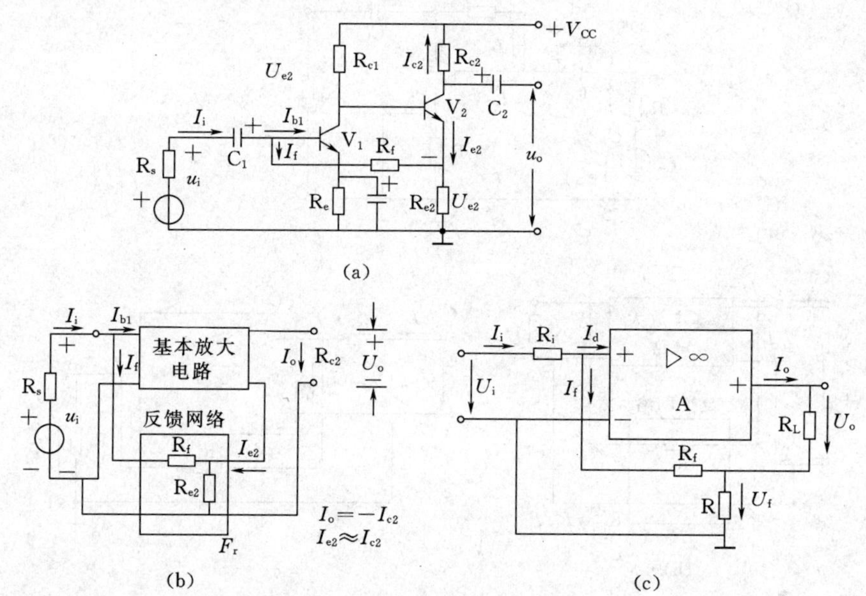

图 4.9 电流并联负反馈放大电路

（a）电路图；（b）方框图；（c）由集成运放组成的电流并联负反馈电路

并联电流负反馈放大倍数的关系如下：

由于是电流负反馈

$$X_o=I_o$$

由于是并联负反馈，所以

$$X_i=I_i$$

$$X'_i=I'_i$$

故开环放大倍数为 $$A_i=\frac{I_o}{I_i}\quad（电流放大倍数）$$

$$F_i=\frac{I_f}{I_o}$$

闭环放大倍数为

$$A_{if}=\frac{A_i}{1+F_iA_i} \tag{4.8}$$

综上所述，以上4种不同组态的反馈电路，其放大倍数具有不同的量纲，有电压放大倍数，电流放大倍数，也有互阻放大倍数和互导放大倍数。绝不能都认为是电压放大倍数，为了严格区分这4个不同含义的放大倍数，在用符号表示时，加上不同的脚注，相应地，4种不同组态的反馈系数也用不同下标表示出来，见表4.1。

表4.1　4种反馈组态下，A、F和A_f的不同含义

反馈方式	串联电压型	并联电压型	串联电流型	并联电流型
输出量 X_o	U_o	U_o	I_o	I_o
输入量 X_i、X_f、X'_i	U_i、U_f、U'_i	I_i、I_f、I'_i	U_i、U_f、U'_i	I_i、I_f、I'_i
开环放大倍数 $A=\frac{X_o}{X'_i}$	$A_u=\frac{U_o}{U'_i}$	$A_r=\frac{U_o}{I'_i}$	$A_g=\frac{I_o}{U'_i}$	$A_i=\frac{I_o}{I'_i}$
反馈系数 $F=\frac{X_f}{X_o}$	$F_u=\frac{U_f}{U_o}$	$F_g=\frac{I_f}{U_o}$	$F_r=\frac{U_f}{I_o}$	$F_i=\frac{I_f}{I_o}$
闭环放大倍数 $A_f=\frac{U_o}{U_i}=\frac{A}{1+AF}$	$A_{uf}=\frac{A_u}{1+F_uA_u}$	$A_{uf}=\frac{A_r}{1+F_gA_r}$	$A_{uf}=\frac{A_g}{1+F_rA_g}$	$A_{uf}=\frac{A_i}{1+F_iA_i}$

4.5　负反馈对放大电路性能的影响

负反馈使放大电路的放大倍数下降，但由于它对放大电路的性能有改善，故其应用十分广泛。负反馈主要能对放大电路的以下性能产生影响。

4.5.1　提高放大倍数的稳定性

前面已提到电压负反馈稳定输出电压，电流负反馈稳定输出电流。这样在放大电路输入信号一定的情况下，其输出受电路参数变化、电源电压波动和负载电阻改变的影响较小，即提高了放大倍数的稳定性。其定量关系如下：

由式（4-4）

$$A_f=\frac{A}{1+AF}$$

对 A_f 求导，则得

$$\frac{dA_f}{A_f}=\frac{1}{1+AF}-\frac{AF}{(1+AF)^2}=\frac{1}{(1+AF)^2} \tag{4.9}$$

$$dA_f = \frac{dA}{(1+AF)^2}$$

$$\frac{dAF}{A_f} = \frac{1}{1+AF}\frac{dA}{A} \tag{4.10}$$

从此式可以看出，引入负反馈后，放大倍数的稳定性提高了（1+AF）倍。

例 4.1 某负反馈放大电路，其 $A=10^4$，反馈系数 $F=0.01$。如由于某些原因，使 A 变化了±10%，求 A_f 的相对变化量为多少？

解：由式（4.10）得

$$\frac{dA_f}{A_f} = \frac{1}{1+10^4\times 0.01}\times(\pm 10\%) \approx \pm 0.1\%$$

即 A 变化±10%情况下，A_f 只变化了±10%。

4.5.2 减小非线性失真和抑制噪声及干扰

由于电路中非线性器件的存在，所以即使输入信号 X_i 为正弦波，输出也不是正弦波，而会产生一定的非线性失真。引入负反馈以后，非线性失真将会减小。

如图 4.10（a）所示，原放大电路产生了非线性失真。输入为正、负对称的正弦波，输出是正半周大、负半周小的失真波形。加了负反馈以后，输出端的失真波形反馈到输入端，与输入波形叠加后，因此净输入信号成为正半周小、负半周大的波形。此波形经放大后，使得其输出端正、负半周波形之间的差异减小，从而减小了放大电路输出波形的非线性失真，如图 4.10（b）所示。

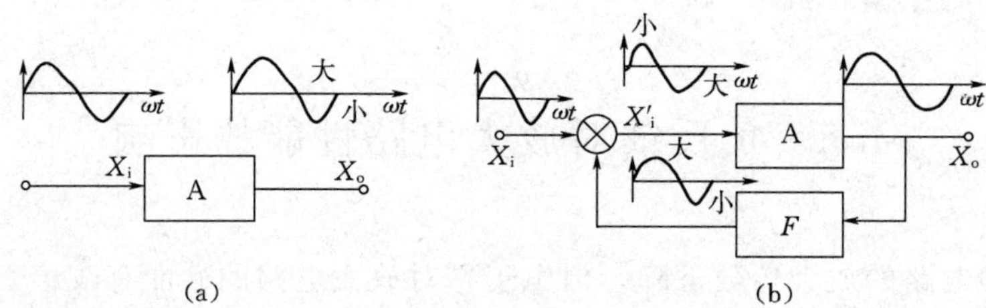

图 4.10 负反馈减小非线性失真
（a）无反馈；（b）有负反馈

需要指出的是，负反馈只能减小本级放大电路自身产生的非线性失真，而对输入信号的非线性失真，负反馈是无能为力的。

可以证明，加了负反馈后，放大电路的非线性失真减小到 $R/(1+AF)$。R 为无反馈时的非线性失真系数。

同样道理，采用负反馈也可抑制放大电路自身产生的噪声，其关系为 $N/(1+AF)$。N 为无反馈的噪声系数。

但须指出的是，引入负反馈后，噪声系数减小到 $N/(1+AF)$，但输入信号也将按同样规律减小，结果输出端输出信号与噪声的比值（称为信噪比）并没有提高，因此为了提高信噪比，必须同时提高有用信号的输入，这就要求信号源要有足够的负载能力。采用负反馈，也可抑制干扰信号。

4.5.3　扩展通频带

在第2章我们讨论阻容耦合放大电路时，由于耦合电容和旁路电容的存在，将引起低频段放大倍数下降和产生相位移，由于电路中分布电容和三极管间电容的存在，引起高频段放大倍数下降和产生相位移。而在前面讨论中已提到，对于任何原因引起的放大倍数下降，负反馈将起稳定作用。如F为一定值（不随频率而变），在低频段和高频段由于输出减小，反馈到输入端的信号也减小，于是净输入信号增加，故放大倍数下降减少，使通频带展宽。

4.5.4　负反馈对输入电阻的影响

负反馈对输入电阻的影响，仅与反馈网络和基本放大器的连接方式有关，而与输出端连接方式无关。

1. 使用串联负反馈可提高放大电路的输入电阻

图4.11所示为串联负反馈的方框图，r_i为无反馈时放大电路的输入电阻，即

$$r_i = \frac{U'_i}{I_i} \tag{4.11}$$

有负反馈时的输入电阻r_{if}，应为无反馈时的输入电阻r_i与反馈网络的等效电阻r_f之和，显然大于r_i，即

$$r_{if} = r_i + r_f > r_i$$

其定量关系如下：

$$r_{if} = \frac{U'_i}{I_i} + \frac{U_f}{I_i} \tag{4.12}$$

当是串联电压负反馈时，$U_f = F_u U_o = F_u A_u U'_i$

即引入串联电压负反馈后，放大电路的输入电阻增加到（$1+A_u F_u$）r_i。

若为串联电流负反馈，则

$$U_f = F_r I_o = F_r A_g U'_i$$

则
$$r_{if} = \frac{U'_i}{I_i} + \frac{F_u A_g U'_i}{I_i} = (1 + F_u A_g) r_i \tag{4.13}$$

即引入串联电流负反馈后，放大电路的输入电阻也提高到（$1+F_r A_g$）r_i。

但应指出的是，当考虑偏置电阻R_b时，输入电阻应为$r_{if}/\!/R_b$，故输入电阻的提高，受到R_b的限制，当R_b值较小时，则输入电阻取决于R_b值。

2. 使用并联负反馈可减小放大电路的输入电阻

图4.12为并联负反馈方框图，r_i为无反馈时的放大电路和输入电阻，即

$$r_i = \frac{U_i}{I'_i} \tag{4.14}$$

引入并联负反馈后，放大电路的输入电阻r_{if}，等于无反馈时的输入电阻r_i与反馈网络等效电阻并联r_f，所以$r_{if} < r_i$，即

$$r_{if} = r_i /\!/ r_f$$

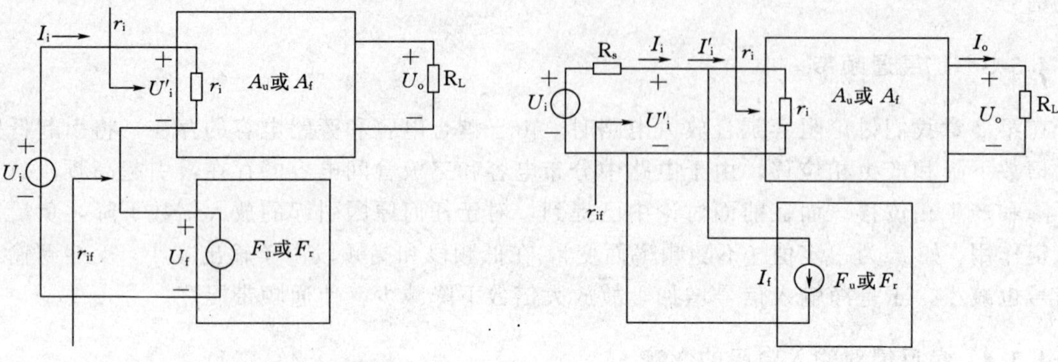

图 4.11 串联负反馈方框图　　　图 4.12 并联负反馈方框图

$$r_{if}=\frac{r_i\cdot r_f}{r_i+r_f}$$

如果引入并联电压负反馈，则

$$r_f=\frac{U_i}{I_f}$$

其中

$$I_f=F_gU_o=F_gA_rI'_i$$

故

$$r_f=\frac{U_i}{F_iA_rI'_i}=\frac{r_i}{F_iA_i}$$

$$r_{if}=\frac{r_i\frac{r_i}{F_gA_r}}{r_i+\frac{r_i}{F_gA_r}}=\frac{r_i}{1+F_gA_r} \tag{4.15}$$

引入并联电压负反馈后，则

$$I_f=F_gI_o=F_gA_iI'_i$$

其输入电阻减小到

$$r_i/(1+F_g\,A_r)$$

如引入并联电流负反馈，则

$$r_f=\frac{U_i}{F_iA_iI'_i}=\frac{r_i}{F_iA_i}$$

$$r_{if}=\frac{r_i\cdot\frac{r_i}{F_iA_i}}{r_i+\frac{r_i}{F_iA_i}}=\frac{r_i}{1+F_iA_i} \tag{4.16}$$

所以引入并联电压负反馈后，其输入电阻减小到 $r_i/(1+F_iA_i)$。

综上所述，只要是并联负反馈，由于 $r_{if}=r_i /\!/ r_f$，故 r_{if}将降低，降低到$\frac{r_i}{(1+AF)}$。

4.5.5 负反馈对输出电阻的影响

负反馈对放大电路输出电阻的影响，仅取决于反馈网络与放大电路输出端的连接方式，而与输入连接方式无关。

1. 使用电压负反馈可减小放大电路的输出电阻

将放大电路输出端用电压源等效，如图 4.13 所示，r_o 为无反馈放大器的输出电阻。按求输出电阻的方法，令输入信号为零（$U_i=0$ 或 $I_i=0$）时，在输出端（不含负载电阻 R_L）外加电压 U_o，则无论是串联反馈还是并联反馈，$X'_i=-X_f$ 均成立，故

$$A_oX'_i=-X_fA_o=-U_oFA_o$$

$$I_o=\frac{U_o-A_oX'_i}{r_o}=\frac{U_o+U_oAF}{r_o}=\frac{U_o(1+AF)}{r_o}$$

$$r_{of}=\frac{U_o}{I_o}=\frac{r_o}{1+AF} \tag{4.17}$$

可见，引入电压负反馈使输出电阻减小到 $r_o/(1+AF)$。不同的反馈形式，其 A、F 的含义不同。串联反馈 $F=F_o=\dfrac{U_f}{U_o}$，$A=A_u=U_o/U_i$；并联负反馈时，$F=F_g=I_f/U_o$，$A=A_r=U_oI'_i$。

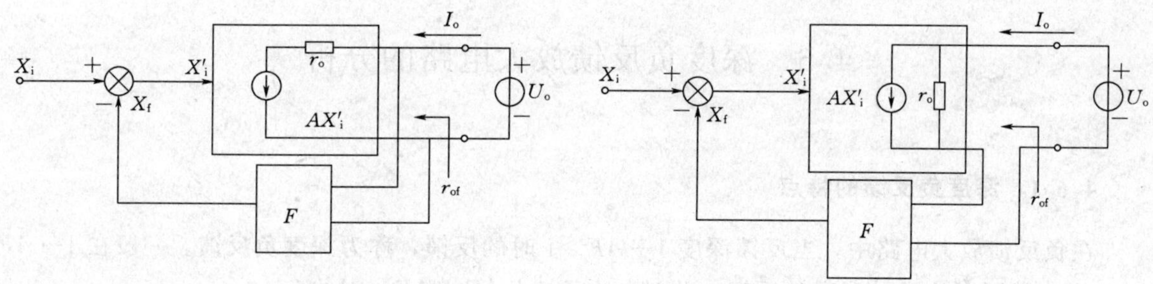

图 4.13　电压负反馈方框图　　　图 4.14　电流负反馈方框图

2. 使用电流负反馈可提高放大电路的输出电阻

将放大器输出端用电流源等效，如图 4.14 所示，令输入信号为零，在输出端外加电压，则 $X'_i=-X_f$，则

$$I_o=AX'_i+\frac{U_o}{r_o}$$

而

$$AX'_i=-AX_f=-FAI_o$$

$$I_o=-FAI_o+\frac{U_o}{r_o}$$

$$(1+AF)I_o=\frac{U_o}{r_o}$$

$$r_{of}=\frac{U_o}{I_o}=(1+AF)r_0$$

可见，引入电流负反馈，使输出电阻增大到（$1+AF$）r_o。同样，不同的反馈形式，其 A、F 的含义不同。串联负反馈 $F=F_r=U_f/I_o$，$A=A_g=I_o/U_i$，并联负反馈 $F=F_o=I_f/I_i$，$A=A_i=I_o/I_i$。需要指出的是，电流负反馈使输出电阻增大，但当考虑 R_c 时，输出电阻为 $r_{of}/\!/R_c$，故总的输出电阻增加不多，当 $R_c\ll r_{of}$时，则放大电路的输出电阻仍然近似等于 R_c。

综上所述可得出如下结论：

(1) 放大电路若引入的是串联负反馈，则可以提高放大电路的输入电阻，若引入的是并联负反馈，则使输入电阻降低。其提高或降低的程度取决于反馈深度 $(1+AF)$。

(2) 放大电路若引入的是电压负反馈，则可减小放大电路的输出电阻，若引入的是电流负反馈则使输出电阻增加，其减小或增加的程度取决于反馈深度 $(1+AF)$。

以上分析了放大电路引入负反馈后对性能的改善及影响。为了改善放大电路的某些性能应如何引入负反馈呢？一般是：

(1) 要稳定直流量（静态工作点），应该引入直流负反馈。

(2) 要改善交流性能，应引入交流负反馈。

(3) 要稳定输出电压，应引入电压负反馈；要稳定输出电流，应引入电流负反馈。

(4) 要提高输入电阻，应引入串联负反馈；要减小输入电阻，应引入并联负反馈。

性能的改善或改变都与反馈深度 $(1+AF)$ 有关，且都是以牺牲放大倍数为代价。

4.6 深度负反馈放大电路的分析

4.6.1 深度负反馈的特点

在负反馈放大电路中，当反馈深度 $1+AF\gg1$ 时的反馈，称为深度负反馈。一般在 $1+AF\geqslant10$ 时，就可以认为是深度负反馈。此时，由于 $1+AF\approx AF$，因此有

$$A_{uf}=\frac{A}{1+AF}\approx\frac{A}{AF}=\frac{1}{F} \tag{4.18}$$

由上式得出：

(1) 深度负反馈的闭环增益 A_{uf} 只由反馈系数 F 来决定，而与开环增益几乎无关。

(2) 外加输入信号近似等于反馈信号，由式 (4.18) 可知

$$\frac{x_o}{x_i}\approx\frac{x_o}{x_f}$$

$$x_i\approx x_f \tag{4.19}$$

上式表明，在深度负反馈条件下，由于 $x_i\approx x_f$，故其净输入量近似为零。

4.6.2 深度负反馈的估算

如果电路满足深度负反馈的条件，则在中频范围内，$A_f\approx1/F$。在反馈网络是由阻容元件组成时，放大倍数主要由反馈系数决定。在具体估算时，可先求出反馈系数 F，然后求出 A_f，但要注意这是广义放大倍数，要计算电压放大倍数时，需根据电路结构作一定的转换。我们也可这样来估算：由于是深度负反馈，则反馈量 X_f 和放大电路的净输入量 X'_i 相比要强得多，所以可以认为反馈信号 X_f 与外加输入信号 X_i 基本相等而净输入信号 X'_i 为零，即

$$X_i\approx X_f \quad 和 \quad X'_i\approx0$$

对串联负反馈，是$U_i \approx U_f$和$U'_i = 0$；对并联负反馈，是$I_i \approx I_f$和$I'_i \approx 0$。下面通过几个例子来具体介绍深度负反馈放大电路的估算。

例 4.2 求图4.15中反馈放大电路的电压放大倍数，电路参数如图中所示。设电路均处于深度负反馈。

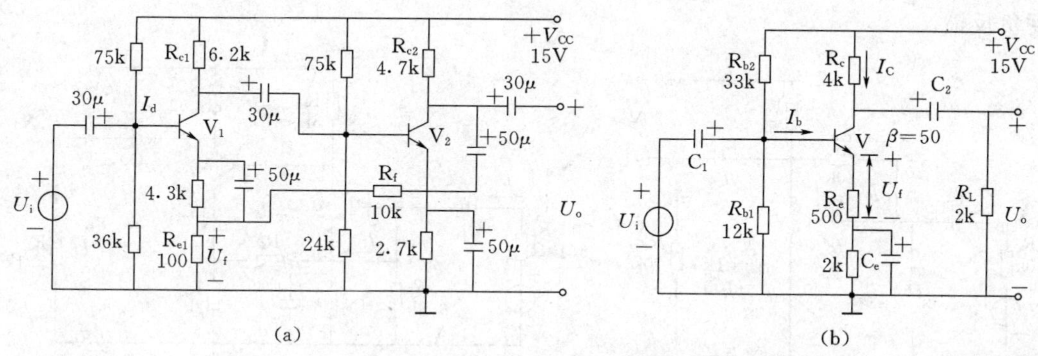

图4.15 电压串联负反馈电路与电流串联负反馈电路

(a) 电压串联负反馈电路的计算；(b) 电流串联负反馈电路的计算

解：(1) 由图4.15 (a) 可知，该电路是电压串联负反馈放大电路，所以在深度负反馈条件下，$U_i \approx U_f$。因而其反馈系数为

$$F_u = \frac{U_f}{U_o} \approx \frac{R_{e1}}{R_{e1} + R_f}$$

所以闭环电压放大倍数为

$$A_{uf} = \frac{U_o}{U_i} \approx \frac{U_o}{U_f} = \frac{R_{e1} + R_f}{R_{e1}}$$

另外，从电路上我们可以认为，反馈电压是输出电压经电阻R_f和R_{e1}串联分压后得到，所以

$$U_f = \frac{R_{e1}}{R_{e1} + R_f} \times U_o$$

仍可得

$$A_{uf} = \frac{U_o}{U_i} \approx \frac{U_o}{U_f} = \frac{R_{e1} + R_f}{R_{e1}}$$

(2) 由图4.15 (b) 可知，该电路是串联负反馈电路，在深度负反馈条件下，仍有$U_i \approx U_f$。

所以其反馈系数为

$$F_r = \frac{U_f}{I_o} \approx \frac{U_e}{I_o} = -R_e$$

广义放大倍数为

$$A_g = \frac{I_o}{U_i} = \frac{1}{F_{ui}} = -\frac{1}{R_e}$$

则闭环电压放大倍数为

$$A_{uf} = \frac{U_o}{U_i} = \frac{I_o \times R'_L}{U_i} = -\frac{R'_L}{R_e}$$

同样，我们也可以从电路上得到

$$U_i = U_f = I_e R_e \approx I_c R_e$$

而
$$U_o = -I_c R'_L$$

所以闭环电压放大倍数为
$$A_{uf} = \frac{U_o}{U_i} = \frac{R'_L}{R_e}$$

例 4.3　求图 4.16 中反馈放大电路的电压放大倍数，电路参数如图中所示。设各电路均处于深度负反馈。

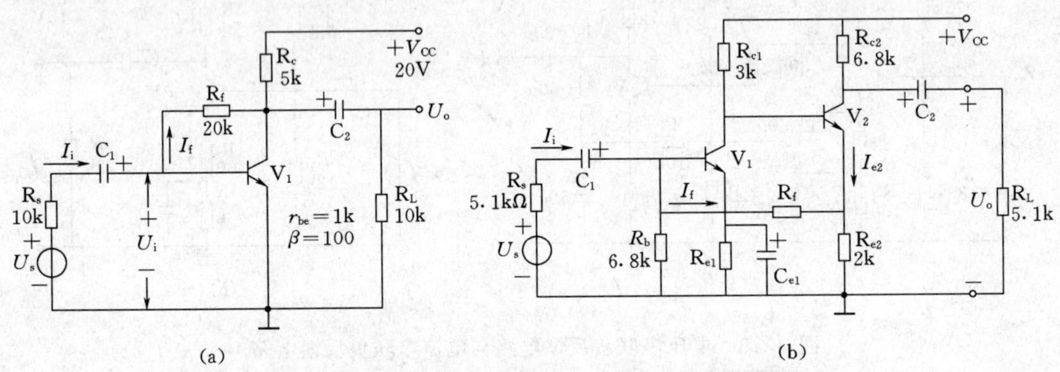

图 4.16　电压并联负反馈电路和电流并联负反馈电路
(a) 电压并联负反馈电路的计算；(b) 电流并联负反馈电路的计算

解：(1) 图 4.16 (a) 是电压并联负反馈电路。在深度负反馈条件下，$I_i = I_f$。因为反馈系数
$$F_g = \frac{I_f}{U_o} \approx -\frac{1}{R_f}$$

广义放大倍数为
$$A_r = \frac{U_o}{I_i} \approx \frac{U_o}{I_f} = -R_f = \frac{1}{F_{ui}}$$

所以闭环电压放大倍数为
$$A_{uf} = \frac{U_o}{U_s} \approx \frac{U_o}{I_i R_s} = -\frac{R_f}{R_s}$$

另外，由于净输入电流 $I'_i \approx 0$，基本放大电路的输入电阻上的电压可以忽略。所以从电路上我们也可求得
$$I_f \approx -\frac{U_o}{R_f} \text{及} I_i \approx -\frac{U_s}{R_s}$$

仍可得
$$A_{uf} = \frac{U_o}{U_s} \approx -\frac{I_f R_f}{I_i R_s} = -\frac{R_f}{R_s}$$

(2) 图 4.16 (b) 是电流并联负反馈电路，在深度负反馈条件下，仍有 $I_i \approx I_f$。所以其反馈系数
$$F_i = \frac{I_f}{I_o} \approx \frac{R_{c2}}{R_{c2} + R_f}$$

广义放大倍数为
$$A_i = \frac{I_o}{I_i} \approx \frac{R_{c2} + R_f}{R_{c2}} = \frac{1}{F_{ui}}$$

则闭环电压放大倍数为 $A_{uf}=\dfrac{U_o}{U_i}=\dfrac{I_oR'_L}{I_iR_s}=\dfrac{(R_{e2}+R_f)R'_L}{R_sR_{e2}}$

同样，我们也可以从电路上得到

$$I_f\approx\frac{U_{e2}}{R_f}\approx\frac{-I_{e2}\times\left(\dfrac{R_{e2}R_f}{R_{e2}+R_f}\right)}{R_f}=\frac{-I_{e2}R_{e2}}{R_{e2}+R_f}$$

所以 $U_s\approx I_iR_s\approx\dfrac{-I_{e2}R_{e2}}{R_{e2}+R_f}R_s$

而 $U_o=-I_{c2}R_L$

所以闭环电压放大倍数为 $A_{uf}=\dfrac{U_o}{U_s}=\dfrac{(R_{e2}+R_f)R'_L}{R_{e2}R_s}$

从以上分析过程可以看到，在深度负反馈条件下，放大倍数仅由一些电阻来决定，几乎与放大电路无关。若不是深度负反馈，则用上述方法计算出来的结果误差较大，此时我们可以采用其他方法来估算。

思考题与练习题

思考题

1. 什么叫正反馈、负反馈，电压反馈、电流反馈，串联反馈、并联反馈？如何区分这些不同类型的反馈？

2. 为了使反馈的作用能充分发挥，串联反馈和并联反馈各对信号源内阻 r_s 有什么要求？

3. 反馈网络起什么作用？是否把一个反馈放大器中的反馈支路断开就构成了这个反馈放大器的开环放大器，为什么？

4. 什么是反馈信号？反馈信号与输出信号的类型是否一定相同？

5. 试从物理意义上说明电压串联负反馈能够稳定输出电压、减小输出电阻、增大输入电阻的道理。

6. 串联负反馈、并联负反馈、电压负反馈及电流负反馈分别在什么情况下使用？

7. 反馈放大器的自激条件是什么？怎样用仪器检查放大器中是否自激？

8. 既然在深度负反馈的条件下，放大倍数只与反馈系数 F 有关，那么是不是可以说："放大器的参数就没有什么实用意义了，随便取一个管子或组件，只要 F 不变，都能得到同样的放大倍数。"这种说法对吗？

9. 如何理解在深度负反馈的条件下，净输入量为零的概念？

练习题

4.1 判断下列说法是否正确（在括号中打×或√）。

1. 由于接入负反馈，则反馈放大电路的 A_u 就一定是负值，接入正反馈后 A_u 一定是正值。（ ）

2. 在负反馈放大电路中，放大器的放大倍数越大，闭环放大倍数就越稳定。 （ ）

3. 在深度负反馈放大电路中，只有尽可能地增加开环放大倍数，才能有效地提高闭环放大倍数。 （ ）

4. 在深度负反馈的条件下，闭环放大倍数 $A_{uf}\approx 1/F$，它与反馈网络有关，而与放大器开环放大倍数 A 无关，故可以省去放大通路，仅留下反馈网络，以获得稳定的放大倍数。 （ ）

5. 在深度负反馈的条件下，由于闭环放大倍数 $A_{uf}\approx 1/F$，与管子的参数几乎无关，因此可以任意选择晶体管来组成放大级，管子的参数也就没什么意义了。 （ ）

6. 若放大电路负载固定，为使其电压放大倍数稳定，可以引入电压负反馈，也可以引入电流负反馈。 （ ）

4.2 判断如题图 4.2 所示各电路中的反馈极性及交、直流反馈。

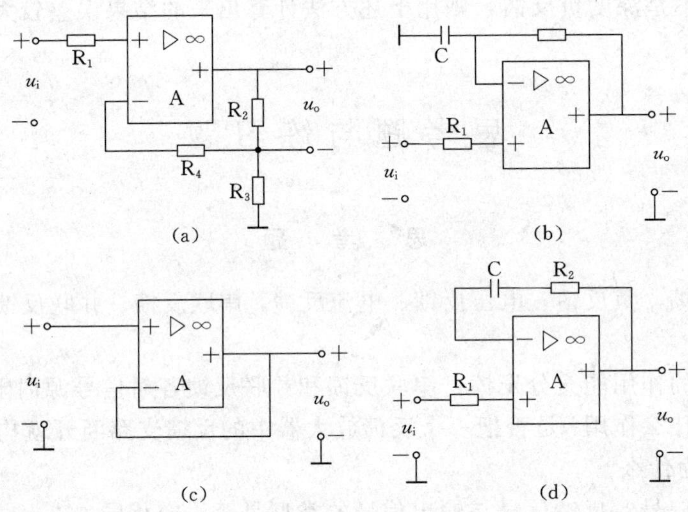

题 4.2 图

4.3 电路如题 4.3 图所示。

1. 找出反馈支路。
2. 判断反馈极性。
3. 判断反馈类型。

4.4 判断题 4.4 图所示各电路的反馈极性。

4.5 判断题 4.5 图各电路的反馈组态。

4.6 试分别判断题 4.6 图各电路中的反馈类型。

4.7 给定题 4.7 图所示电路。(1) 找出反馈元件（或支路）；(2) 判断各电路的反馈组态。

4.8 有一负反馈放大器，其开环增益 $A=100$，反馈系数 $F=1/10$。试问它的反馈深度和闭环增益各是多少？

4.9 有一负反馈放大器，当输入电压为 0.1V 时，输出电压为 2V，而在开环时，对于 0.1V 的输入电压，其输出电压则有 4V。试计算其反馈深度和反馈系数。

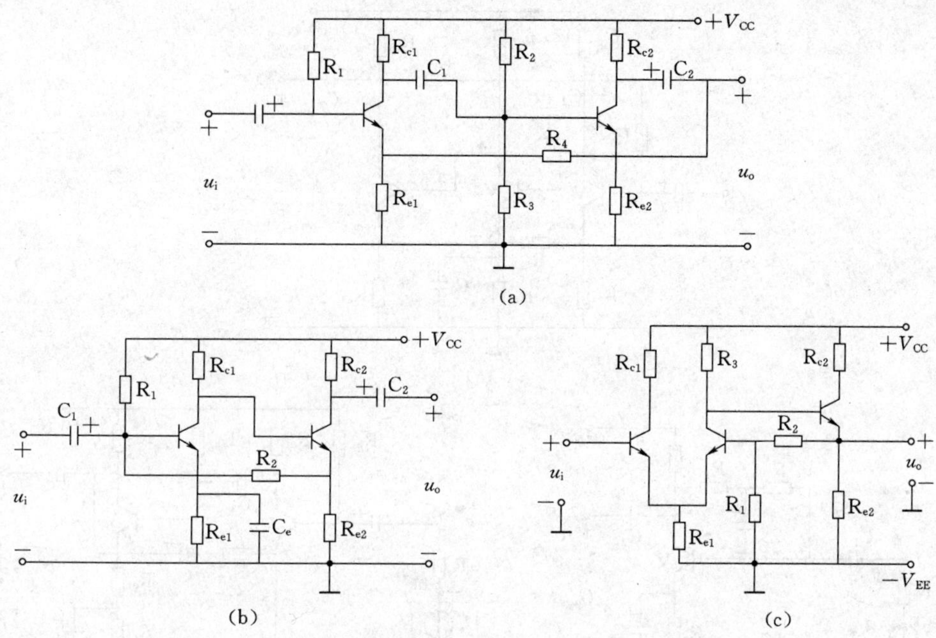

题 4.3 图

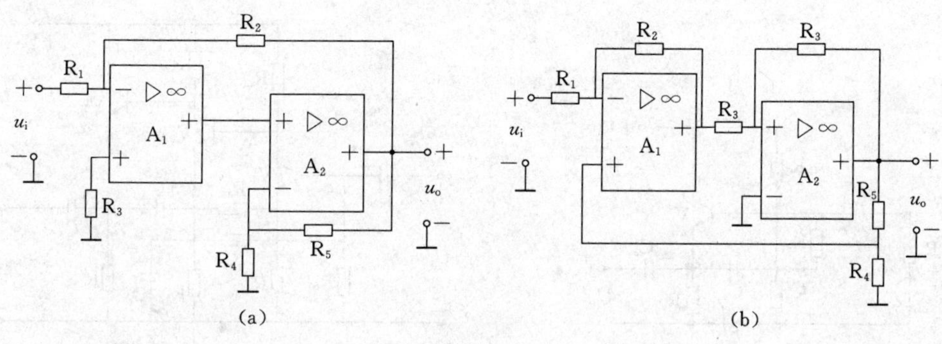

题 4.4 图

4.10　一个电压串联负反馈放大电路，开环电压放大倍数为 100dB，为使其闭环电压放大倍数为 20dB，则要求反馈深度（$1+A_uF_u$）为多大？反馈系数 F_u 为多大？

4.11　将正确答案填入空格内。

1. 某测量仪表要求 r_i 高，输出电压稳定，应选________反馈电路。

2. 为获得一个电压控制电流源，应选________反馈电路。

3. 为获得一个电流控制电流源，应选________反馈电路。

4. 为了充分提高负反馈效果，当信号源为高内阻的电流信号源，又要求放大电路的输出电压稳定，应选________反馈电路。

5. 稳定静态工作点，应加________反馈；稳定放大倍数应加________反馈；提高闭环放

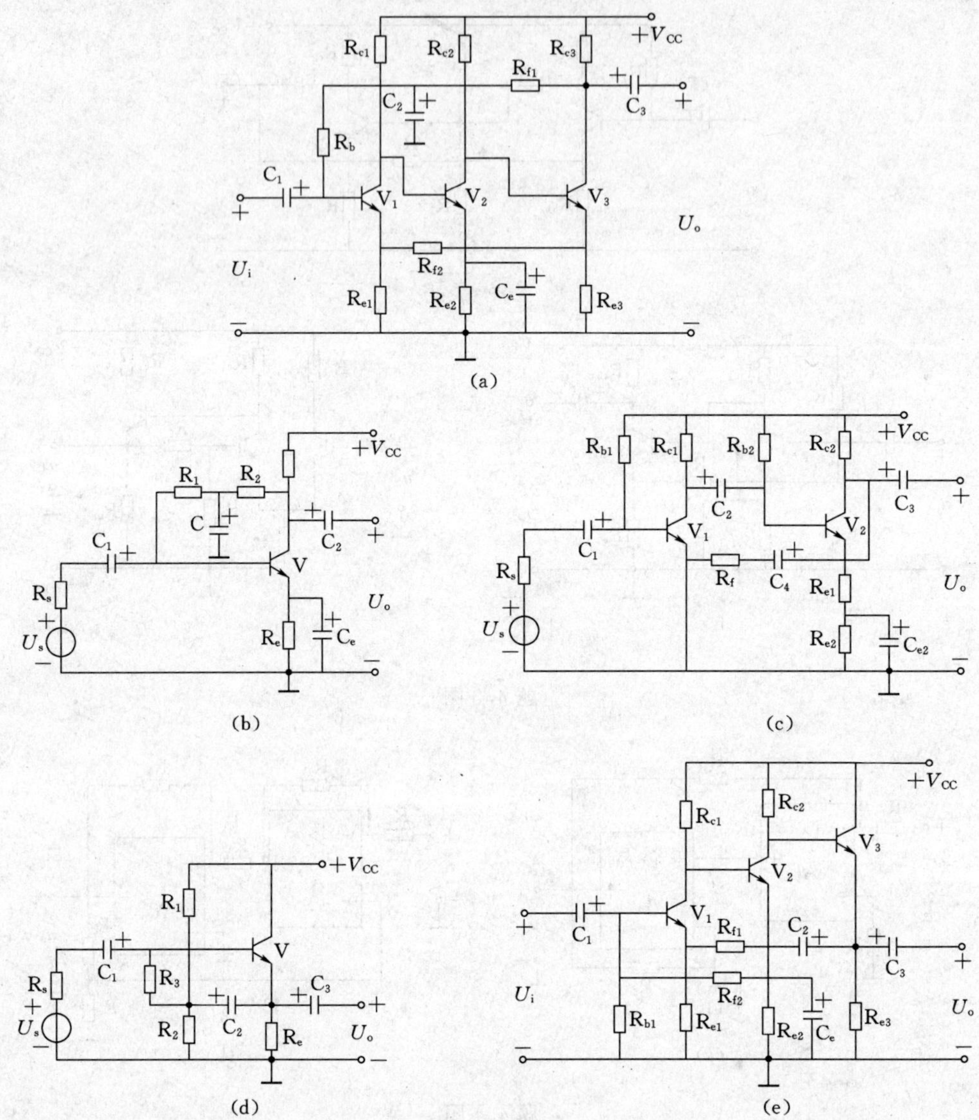

题 4.5 图

大倍数应加________反馈；能展宽通频带的是________反馈；电压负反馈希望负载________；电流负反馈希望负载________。

4.12 题 4.12 图中欲实现下列要求，应分别引入什么负反馈（在图中添加元件）？

1. 希望稳定各级静态工作点。
2. 希望加入信号后，I_{c3}基本不受R_{c3}变化的影响。
3. 希望R_L变化时输出电压U_o基本不变。
4. 希望输入端向信号源索取电流较小。

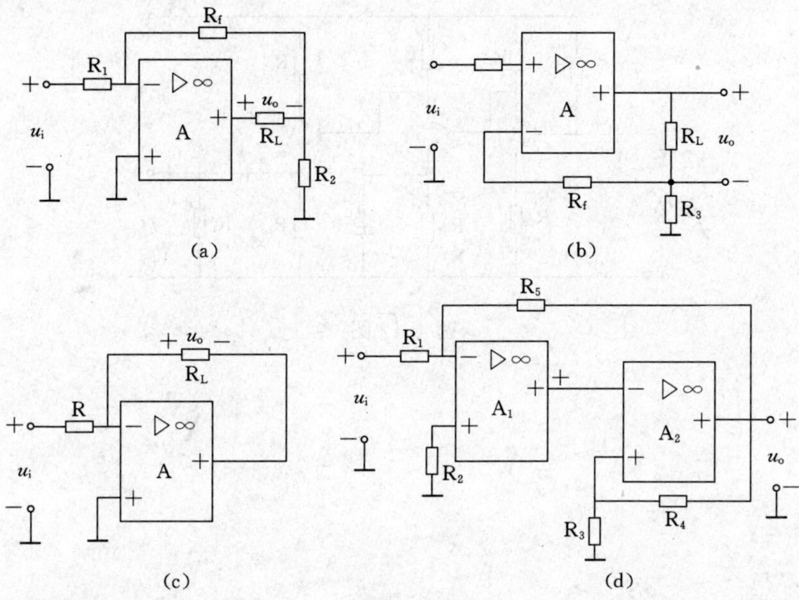

题4.6图

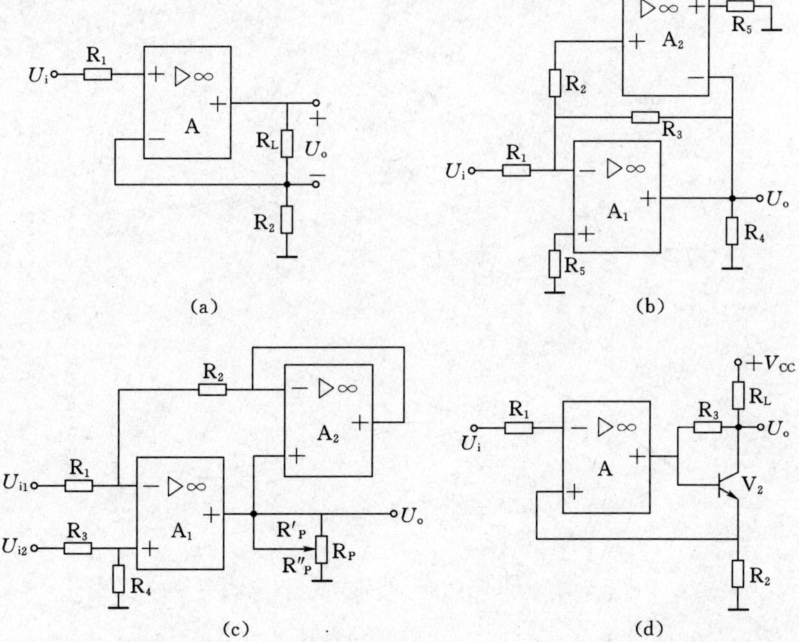

题4.7图

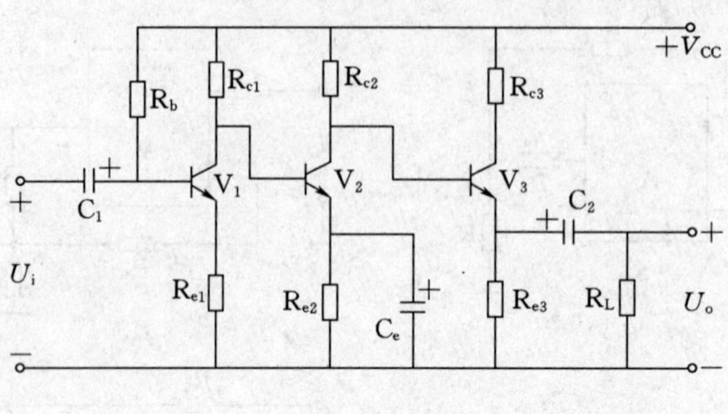

题 4.12 图

第 5 章 集成运算放大器

本章重点内容

- 直接耦合放大电路及存在的主要问题。
- 典型差分放大电路的工作原理。
- 理想运放及“虚短”、“虚断”、“虚地”的基本概念。
- 运放的两种工作状态及特点。
- 运放的分析计算及在实际中的应用。

5.1 直接耦合放大电路中存在的主要问题

集成运算放大电路（简称集成运放或运放）是一种具有高放大倍数的直接耦合放大电路。因此，在分析集成运算放大电路之前，有必要对直接耦合放大电路的相关问题进行讨论。

5.1.1 前后级之间的直流工作状态互相影响

由于采用了直接耦合，则造成了级与级之间工作状态的相互影响。这一点可用图 5.1 来说明。由于某种原因（或调整 R_{b1}）使得第一级静态工作点 I_{B1}、I_{C1}和 U_{CE1}发生变化时，则导致第二级的 I_{B2}、I_{C2}和 U_{CE2}随之改变。显然，第二级静态工作点的变化又会导致第三级静态工作点的改变。可见，由于某种原因（或调整 R_{b1}）使得第一级静态工作点发生变化时，就会引起其他各级直流工作状态的改变，这对直接耦合放大电路的设计和调整带来很多不便。为此，我们希望一个直流放大器（往往是多级的）在输入信号为零时，其输出直流电平也为零。这样，当多个

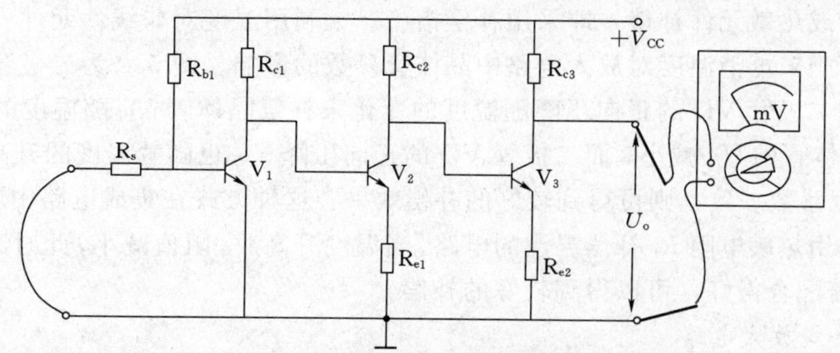

图 5.1 直流放大器级间的直流工作点互相影响

直流放大器级联时，就不会造成直流工作状态的互相影响。

5.1.2 零点漂移

当把一只电压表（用直流毫伏挡）接入一个输入为零的直流放大器的输出端时，如图 5.1 所示，由于输入信号为零，从理论上讲，输出端电表的指针应该一直停留在零点。但是实际上，它却离开零点，出现忽大忽小，忽快忽慢的不规则摆动，这种现象称为零点漂移，简称零漂。由于零漂的存在，一旦输入直流信号后，在输出端就很难区分哪一部分是真正有用的信号，哪一部分是零漂信号。

引起零漂的外界因素，主要有以下三种：

（1）时间漂移：这是由于晶体管和其他元器件参数本身的老化而引起的一种零点漂移。它与电路的设计无关。在实际工作中，应尽量选用质量稳定的器件，此外还可以对其进行 24 小时甚至更长时间的加电、加温老化。

（2）温度漂移：这主要是由于晶体管的参数随着环境温度的变化而变化所造成的零漂。

（3）电源电压变化引起的漂移：这种漂移可认为是当电源电压变化时，电路的直流电平配置受到某种破坏而导致输出零点的变动。

实践证明，温度变化是产生零点漂移的主要因素，也是最难克服的因素。本章将着重讨论温漂。此外，如果放大电路的级数越多，放大倍数越大，则零点漂移的现象就越重。对于一个多级放大电路，第一级产生的零点漂移经后级放大后，影响尤为严重。

由此可见，一个高质量的直流放大电路应该具有高的电压增益和小的零点漂移。

5.1.3 减小零点漂移的办法

在多级直接耦合放大电路中，由于各级电路的零点漂移逐级放大，第一级的零漂所产生的影响占主要地位，所以抑制零漂主要是解决第一级放大管的参数受温度影响问题。一般采用如下的方法。

1. 选用高质量的硅管

硅管的 I_{CBO} 温度系数与锗管的 I_{CBO} 温度系数差不多，但硅管 I_{CBO} 的实际值比锗管 I_{CBO} 的实际值要小几十倍，所以硅管受温度的影响小，直接耦合放大电路的第一级几乎都选用高质量的硅管。

2. 利用二极管或热敏元件补偿

利用二极管或热敏元件补偿，即采用补偿措施。常利用温度对非线性元件（如二极管、热敏电阻等）的影响来抵消温度对放大电路中晶体管参数的影响。图 5.2 为二极管补偿电路，其补偿原理是利用二极管 VD 的正向压降随温度的变化来补偿晶体管 U_{BE} 随温度的变化。例如当温度升高时，晶体管的 U_{BE} 减小，而二极管 VD 的正向压降 U_{VD} 也随着温度的升高而减小，如果 U_{BE} 和 U_{VD} 的温度系数一致，则可得到较好的补偿效果。这种方式在集成电路中应用较多。

图 5.3 为利用热敏电阻 R_t 补偿温漂的电路。当温度升高时，阻值减小，此时又会使 I_B 减小，导致 I_C 减小。若配合得好，可以得到较好的补偿。

3. 采用差分式放大电路

差分式放大就是利用两只型号相同、特性相同的晶体管进行温度补偿，同时放大两个输入

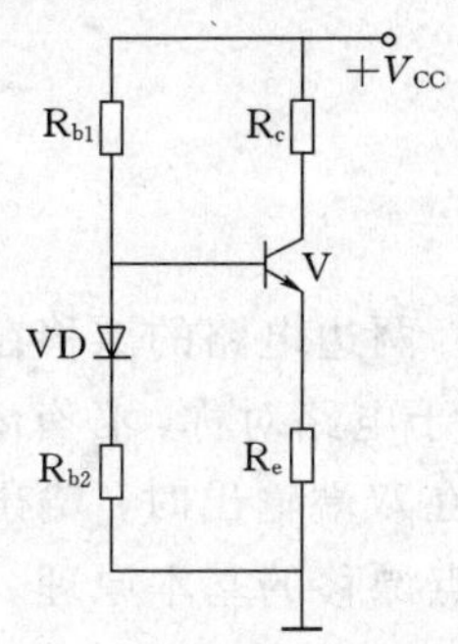
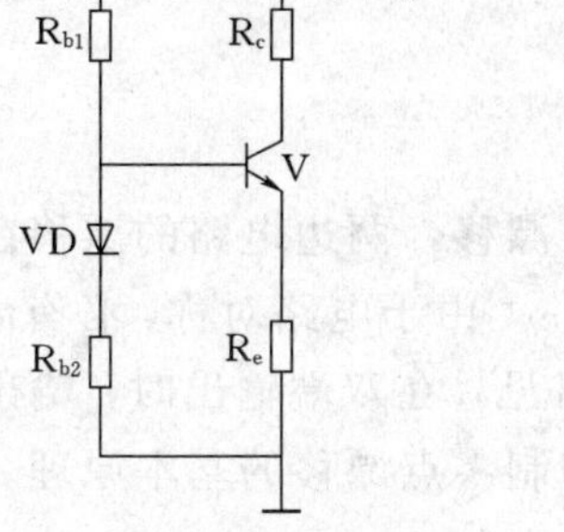

图 5.2　二极管补偿电路

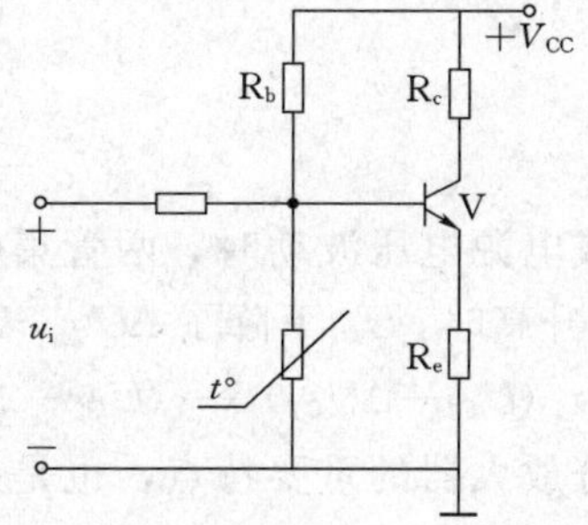

图 5.3　利用热敏电阻 R_t 补偿温漂的电路

信号之差。这种电路具有许多优点，因而在直接耦合放大器中获得广泛应用，成为集成运算放大器的基本组成单元。差分式放大电路是本章重点内容之一。

5.2　差分放大电路

5.2.1　基本差分放大电路

差分放大电路的基本电路形式如图 5.4 所示，由图可见，该电路具有对称的结构特点，即：$R_{c1}=R_{c2}=R_c$；$R_{b1}=R_{b2}=R_b$；V_1、V_2 特性一致，这就意味 $\beta_1=\beta_2=\beta$。由于结构对称，静态时输出电压 $u_o=U_{c1}-U_{c2}=0$。电路中，u_{i1}、u_{i2} 分别为加到两个输入端的输入信号电压，u_o 及 u_{o1}、u_{o2} 都是输出信号电压。它们既可以是交流信号，也可以是直流信号。

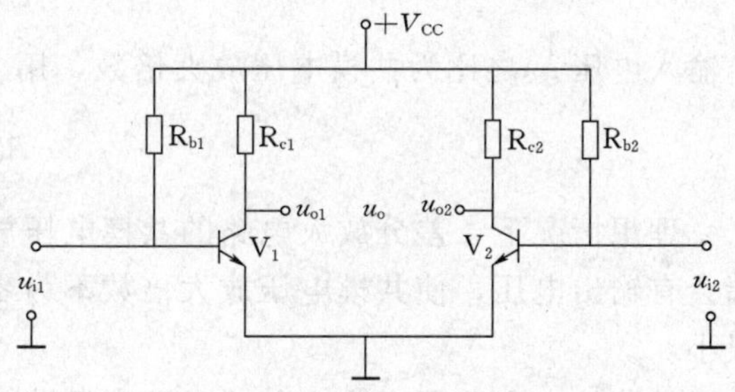

图 5.4　基本差分放大电路

输入信号可以从两个输入端同时输入（称为双端输入），也可以从一个输入端输入，而将另一个输入端接地（称为单端输入）。输出信号可以从两个管子集电极之间取出（称为双端输出），也可以从一个输出端输出（称为单端输出），根据实际需要，输入和输出方式可灵活选择。

5.2.2　静态分析

静态时，输入信号 $u_{i1}=u_{i2}=0$。由于电路完全对称，两管的集电极电流和集电极电位均相等，即 $I_{C1}=I_{C2}$，$U_{C1}=U_{C2}$，此时输出电压 $u_O=U_{C1}-U_{C2}=0$，这就是说，基本差分放大电路输入为零时，输出也为零。

静态工作点可计算如下：

设 $I_{B1}=I_{B2}=I_B$，$I_{C1}=I_{C2}=I_C$，忽略 R_{S1}、R_{S2}，则有

$$I_B = \frac{E_C - U_{BE}}{R_b} \tag{5.1}$$

$$I_C = \beta I_B \tag{5.2}$$

$$U_C = E_C - I_C R_e \tag{5.3}$$

当温度变化或电源电压波动时，两管集电极电位同时漂移，两边电路的漂移在输出端互相抵消。例如，温度升高时，U_{C1}下降了ΔU_{C1}，U_{C2}下降了ΔU_{C2}，由于电路对称，必有$\Delta U_{C1}=\Delta U_{C2}$，于是输出电压$u_o=(U_{C1}-\Delta U_{C1})-(U_{C2}-\Delta U_{C2})=0$。可见，在双端输出时，输出电压没有零点漂移，这是差分放大器的重要特点，也是差分放大器抑制零点漂移的基本原理。

5.2.3 信号放大原理及电压放大倍数

下面分三种情况进行讨论。

1. 共模信号输入

在图 5.4 中，若加到两输入端的信号电压大小相等、极性相同，即$u_{i1}=u_{i2}$，则这种具有相同模式的两个信号称为共模信号，这样的输入方式叫做共模输入，如图 5.5 所示。图中u_{ic}为加在两个输入端的共模信号。

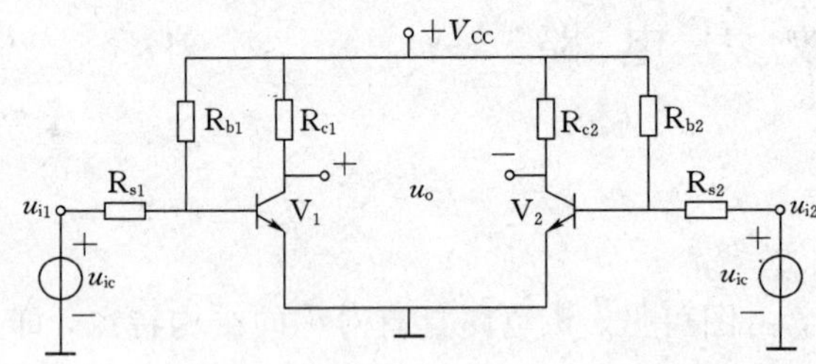

图 5.5 共模信号作用于差分电路

由于电路结构对称，两管集电极电位的变化大小相等、极性相同，因而双端输出电压u_o仍保持为零。可见，在电路完全对称的理想情况下，差分放大电路在输入共模信号时不产生输出电压。定义在共模信号输入时，输出电压u_o与输入电压u_{ic}之比为共模电压放大倍数，用A_C表示，即

$$A_C = \frac{u_o}{u_{ic}} \tag{5.4}$$

理想情况下，差分放大电路的共模电压放大倍数为零。如果电路的对称性不好，则在输出端会有输出电压，使共模电压放大倍数不为零。但此时，输出电压会很小，共模电压放大倍数很小。

差分放大电路因温度变化或电源电压波动，引起两管集电极电位的漂移，可视为在差分放大电路的两个输入端施加了等效的共模信号。因此，电路的对称性越好，抑制零点漂移的能力越强，其抑制共模信号的能力也越强，共模电压放大倍数就越小。同样可以说，差分放大电路的共模电压放大倍数越小，其抑制零点漂移的能力就越强。

2. 差模信号输入

在图 5.6 中，加到两个输入端的信号电压大小相等、极性相反，即$u_{i1}=-u_{i2}$，(假设此时

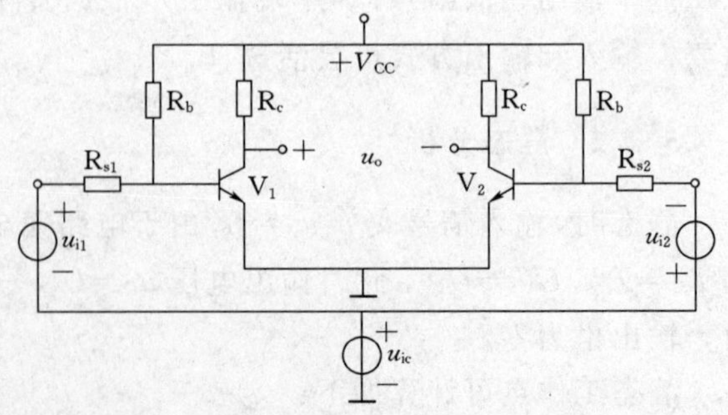

图 5.6 任意信号输入方式下的差分电路

u_{ic}不存在），这种输入方式叫做差模输入，两个输入信号之差 $u_{i1}-u_{i2}=u_{id}$称为差模信号。

由于电路对称，在差模信号的作用下，V_1、V_2 两管集电极电流和集电极电压变化相反，当 u_{i1}为正时，V_1 管集电极电流增大 ΔI_{C1}，集电极电位下降 ΔU_{C1}；V_2 管的集电极电流减小 ΔI_{C2}，集电极电位上升 ΔU_{C2}，且 $|\Delta U_{C1}|=|\Delta U_{C2}|$。双端输出时，输出电压的变化量 $\Delta u_o=(U_{C1}-\Delta U_{C1})-(U_{C2}+\Delta U_{C2})=-2\Delta U_{C1}$。这就是说，输出电压的变化量为每个管子集电极电位变化量的两倍。定义输入差模信号 u_{id}时，输出电压 u_o 与差模输入信号电压 u_{id}之比为差模电压放大倍数，用 A_d 表示。设单管放大电路的电压放大倍数为 A_{d1}，双端输出时的差模电压放大倍数为

$$A_d=\frac{u_o}{u_{id}}=\frac{U_{c1}-U_{c2}}{U_{id}}=\frac{\frac{1}{2}u_{id}A_1-\left(\frac{1}{2}u_{id}A_1\right)}{u_{id}}=A_1\approx-\frac{\beta R_c}{R_s+r_{be}}\quad（设\ R_b\gg r_{be}）\tag{5.5}$$

上式表明，用两个晶体管组成的差分放大器，双端输出的电压放大倍数与单管共射放大电路的电压放大倍数相同。实际上这种电路是以牺牲一个管子的放大作用来换取对零点漂移的抑制。

单端输出时的差模电压放大倍数为

$$A_{d1}=\frac{u_{o1}}{u_{id}}=\frac{\frac{1}{2}u_{id}A_1}{u_{id}}=\frac{1}{2}A_1=\frac{1}{2}\frac{\beta R_e}{R_s+r_{be}}\tag{5.6}$$

$$A_{d2}=\frac{u_{o2}}{u_{id}}=\frac{-\frac{1}{2}u_{id}A_1}{u_{id}}=-\frac{1}{2}A_1=-\frac{1}{2}\frac{\beta R_e}{R_s+r_{be}}\tag{5.7}$$

式（5.6）与式（5.7）相差一个负号，正好说明 u_{o1}与 u_{o2}的极性相反。

3. 任意信号输入

在差分放大电路的两个输入端同时或分别输入 u_{i1}、u_{i2}、u_{ic}信号的方式叫做任意输入。如图 5.6 所示，当 $u_{i1}=u_{i2}=u_{ic}$时，输入信号即为共模信号输入；当 $u_{i1}\neq u_{i2}$时，在差分放大器的输入端，输入了差模信号的同时，还可能输入了共模信号。因此，实际的输出电压不仅取决于两个输入信号的差模信号 u_{id}，而且还与输入信号的共模信号的差模信号 u_{ic}有关，u_{id}和 u_{ic}分别表示为

$$u_{id}=u_{i1}-u_{i2}\tag{5.8}$$

$$u_{ic}=\frac{1}{2}(u_{i1}+u_{i2})\tag{5.9}$$

这就是说，差模信号是两个输入信号之差，而共模信号则是两者的算术平均值。当用共模信号和差模信号表示两个输入电压时，根据式（5.8）和式（5.9），有

$$u_{i1}=u_{ic}+u_{id}\qquad u_{i2}=u_{ic}-\frac{1}{2}u_{id}\tag{5.10}$$

例如，$u_{i1}=50\text{mV}$，$u_{i2}=-50\text{mV}$，则 $u_{id}=100\text{mV}$，$u_{ic}=0$；又例如 $u_{i1}=1050\text{mV}$，$u_{i2}=950\text{mV}$，则 $u_{id}=100\text{mV}$，$u_{ic}=1000\text{ mV}$。

在差模信号和共模信号同时存在的情况下，可利用叠加原理求出总的输出电压为

$$u_o=A_du_{id}+A_cu_{ic}\tag{5.11}$$

5.2.4 差分放大器的其他指标

1. 共模抑制比

我们不仅要求放大电路对共模信号的抑制能力好，而且要求对差模信号的放大能力要强，所以用共模抑制比来衡量差动放大器电路性能的优劣。CMRR 定义如下：

$$\mathrm{CMRR} = \left|\frac{A_d}{A_c}\right|$$

这个值越大，表示电路对共模信号的抑制能力越好。

有时还用对数的形式表示共模抑制比，即

$$\mathrm{CMRR} = 20\lg\left|\frac{A_d}{A_c}\right| = 20\lg|A_d| - 20\lg|A_c|$$

CMRR 的单位为分贝（dB）。

2. 差模输入电阻

差模输入电阻 r_{id} 为在差模输入信号的作用下，输入电压 U_{id} 与流入电流之比称为差模输入电阻 r_{id}，即从两个输入端看进去的差模输入电阻，利用前面所学的知识可得

$$r_{id} = 2(r_{be} + R_s)$$

3. 差模输出电阻

从两管集电极输出的差模输出电阻 r_{od} 为

$$r_{od} = 2R_c$$

4. 共模输出电阻

共模输出电阻 r_{io} 为共模输入电压与共模输入电流 I_{io} 之比，如果两个输入端连接一起接成共模输入信号，其输入电阻为

$$r_{io} = \frac{1}{2}(r_{be} + R_s) + (1 + \beta)R_e$$

如共模信号分别由两个输入端送进，则从一个输入端看进去的输入电阻为

$$r_{io} = r_{be} + R_s + (1 + \beta)R_e$$

5.3 常见的几种改进型差分电路

5.3.1 长尾式差分放大电路

为了克服电路中可能存在的不完全对称引起的零点漂移，在基本差分放大电路中增加了发射极公共电阻 R_e，则得到如图 5.7 所示的长尾式差分电路。

下面结合电路分别讨论 R_e 对差模输入信号和共模输入信号的作用。

1. 电路中接入 R_e 后对输入差模信号的放大作用完全无影响

差模输入信号为 $\Delta u_{i1} = -\Delta u_{i2}$，即两管输入信号大小相等、相位相反，我们把这样一对信号称为差模输入信号，记为 Δu_{id}。

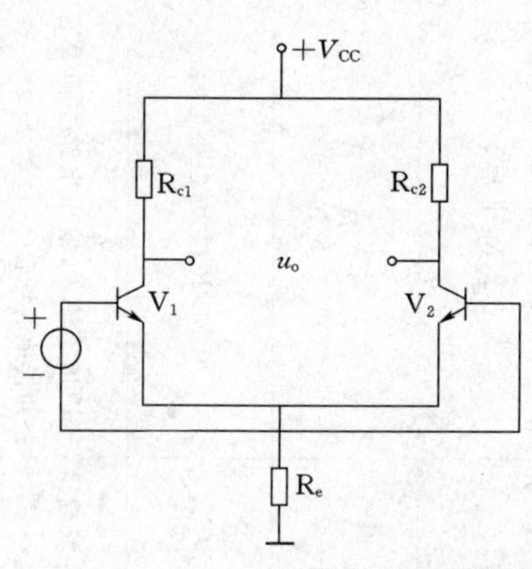

图 5.7 长尾式差分电路

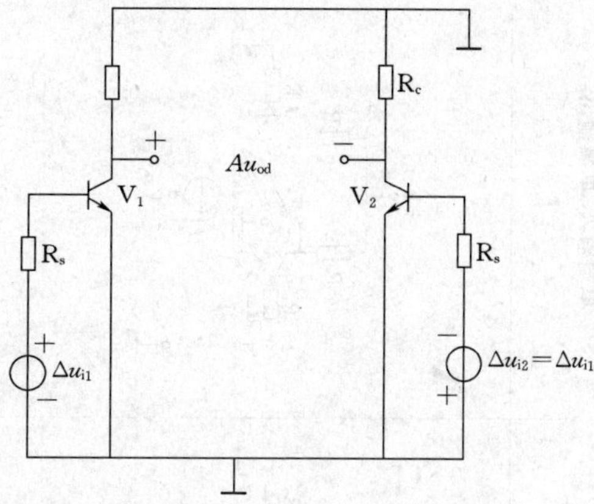

图 5.8 对差模输入信号的等效电路

在差模信号的作用下，两管各极电流的变化正好相反。当 V_1 的电流（i_{B1}、i_{C1}和 i_{E1}）增大时，V_2 的对应电流（i_{B2}、i_{C2}和 i_{E2}）一定减小，且对应的各级电流变化量在数值上正好是一样的。于是流过 R_e 的信号电流彼此抵消，结果在 R_e 上无信号电压。这样，两管的发射极对差模信号来说相当于和公共点相连，如图 5.8 所示。显然长尾电路的差模电压放大倍数同式（5.5），即

$$A_{ud} = \frac{\Delta u_{od}}{\Delta u_{id}} = -\frac{\beta R_c}{R_s + r_{be}} \tag{5.12}$$

式中 Δu_{od}表示差模输出电压。同时，R_e 的接入对差模输入电阻 r_{id}也没有影响，即

$$r_{id} = \frac{\Delta u_i}{\Delta i_{B1}} = 2(R_s + r_{be}) \tag{5.13}$$

2. R_e 对共模输入信号的放大有抑制作用

共模信号：输入信号为 $\Delta u_{i1}=\Delta u_{i2}$，即两管输入信号大小相等、相位相同，这样一对信号我们称之为共模输入信号，记为 Δu_{ic}。

在共模信号作用下，两管相应的电流总是相等的，即 $i_{E1}=i_{E2}=i_E$。流过 R_e 上的电流为 $2i_E$，产生的电压为 $2i_E R_e$，也可写成 $i_E(2R_e)$，于是就得到如图 5.9 所示的等效电路。由图 5.9 可知，由于电路中接入了 R_e，对共模信号来说，每个晶体管都构成了具有电流负反馈的放大器，使得从每个管子集电极输出时的共模电压大大减小。与此同时，从两管的集电极输出时的共模电压 Δu_{oc}仍为零。这样就克服了基本差动放大器的缺点。

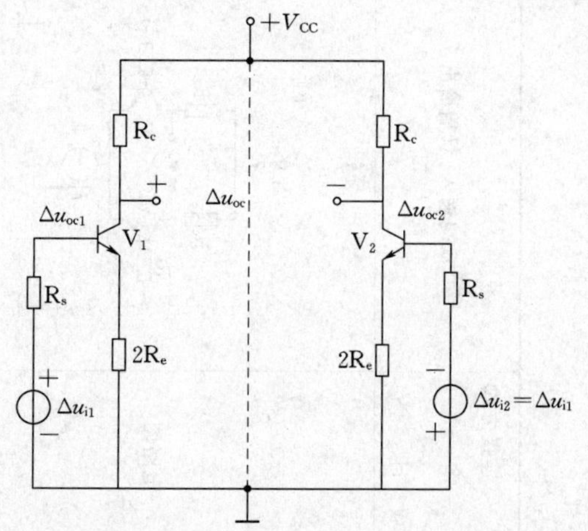

图 5.9 对共模输入信号的等效电路

5.3.2 带恒流源的差分电路

1. 恒流源特性

长尾式差动放大电路，由于接入 R_e，提高了共模信号的抑制能力，且 R_e 愈大，抑制能力愈强。但

表 5.1 差动放大器的四种接法的性能比较

连接方式 / 项目	双端输入、双端输出	双端输入、单端输出	单端输入、双端输出	单端输入、单端输出
电路图	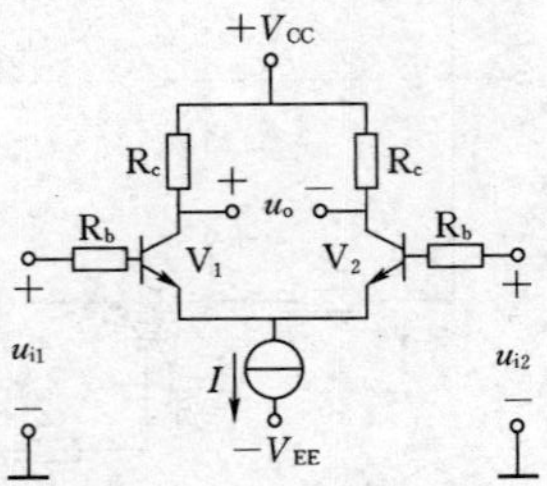 $+V_{CC}$ R_c R_c R_b R_b V_1 V_2 u_o u_{i1} u_{i2} I $-V_{EE}$	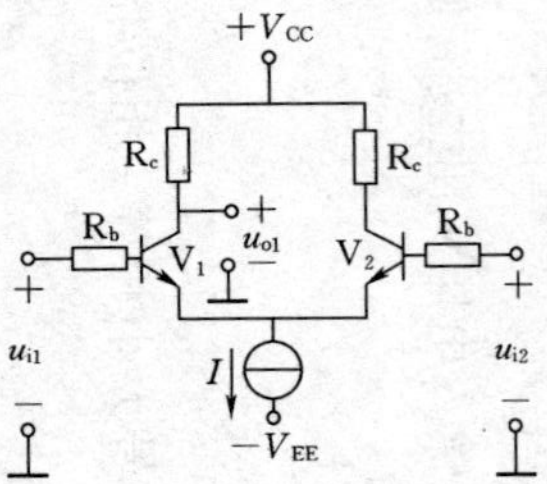 $+V_{CC}$ R_c R_c R_b R_b V_1 V_2 u_{o1} u_{i1} u_{i2} I $-V_{EE}$	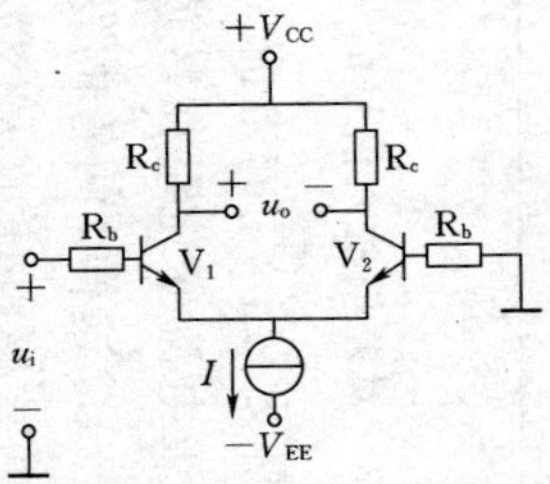 $+V_{CC}$ R_c R_c R_b R_b V_1 V_2 u_o u_i I $-V_{EE}$	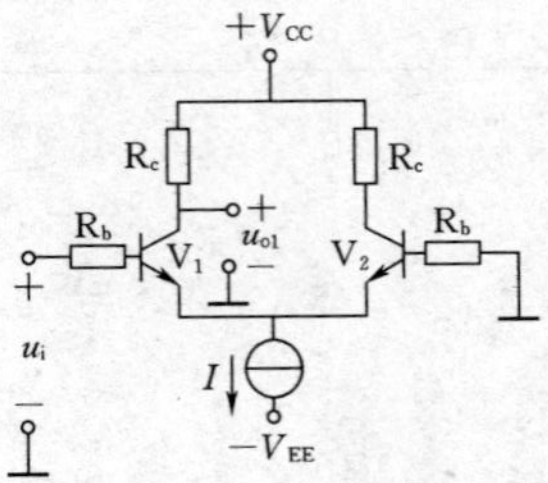 $+V_{CC}$ R_c R_c R_b R_b V_1 V_2 u_{o1} u_i I $-V_{EE}$
差模电压放大倍数 A_{ud}	$A_{ud}=-\dfrac{\beta R_c}{R_b+r_{be}}$	$A_{ud}=-\dfrac{1}{2}\cdot\dfrac{\beta R_c}{R_b+r_{be}}$	$A_{ud}=-\dfrac{\beta R_c}{R_b+r_{be}}$	$A_{ud}=-\dfrac{1}{2}\cdot\dfrac{\beta R_c}{R_b+r_{be}}$
差模输入电阻 r_{id}	$2(R_b+r_{be})$	$2(R_b+r_{be})$	$2(R_b+r_{be})$	$2(R_b+r_{be})$
差模输出电阻 r_{od}	$2R_c$	R_c	$2R_c$	R_c
共模抑制比 CMRR	CMRR→∞	CMRR 很大，但小于∞	CMRR→∞	CMRR 很大，但小于∞
用　途	适用于输入、输出都不需接地，对称输入、对称输出的场合	适用于将双端输入转换为单端输出的场合	适用于将单端输入转换为双端输出的场合	适用于输入、输出电路中需要有公共接地的场合

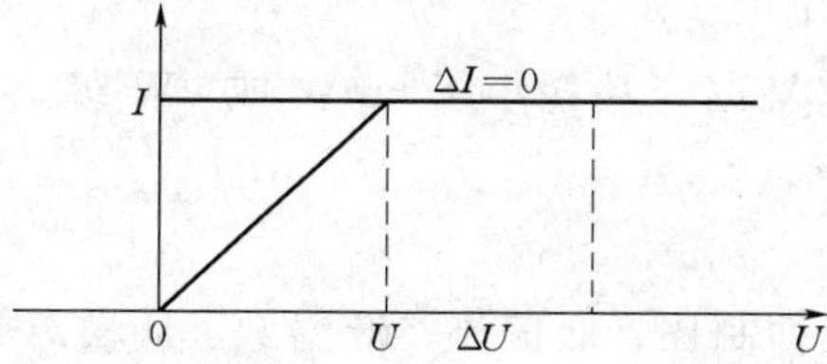

图 5.10 恒流源的电流、电压特性

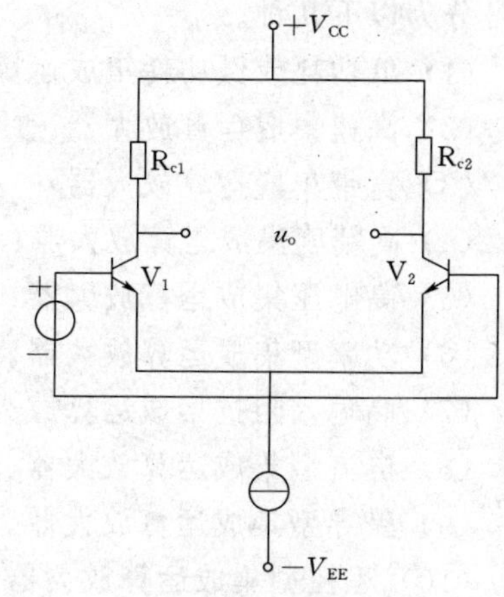

图 5.11 带恒流源的差分电路

是 R_e 增大，则 R_e 上的直流压降增大，为保证管子正常工作必须提高 V_{EE}值，这是不合算的。为此希望有这样一种器件：交流电阻 r 大，而直流电阻 R 小。恒流源即有此特性。恒流源的电流、电压特性如图 5.10 所示。

从图 5.10 上可分别表示出交流电阻 r 和直流电阻 R，即

$$r=\frac{\Delta U}{\Delta I}\to\infty$$

$$R=\frac{U}{I}$$

2. 恒流源差分放大电路

将长尾电路中的 R_e 用恒流源代替，即得恒流源差分放大电路，如图 5.11 所示。

3. 差分放大电路四种接法的比较

表 5.1 列出了差分放大电路四种接法的性能比较，供读者参考。

5.4 集成运算放大器

5.4.1 集成运算放大器的分类

集成运算放大器，是一种具有高放大倍数的直接耦合放大电路，它不但能放大交流信号，而且能放大频率很低的信号或直流信号，同时还能对输入信号进行多种数学运算和处理。经过多年的发展，集成运算放大器已成为一种品种与类别齐全的模拟集成电路。在实际中得到了广泛的应用。

集成运算放大器按其性能来划分有以下两大类型。

1. 通用型集成运算放大器

通用型集成运算放大器的参数指标比较均衡全面，适用于一般的工程设计。一般认为，在没有特殊参数要求情况下工作的集成运放可列为通用型。由于通用型应用范围宽、产量大，因而价格便宜。作为一般应用，首先考虑选择通用型。

2. 专用型集成运算放大器

这类集成运算放大器是为满足某些要求而设计的，其参数中往往有一项或几项非常突出，因

而可分为以下几种。

(1) 低功耗或微功耗集成运算放大器：电源电压±15V时，功耗小于6mW或μW级。

(2) 高速集成运算放大器。

(3) 宽带集成运算放大器：一般带宽应大于10MHz。

(4) 高精度集成运算放大器：特点是高增益、高共模抑制比、低偏流、低温漂、低噪声等。

(5) 高电压集成运算放大器：正常输出电压U_o大于±22V。

(6) 功率型集成运算放大器。

(7) 高输入阻抗集成运算放大器。

(8) 电流型集成运算放大器。

(9) 跨导型集成运算放大器。

(10) 程控型集成运算放大器。

(11) 低噪声型集成运算放大器。

(12) 集成电压跟随器。

5.4.2 集成运算放大器的组成

5.4.2.1 组成

集成运放实际上是一个高增益的直接耦合放大器，其内部电路的组成可用图5.12表示，它由输入级、中间级、输出级和偏置电路等四部分组成。

1. 输入级

输入级是提高运算放大器质量的关键部分，要求其输入电阻高，为了能减小零点漂移和抑制共模干扰信号，输入级都采用具有恒流源的差分放大电路，也称差分输入级。

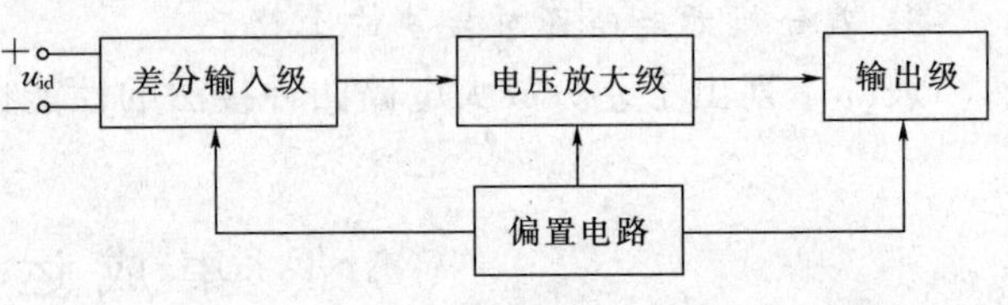

图5.12 集成运算放大器内部电路组成框图

2. 中间级

中间级的主要作用是提供足够大的电压放大倍数，故常称为电压放大级。要求中间级本身具有较高的电压增益。为了减少前级的影响，还应具有较高的输入电阻。另外，中间级还应向输出级提供较大的驱动电流，并能根据需要实现单端输入、双端差模输出，或双端差模输入、单端输出。

3. 输出级

输出级的主要作用是：输出足够的电流以满足负载的需要，同时还需要有较低的输出电阻和较高的输入电阻，以起到将放大级和负载隔离的作用。输出级一般由射级输出器组成，以降低输出电阻，提高带负载能力。

4. 偏置电路

偏置电路的作用是为各级提供合适的工作电流，一般由前述的几种恒流电路组成。此外还有一些辅助环节，如电平移动电路、过载保护电路及高频补偿环节等。

5.4.2.2　典型通用集成运算放大器 F007 内电路简介

1. F007 的内电路

图 5.13 所示为 F007 的内电路

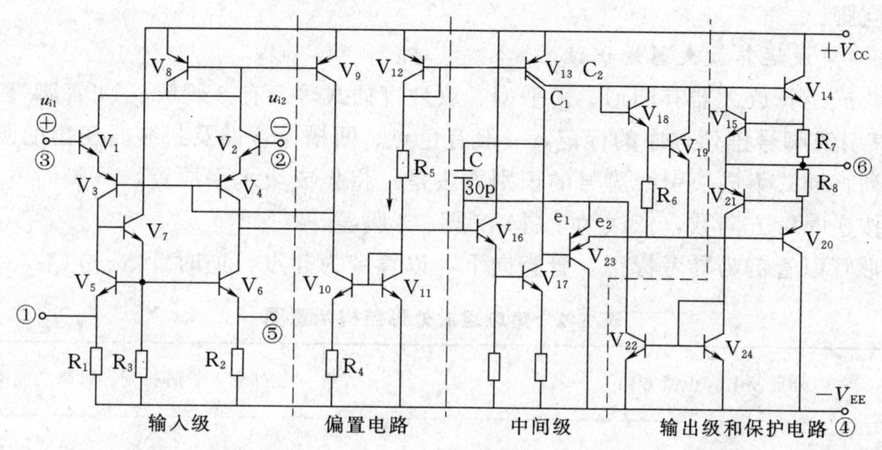

图 5.13　F007 电原理图

(1) 外接正、负直流电源和在内电路中的 V_{12}、R_5、V_{11} 建立参考电流

$$I_R = \frac{V_{CC} - I - V_{EE} I - 2U_{be}}{R_5}$$

(2) V_{12}、V_{13} 组成镜像电流源，作中间放大级 V_{16}、V_{17} 的集电极有源负载，并提供偏置电流。

(3) V_{10}、V_{11} 组成微电流源，经镜像电流为输入级提供偏置电流。

(4) V_5、V_6、V_7 组成变形的威尔逊电流源输入级的集电极有源负载，兼作单端化电路和偏差调整电路（与外接调零电位器一起）。

2. 输入级

由 V_1、V_2、V_3、V_4 及电流源电路组成，V_1、V_2、V_3、V_4 组成 NPN 型共集—横向 PNP 型共基差动组合电路，双端输入（V_1、V_2 的基极）、单端输出（V_4 的集电极）。

3. 中间放大级

中间放大级由 V_{16}、V_{17} 及集电极有源负载组成，属共射极组态，有较高的电压增益和输入电阻。

V_{14}、V_{19} 和 V_{20} 组成的互补推挽电路，V_{18}、V_{19} 为它提供较小的静态偏置电压，使它工作于甲乙类。

V_{15}、V_{21}、R_7、R_8 组成了输出过流保护电路；电容 C 起相位补偿作用，防止集成运放在外部引入负反馈时产生自激振荡。

从原理图 5.13 可以看出，这种运放有 7 个端点需要与外电路相连，通过 7 个管脚引出，各管脚的用途是：

②脚为反相输入端，由此端接输入信号，则输出信号与输入信号是反相的；

③脚为同相输入端，由此端接输入信号，则输出信号与输入信号是同相的；

⑥脚为输出端；

④脚为负电源端，接－3～－18V 电源；

⑦脚为正电源端，接＋3～＋18V电源；

①脚和⑤脚为外接调零电位器的两个端子，一般只需在这两个引脚上接入10kΩ线绕电位器，即可调零；

⑧脚为空脚。

5.4.2.3 集成运算放大器的识读

常见的集成运算放大器有圆形、扁平型、双列直插式等，有8管脚、14管脚等，其外形示于表5.2。其引线脚号排列顺序的标记，一般有色点、凹槽、管键及封装时压出的圆形标记等。

对于双列直插式集成块引线脚号的识别方法是：将集成块水平放置，管脚向下，从缺口或标记开始，按逆时针方向数，依次为1脚、2脚、3脚等。

对于圆形管以管键为参考标记，管脚向下，以管键为起点，逆时针数－1，2，3等。

表5.2 集成运放外形结构示意图

结构形式	外形及引脚识读方向	μA741封装外形、管脚排列、管脚功能图
圆形结构	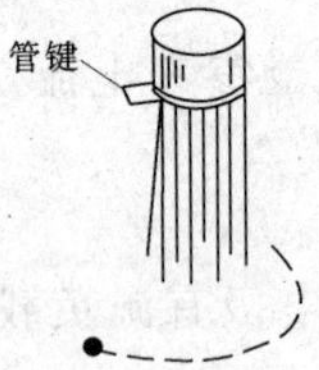 管键	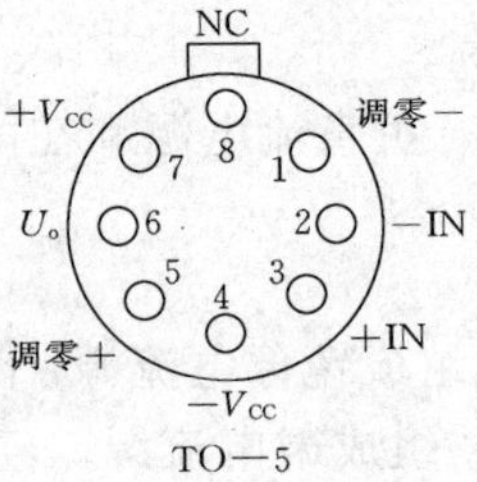 NC 8 $+V_{CC}$ 7 调零－ 1 U_o 6 2 －IN 5 3 ＋IN 4 调零＋ $-V_{CC}$ TO—5
偏平型双列直插式结构	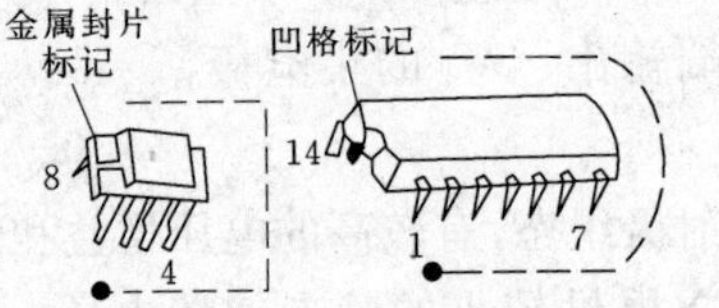 金属封片标记 8 4 凹格标记 14 1 7	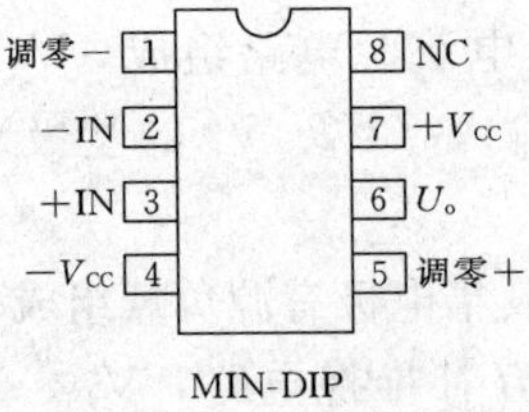 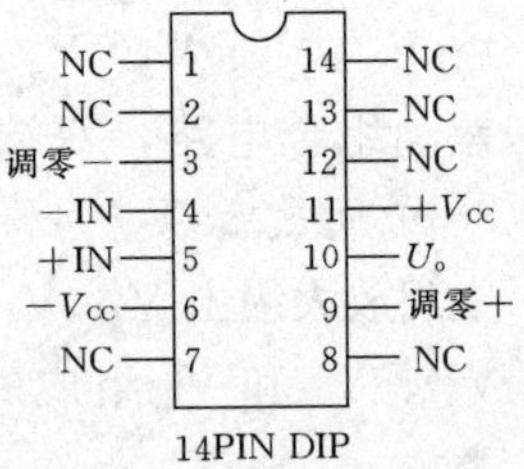 调零－ 1 | 8 NC －IN 2 | 7 $+V_{CC}$ ＋IN 3 | 6 U_o $-V_{CC}$ 4 | 5 调零＋ MIN-DIP NC 1 | 14 NC NC 2 | 13 NC 调零－ 3 | 12 NC －IN 4 | 11 $+V_{CC}$ ＋IN 5 | 10 U_o $-V_{CC}$ 6 | 9 调零＋ NC 7 | 8 NC 14PIN DIP

5.4.2.4 集成运算放大器在电路中的符号

集成运算放大器在实际电路中的符号如图5.14所示，其中图5.14（a）是国际标准符号，图5.14（b）是曾用符号，图5.14（a）中"▷"表示信号的传输方向，"∞"表示放大倍数为理想条件。两个输入端中，"－"号表示反相输入端，"＋"号表示同相输入端，输入电压用"U_+"表示。输出端的"＋"号表示输出电压为正极性，u_o为输出电压。

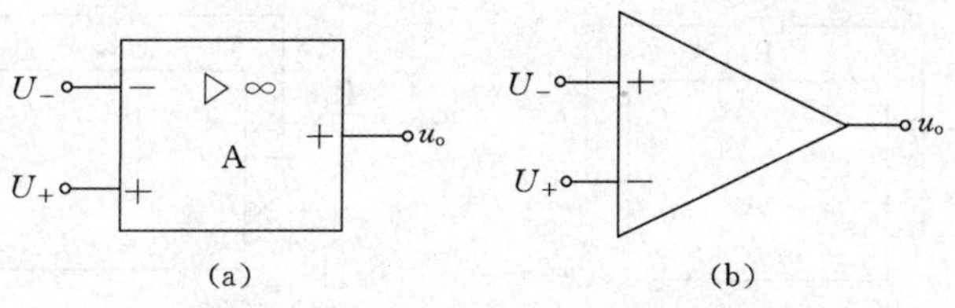

图 5.14 运算放大器在电路中的符号

5.4.3 集成运算放大器的传输特性

1. 传输特性

集成运算放大器是一种多端器件，与二极管、三极管相似，使用者对其认识也应从其特性曲线开始。集成运放的传输特性是指输出电压与差模输入电压之间的关系曲线，如图 5.15 所示。

可见，集成运放的工作区域有两个，即 AB（或 $A'B'$）段称为“线性区”和其以外的部分称为“饱和区”。

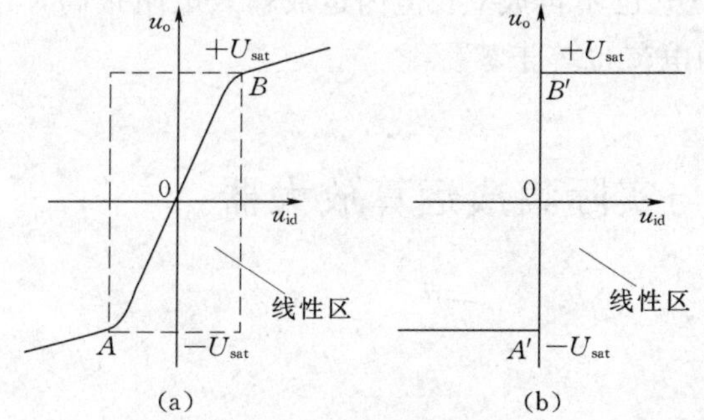

图 5.15 集成运放的传输特性

(a) 实际运放的传输特性；(b) 理想运放的传输特性

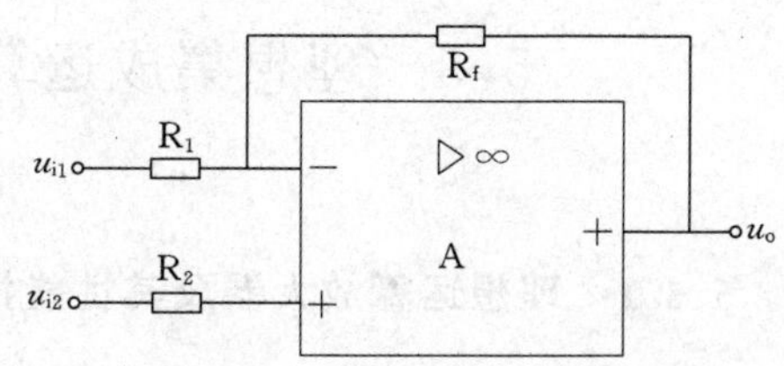

图 5.16 集成运放线性工作

2. 线性区的特点

如图 5.16 所示，当集成运放外接负反馈（即将输出信号经反馈网络引回到反相端）时，工作于线性状态。在此区间内，运放的输出电压与输入电压成线性关系。

工作在线性状态时，集成运放有以下两个特点：

第一，由于运算放大器的差模输入电阻非常大（$r_{id}\rightarrow\infty$），故可认为两个输入端的输入电流为零，像断开一样，称为“虚断”。

第二，由于运算放大器的开环差模输入电压放大倍数非常大（$A_{uo}\rightarrow\infty$），而输出电压 u_o 是一个有限值，由式 $U_+-U_-=U_o/A_{uo}\approx 0$ 可见，$U_+\approx U_-$，表示同相端和反相端电位相等，称为“虚短”。作为一个特例，如果信号从反相端输入，同相输入端接“地”（R_2 中流过的电流为零，其上无压降），则可认为反相端电位也为零，称为“虚地”，$U_+=U_-=0$。

根据上述两个特点，集成运放工作在线性区时，可用图 5.17 所示的等效电路来表示。图中“×”表示“虚断”，虚线表示“虚短”，“⊥”表示“虚地”。

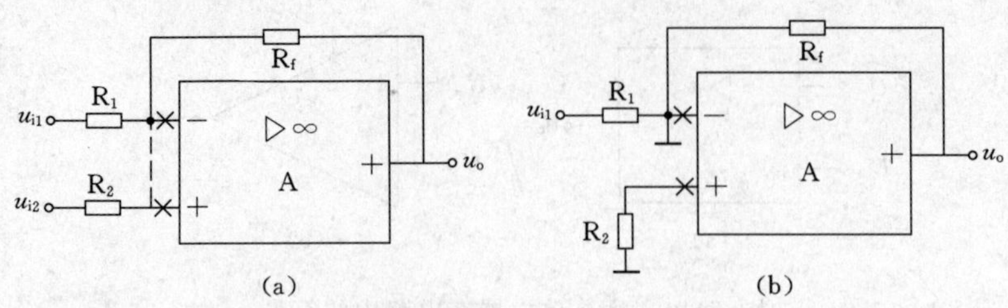

图 5.17 集成运放工作在线性区时的等效电路

(a) 虚断、虚短；(b) 虚断、虚地

3. 非线性区（饱和区）的特点

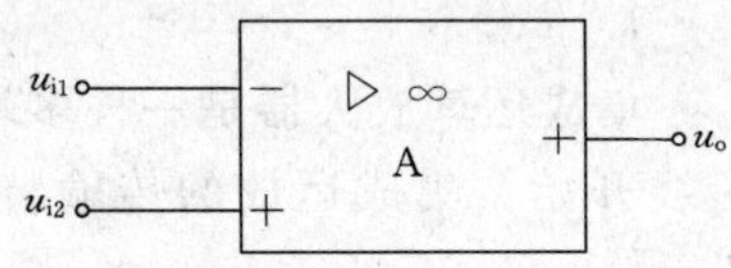

图 5.18 集成运放工作在非线性区时的两种情况

当集成运放开环工作或外接正反馈时，工作于非线性状态，即饱和区，如图 5.18 所示。非线性状态时输出电压只有两种情况，或等于$+U_{o(sat)}$，或等于$-U_{o(sat)}$，而U_+与U_-不一定相等：

当$U_+>U_-$时，$u_o=+U_{o(sat)}$；

当$U_+<U_-$时，$u_o=-U_{o(sat)}$。

$U_+\neq U_-$，说明运放非线性工作时“虚短”的概念已不再成立。但因运放输入电阻很高，故可认为“虚断”的概念依然成立，即两个输入端的电流也等于零。

5.5 理想集成运算放大器与实际集成运算放大器

5.5.1 理想运算放大器及其性能指标

理想运放，即理想集成运算放大器，是为了简化运放电路分析过程而提出的一种理想化器件，其性能指标如下：

开环电压增益 $A_u=\infty$；

差模输入电阻 $r_{id}=\infty$；

输出电阻 $r_o=0$；

开环带宽 $f_{bw}=\infty$；

共模抑制比 $CMRR=\infty$；

输入失调电压 $U_{IS}=0$；

输入失调电流 $I_{IS}=0$；

输入偏置电流 $I_{IO}=0$；

输出电压转换速率（即压摆率）$S_R=\infty$；

5.5.2 理想运放与实际运放

实际上并不存在理想运放。但目前，集成运放的性能指标已经做得很高，在分析它们组成的电路时，把它们看做是理想运放，所得到的分析结果与实际情况已较接近，一般已能满足工程的需要。但也应切记，按理想运放所得到的分析结果是有误差的。分析运放参数与这一误差之间的关系，可以找出提高集成运放电路性能的途径。

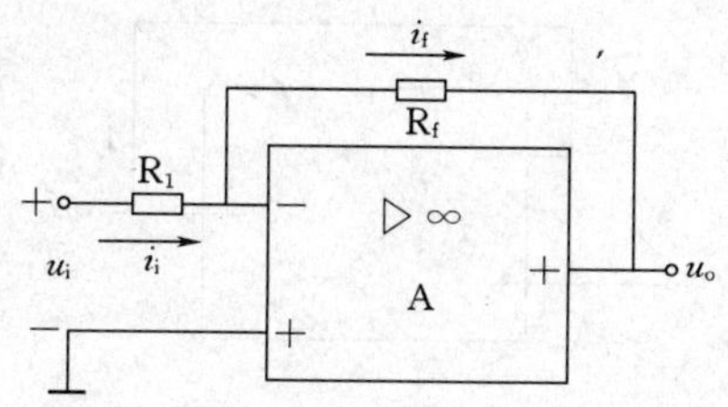

图 5.19　反相放大组态

5.5.3　集成运放的三种基本输入形式

集成运放按其信号输入方式的不同有同相输入、反相输入和差模输入。

1. 反相输入

图 5.19 所示是运算放大器反相输入电路，通过反馈元件 R_1 构成闭环。

因为
$$U_+ = U_- = 0$$
所以
$$u_o = -I_f R_f,\ u_i = I_1 R_1$$
又因为 $I_i=0$，得 $I_i=I_1$。故闭环电压增益为
$$A_f = \frac{u_o}{u_i} = -\frac{R_f}{R_1},\ -\frac{R_1}{R_f}U_{sat} < u_i < \frac{R_1}{R_f}U_{sat} \tag{5.14}$$

式（5.14）是理想运算放大器反相闭环增益的基本关系式，它说明输入电压在一定范围内时输出电压与输入电压相位相反，大小仅取决于反馈回路中的电阻比。如果令 $R_i=R_1$，则 $u_o/u_i=-i$，构成反相跟随器。反相放大组态是一种典型的运放基本运算组态，在反相组态基础上可以很方便地得到积分电路、微分电路、有源滤波电路和有源校正电路等。

由于反相输入端与同相输入端之间是“虚短路”，而同相输入端又接地，因此可以把反相输入端看成是地电位，我们把这种在电路中并没有真正接地，而具有地电位的点称为“虚地”点。利用“虚地”的概念，不难得出反相放大组态的输入电阻为

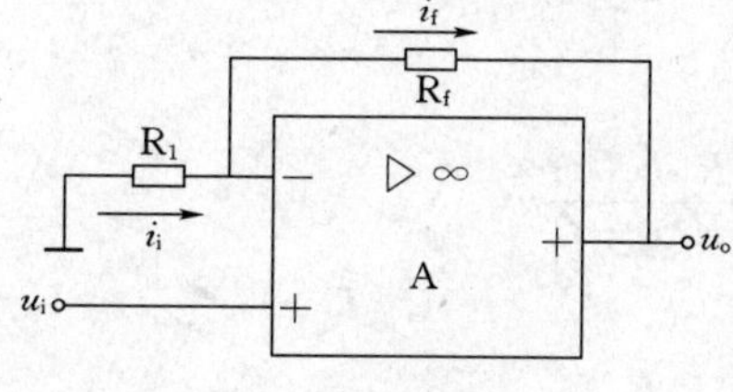

图 5.20　运放同相输入

$$R_i = R_1 \tag{5.15}$$

反相放大组态实质上是电压并联负反馈，因此它具有输入阻抗低的特点。

2. 同相输入

图 5.20 为运放组成的同相输入电路。图中 R_f 和 R_1 构成反馈网络，输入信号 U_i 直接加到同相输入端。

因为
$$U_- = U_+ = U_i\text{(虚短路)}$$
$$i_i = 0$$
所以
$$U_- = \frac{R_1}{R_1 + R_f}u_o = u_i$$
于是得到
$$A_f = \frac{u_o}{u_i} = 1 + \frac{R_f}{R_1} - \frac{R_1}{R_1 + R_f}U_{sat} < U_i < \frac{R_1}{R_1 + R_f}U_{sat} \tag{5.16}$$

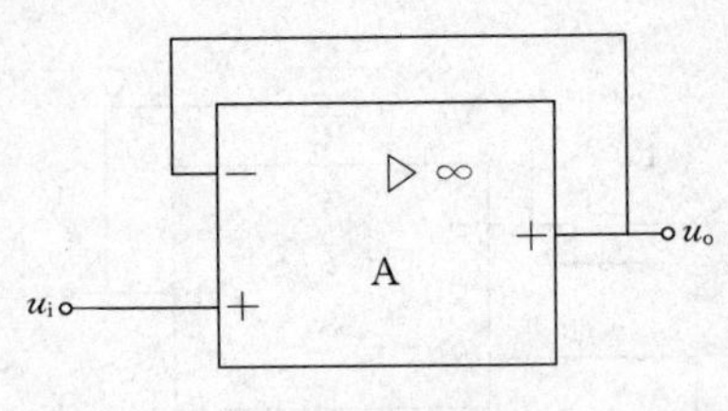

图 5.21 同相跟随器

这是理想运算放大器同相放大闭环增益的关系式，式中没有负号，说明输出电压与输入电压同相，大小也只取决于反馈回路的电阻比。

如果令 $R_f=0$，$R_1\to\infty$，则 $u_o/u_i=1$，即构成了同相跟随器，如图 5.21 所示。若用 Z_1、Z_f 来取代 R_1、R_f，则该电路也可方便地实现微积分、有源滤波等功能。

放大组态实质上是电压串联负反馈，R_1 上共获得的电压即为反馈电压 u_f，反馈系数为

$$B_u=\frac{u_f}{u_o}=\frac{R_1}{R_1+R_f}$$

由于理想运放开环电压增益 $A\to\infty$，所以反馈深度为无穷大。

对于理想运放，同相放大组态的输入电阻无疑为无穷大。

需要指出的是，在同相放大组态中，由于 $U_-=U_+=U_i\neq0$，所以对运算放大器来说，相当于其输入端加有共模输入信号。对于理想运放有 CMRR=∞，故输出电压 u_o 中不存在共模分量。

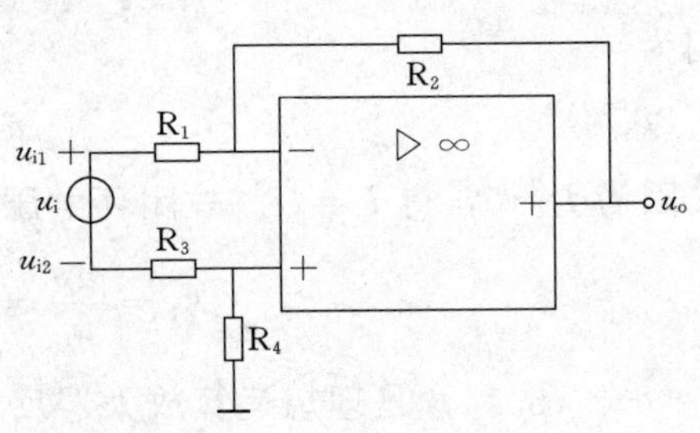

图 5.22 差动放大组态

3. 差模输入

把反相输入和同相输入二者结合起来，就构成差模输入，如图 5.22 所示。

输入信号 u_i 可以认为是 $(u_{i1}-u_{i2})$，利用叠加原理，分别计算 u_{i1}、u_{i2} 对输出贡献 $u_{o1}-u_{o2}$ 和，然后合成，可得

$$u_{o1}=-\frac{R_2}{R_1}u_{i1}$$

$$u_{o2}=\frac{R_4}{R_3+R_4}\left(1+\frac{R_2}{R_1}u_{i2}\right)=\frac{R_4}{R_3}\cdot\frac{(R_2/R_1)+1}{(R_4/R_3)+1}u_{i2}$$

当满足 $R_4/R_3=R_2/R_1$ 时，则

$$u_o=u_{o1}+u_{o2}=-\frac{R_2}{R_1}(u_{i1}-u_{i2})=-\frac{R_2}{R_1}u_i$$

即
$$A_f=-\frac{u_o}{u_i}=-\frac{R_2}{R_1},\ -\frac{R_1}{R_2}U_{sat}<u_i<\frac{R_1}{R_2}U_{sat} \tag{5.17}$$

上式表明，运放特性理想且外接元件参数满足特定条件：$R_4/R_3=R_2/R_1$（通常取 $R_4=R_2$，$R_3=R_1$）时，差分运算放大器只对差模输入信号实现运算，输出无共模分量，且闭环增益仅取决于外接电阻比。利用“虚短”的概念，不难求出这时差模输入电阻为

$$r_{id}=2R_1 \tag{5.18}$$

共模输入电阻为
$$r_{ic}=\frac{R_1+R_2}{2} \tag{5.19}$$

5.6 集成运算放大器在实际中的应用

5.6.1 集成运放在信号运算方面的应用

5.6.1.1 加法运算电路

能实现输出电压与几个输入电压之和成比例的电路，称为加法运算电路。按输入信号都从反相端或都从同相端输入来划分，可分为反相加法电路和同相加法电路。由于同相加法电路调试不便，且有共模输入，故较少采用，本书只介绍反相输入加法电路。

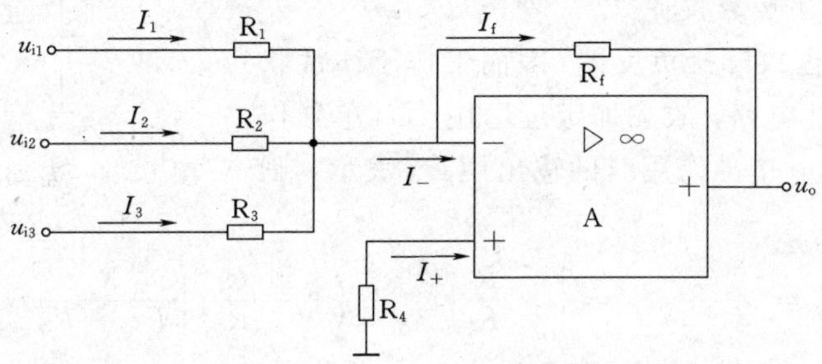

图 5.23 反相加法运算电路

图 5.23 为具有三个输入端的反相输入加法运算电路。根据反相输入“虚地”和“虚断”的特点可见

$$I_1 + I_2 + I_3 = I_f$$

即
$$\frac{u_{i1}}{R_1} + \frac{u_{i2}}{R_1} + \frac{u_{i3}}{R_1} = -\frac{u_o}{R_f}$$

由此可得到输出电压

$$u_o = -R_f\left(\frac{1}{R_1}u_{i1} + \frac{1}{R_2}u_{i2} + \frac{1}{R_3}u_{i3}\right) \tag{5.20}$$

若 $R_1=R_2=R_3=R$，则

$$u_o = -\frac{R_f}{R}(u_{i1} + u_{i2} + u_{i3}) \tag{5.21}$$

上式表明该电路实现了输入电压求和，即输出电压是由多个输入信号电压叠加的结果。式中负号是因信号从反相端输入所致。若在图 5.19 的输出端加一级反相器，则可消去负号。

为了保证运放输入端参数对称，提高运算精度，设计时应取

$$R_4 = R_1 /\!/ R_2 /\!/ R_3 /\!/ R_f \tag{5.22}$$

反相输入加法运算电路设计和调试方便，因为当改变某一信号回路的输入电阻时，只影响该回路输入电压与输出电压之间的比例关系，而不影响其他回路输入电压与输出电压之间的比例关系。另外，由于“虚地”，则其共模输入电压可视为零，该电路在实际工作中广为应用。

另外，由式（5.22）还可以看出，若用两级反相输入加法电路相连接，部分信号从第一级

输入，相加结果（注意结果有负号）和另一部分信号一起输入到第二级，则输出为输入信号的和差运算。

5.6.1.2　减法运算电路

由前面所讲可得出，若先将某一信号 U_{i1} 加至反相器中倒相为 $-U_{i1}$，然后与另一输入信号 U_{i2} 一起加入到反相输入加法电路中相加，则输出与输入信号之差成比例，实现了减法运算，但需要运用两个运放。而差动输入式减法运算电路只需用一个运放。下面对它进行介绍。

1. 电路组成

图 5.24 中，待运算的信号分别从两输入端输入，反馈信号仍然加至反相端。该电路输出电压与两输入电压之差成比例，实现减法运算，称为差动输入式减法运算电路。

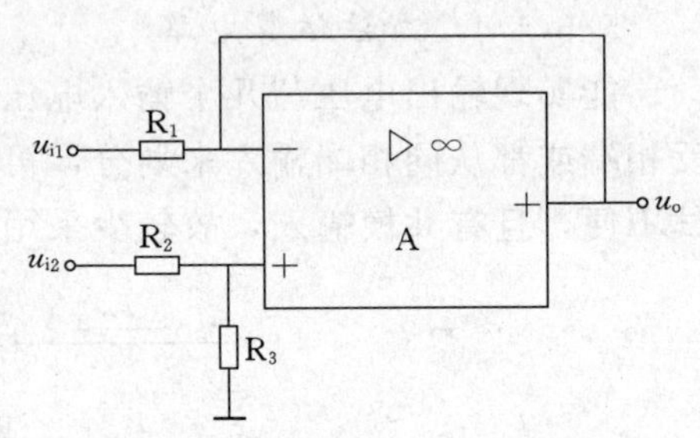

图 5.24　差动输入式减法运算电路

2. 电路分析及减法运算条件

由图 5.24 可见，运放外接负反馈，因而工作于线性状态，即该电路属于线性电路，故叠加定理适用。U_{i1} 单独作用时的输出用 U_{i2} 表示，单独作用时的输出用 U_{o2} 表示，则由叠加定理可得

$$u_o = u_{o1} + u_{o2} = \left(-\frac{R_f}{R_1}\right)u_{i1} + \left(1 + \frac{R_f}{R_1}\right)\left(\frac{R_3}{R_2 + R_3}u_{i2}\right) \tag{5.23}$$

若 $R_1 = R_2$，并且 $R_f = R_3$，则

$$u_o = -\frac{R_f}{R_1}(u_{i1} - u_{i2}) \tag{5.24}$$

若 $R_1 = R_2 = R_f = R_3$，则

$$u_o = -(u_{i1} - u_{i2}) \tag{5.25}$$

由上两式可见，输出电压与两个输入电压的差值成正比，实现了减法运算。即该电路是对差模输入电压进行放大，因此又称“差分放大器”。本节后面所介绍的实际应用电路之一“立体声消声电路”，即为它的一个典型应用。该电路可以将普通歌曲带中的原唱歌声抑制掉作为卡拉 OK 带使用。

由于“虚短”，$U_- = U_+ = \dfrac{R_3}{R_2 + R_3}u_{i2}$，因此差分电路也存在共模输入电压。

5.6.1.3　微分电路

图 5.25 所示为微分运算电路，根据“虚地”的概念，即 $U_A \approx 0$，再根据“虚断”的概念，$i_- = 0$，则 $i_R \approx i_e$。设电容 C 上的起始电压为零，那么

$$i_C = C\frac{\mathrm{d}u_i}{\mathrm{d}t}$$

则输出电压

$$u_o = -i_R R = -RC\frac{\mathrm{d}u_i}{\mathrm{d}t} \tag{5.26}$$

上式表明，输出电压为输入电压对时间的微分，且相位相反。

微分电路的波形变换作用如图 5.25 (b) 所示，可将矩形波变成尖脉冲输出。微分电路在自

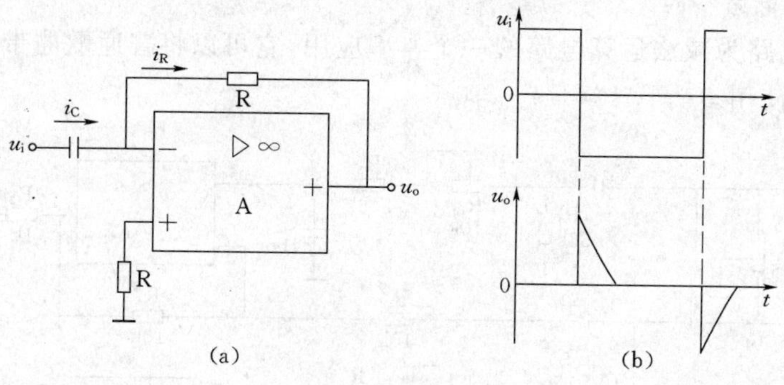

图 5.25　微分运算电路

动控制系统中可用作加速环节，例如电动机出现短路故障时，起加速保护作用，迅速降低其供电电压。

5.6.1.4　积分运算电路

图 5.26 (a) 所示为积分（运算）电路。图中，根据“虚地”的概念，$U_A \approx 0$，再根据“虚断”的概念，$I_- \approx 0$，则 $i_R \approx i_C$，即电容 C 以 $i_C = u_i/R$ 进行充电，假设电容 C 的初始电压为零，那么

$$u_o = -\frac{1}{C}\int i_C \mathrm{d}t = -\frac{1}{C}\int \frac{u_i}{R}\mathrm{d}t = -\frac{1}{RC}\int u_i \mathrm{d}t \tag{5.27}$$

上式表明，输出电压为输入电压对时间的积分，且相位相反。

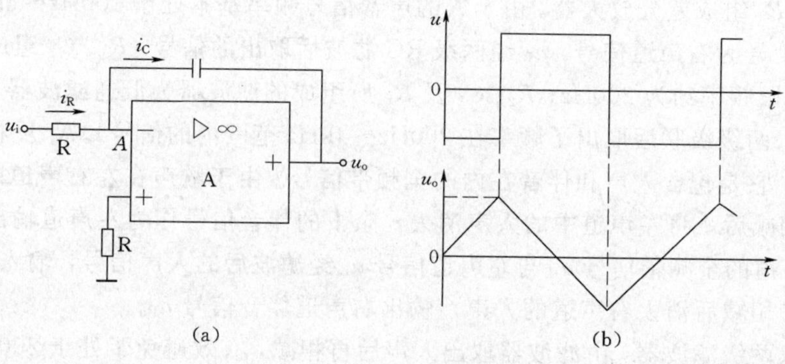

图 5.26　积分运算电路

积分电路的波形变换作用如图 5.26 (b) 所示，可将矩形变成三角波输出。积分电路在自动控制系统中用以延缓过渡过程的冲击，使被控制的电动机外加电压缓慢上升，避免其机械转矩猛增，造成传运机械的损坏。积分电路还常用来做显示器的扫描电路，以及模/数 (A/D) 转换器、数学模拟运算等。

5.6.2　集成运放在信号处理方面的应用

所谓信号处理，就是将各种信号进行整流、滤波、变换、比较等处理。由于集成运算在这方面的应用也十分广泛，因篇幅限制，这里仅举几例。

1．立体声消音电路

图 5.27 所示电路为减法运算电路的一个典型应用，它可以将普通歌曲带中的原唱歌声抑制掉作为卡拉 OK 带使用。

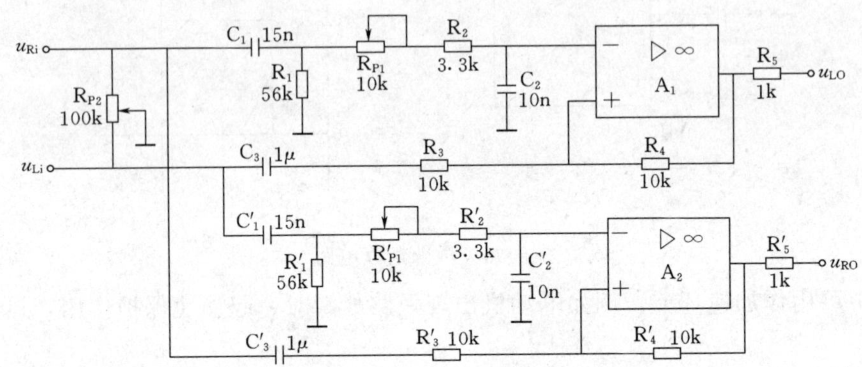

图 5.27 立体声消音电路

为了达到立体声效果，双声道录音带中歌声和伴奏音乐两种信号具有这样的特点：歌声在左右声道中电平相同（因此在立体声效果上，人的声像位置居中），伴奏音乐在左右声道中电平有强有弱（如有的乐器在左声道所录的电平高些，在右声道所录的电平低些，则它的声音就像来自左边；反之，则好像来自右边）。

根据这一特点，将左、右声道的放音信号分别加到图 5.27 中 u_{Li} 和 u_{Ri} 端。

运放 A_1 与 R_4 组成差分放大器。由于人的声音信号频率基本处于 200Hz～4kHz 范围内，故 A_1 同相端所加信号为右声道信号，u_{Ri} 经两级 RC 滤波后取出的信号（R_1、C_1 组成的滤波器为高通滤波器，其下限频率约为 200Hz；R_2、C_2 及 R_{P1} 所组成的滤波器为低通滤波器，其上限频率调节在 4kHz 左右。两级级联后取出了频率在 200Hz～4kHz 范围内的信号）。A_1 反相端所加信号为左声道信号 u_{Li}，它是包含人声和伴音在内的全频带信号。由于歌声在左右声道中电平相同，故经差分放大器相减后，将左声道中的人声消去，余下的伴音信号作为左声道输出信号 u_{Lo}。

同理，右声道的全频带信号 u_{Ri} 与左声道信号 u_{Li} 经滤波后的人声信号，输入到运放 A_2 组成的差分放大器，相减后消去右声道的人声，输出右声道伴音信号 u_{Ro}。

该电路加入两级滤波器，由滤波器取出人声后再相减，有效避免了处于 200Hz～4kHz 频率范围以外的乐器信号被消音。但尚有少量位置居中且频率在 200Hz～4kHz 范围内的乐器信号，经该电路处理后被消音。

另外，C_3（C'_3）用于隔直，通音频；R_3（R'_3）用于使运放输入端平衡。调节 R_{P1}、R_{P2} 可使左、右声道的消声效果最好，调节 R_{P2} 可平衡左、右声道不平衡的音源。

2．高档音响设备中的十五段优质均衡器

高档音响设备对音频均衡的要求较高，为此可以把 20Hz～20kHz 的音频分成 15 个中心频率点后，分别进行控制。电路原理如图 5.28 所示。

本均衡器由输入缓冲级、有源滤波器和输出总和放大器组成。

磁头输出的音频信号加至电路输入端。经 A_1 所组成的反相器缓冲输入（主要目的是使信号

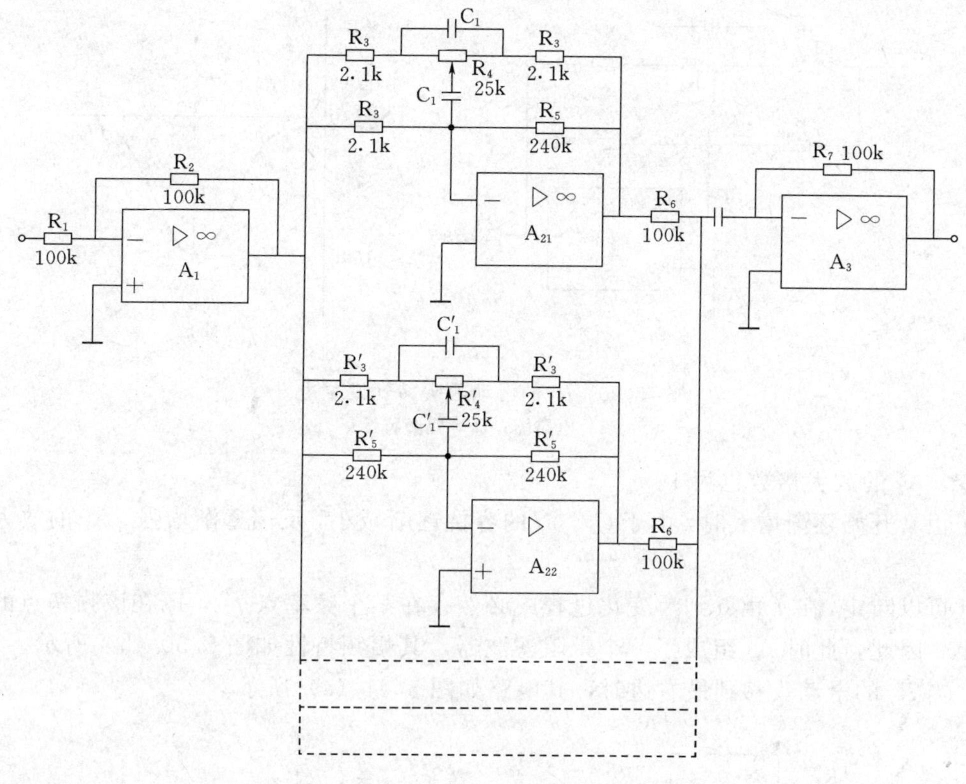

图 5.28 十五段优质均衡器

源与有源滤波器匹配，减小前后级间相互影响)，加到 A_{21}、A_{22} 等组成的有源滤波器，分频段进行提升或衰减处理，处理完的信号加到 A_3 组成的反相输入加法器进行合成并输出。

调节有源滤波器部分的电位器 R_4、R'_4 等，即可获得满意的音频信号输出。为了调节方便，R_4、R'_4…常采用滑杆电位器，并安装在面板上。下面对该均衡器进行分析。

由于本均衡器把整个音频分成15个中心频率点分别进行控制，因此必须使用15个滤波器。图中只画出了 51Hz、109 Hz 两级滤波器 A_{21}、A_{22}，其他频率点滤波器与之相似，仅 C_1、C_2 取值不同。C_1、C_2 取值及相应中心频率点的关系参见表 5.3。

每个有源滤波器是独立可调的，通过调节 R_4、R'_4 等，可将其调节为带通滤波器或带阻滤波器，用于提升或衰减约为±15dB。下面以 51Hz 中心频率有源滤波器进行简单分析。

(1) 当 R_4 的滑动触头在中点时，由于电路对称，电桥平衡，C_2 上电流为零，相当于断开，A_{21} 为一反相器，对任意频率信号的放大倍数均为 1。即此时 A_{21} 组成为一个直流放大器，其频率特性如图 5.29 所示。

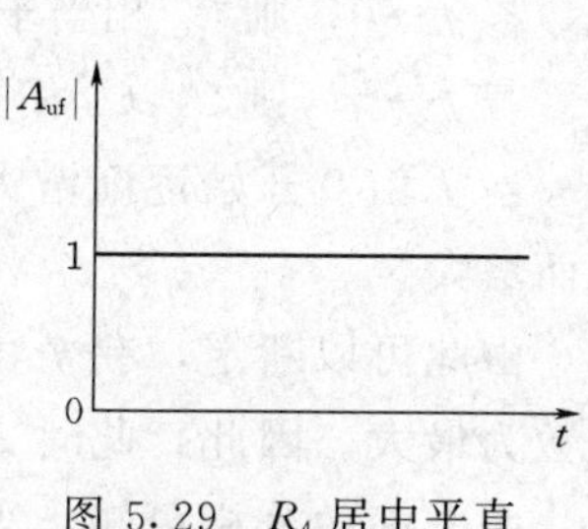

图 5.29 R_4 居中平直放大幅频特性

(2) 当 R_4 的滑动触头移到最左边时，其电路如图 5.30 (a) 所示。

若频率 $f \to 0$，则 C_2 相当于开路，A_{21} 的放大倍数也为 1。

若 $f \to \infty$，则 C_1、C_2 相当于短路，电路对称电桥平衡，C_2 上

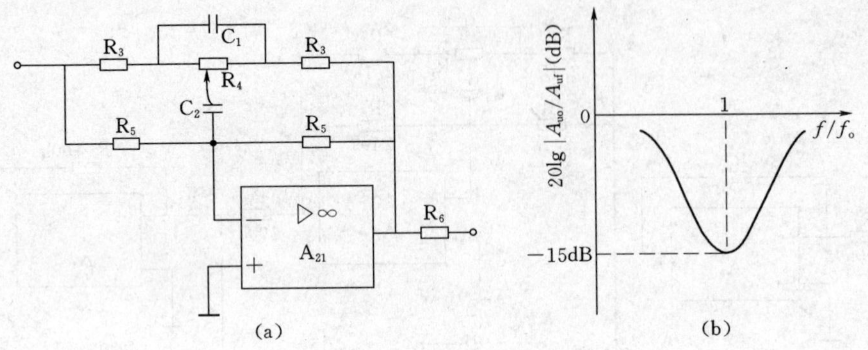

图 5.30 R_4 的滑动触头移到最左边

(a) 电路图；(b) 幅频特性

电流为零，A_{21}的放大倍数也为 1。

当 f 由 0 开始逐渐增大时，由于 C_1、C_2 的容抗逐渐减小，反馈逐渐增强，A_{21}的放大倍数随之减小。

由此可以断定，在 f 由 0 到∞变化过程中必然存在某个频率点 f'_o，A_{21}在该频率点的放大倍数为最小。因此，此时 A_{21}组成了一个带阻滤波器，其幅频特性如图 5.30（b）所示。

（3）当 R_4 的滑动头移到最右边时，其电路如图 5.31（a）所示。

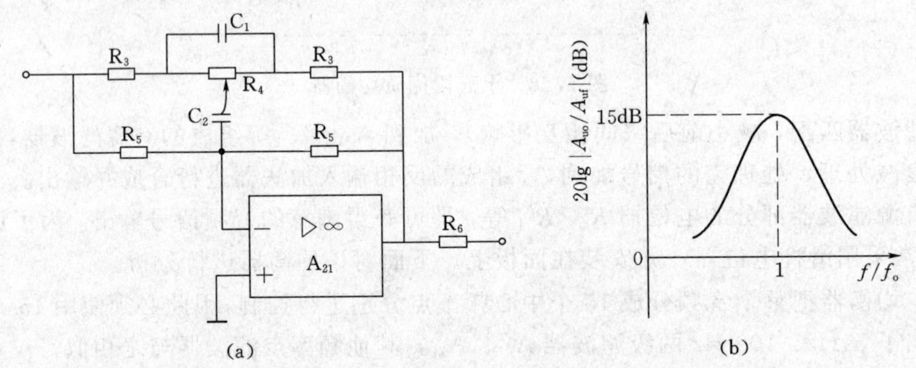

图 5.31 R_4 的滑动触头移到最右边

(a) 电路图；(b) 幅频特性

若 $f\to 0$，则 C_2 相当于开路，A_{21}的放大倍数为 1。

若 $f\to\infty$，则 C_1、C_2 相当于短路，电路对称电桥平衡，C_2 上电流为零，A_{21}的放大倍数也为 1。

当 f 由 0 开始逐渐增大时，由于 C_1、C_2 的容抗逐渐减小，反馈逐渐增强，A_{21}的放大倍数随之而增大。

由此可以断定，在 f 由 0 到∞变化过程中必然存在某个频率点 f''_o，N_{21}在该频率点的放大倍数为最大。因此，此时 A_{21}组成了一带通滤波器，其频率特性如图 5.31（b）所示。

由上面的分析可知：当 R_4 的滑动触头在中点时，N_{21}组成了一个平直放大器；当滑动触头移到最左边时，组成了一个带阻滤波器；当滑动触头移到最右边时，组成了一个带通滤波器。

可以推断：当 R_4 的滑动触头从中点向左移动时，A_{21}组成了一个带阻滤波器，带阻滤波器的衰减逐渐增强；当滑动触头从中点向右移动时，A_{21}组成了一个带通滤波器，且随着触点的右移，带通滤波器的提升逐渐增强。

可以证明：$f'_o=f''_o=f_o$，称为中心频率：

$$f_o=\frac{1}{2\pi}\sqrt{\frac{2R_3+R_4}{(R_3+R_5)R_3R_4C_1C_2}}$$

并且滤波器在其中心频率处的最大提升或衰减约为±15dB。通过选用表 5.3 中不同的电容组合，可确定每个滤波器的中心频率。

表 5-3　C_1、C_2 取值及相应中心频率点的关系

F_o/Hz	C_1/pF	C_2/pF	F_o/Hz	C_1/pF	C_2/pF
24	1	0.1	1097	22000	2200
61	0.47	0.047	1608	15000	1500
73	0.33	0.033	2412	10000	1000
109	0.22	0.022	2942	8200	820
161	0.15	0.015	3548	6800	680
241	0.1	0.01	4308	5600	560
294	0.082	0.0082	5133	4700	470
355	0.068	0.0068	7310	3300	330
431	0.056	0.0056	10965	2200	220
513	0.047	0.0047	16082	1500	150
731	0.033	0.0033	24123	1000	100

为了提高电路的品质，A_{21}选用高转速率低噪声的集成运放 NE5532。

由于 NE5532 只有在达到推荐电源电压±15～±18V 时，才能有最出色的表现，因此采用±15V的电源电压供电。

3. 实时监控报警器

图 5.32 所示为一简单比较器所组成的监控报警电路。如在生产现场，需对某一参数（如温度、压力等）进行监控，可将传感器所转换的监控信号 u_i 送给比较器。U_R 是正常工作的极限值，作为参考电压。

当 $u_i<U_R$ 时，比较器输出负值电压，三极管 V 截止，指示灯熄灭，表明工作正常。

当 $u_i>U_R$ 时，比较器输出正值电压，三极管 V 饱和导通。二极管 VD 起保护作用，当比较器输出负值电压时，三极管 BE 结上加有较高的反向偏压，可能被击穿，而二极管 VD 能将 BE

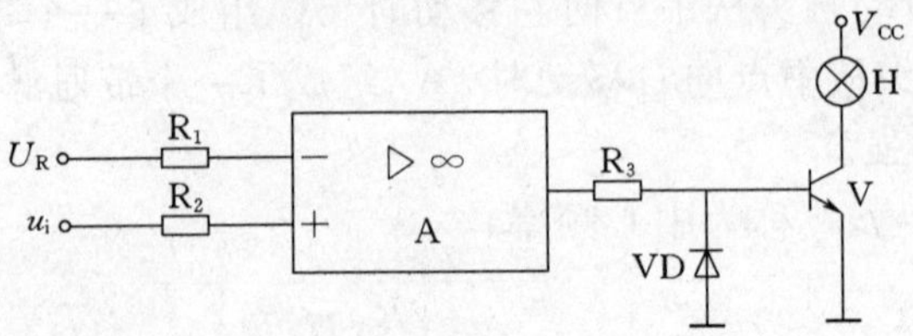

图 5.32　监控报警器

结上的反向偏压箝定在－0.7V，从而保护了三极管。

5.6.3　可编程增益放大器

可编程增益放大器常用在 A/D 转换器的输入部件中。它把输入模拟电压变成适合 A/D 转换器的输入电压范围（即转换范围，通常±5V、±10V、0～10V、0～－10V 等）。可编程增益放大器的基本电路如图 5.33 所示。电路中，运放 A 接成同相输入方式，S_1～S_4 为理想开关。不难看出：

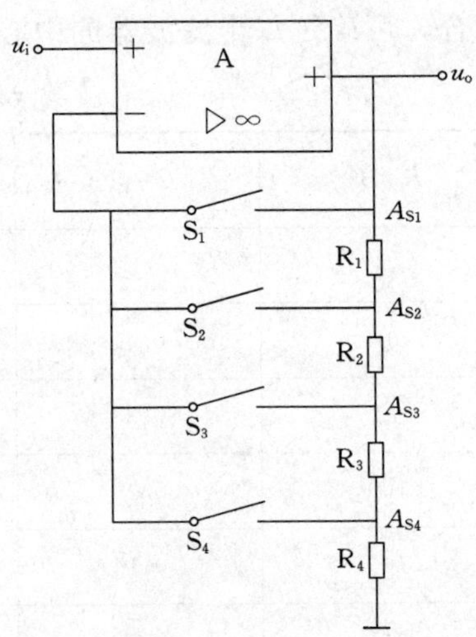

图 5.33　可编程增益放大器的基本电路

若 S_1 接通，由电压增益

$$A_{S1} = 1;$$

若 S_2 接通，由电压增益

$$A_{S2} = \frac{R_1 + R_2 + R_3 + R_4}{R_2 + R_3 + R_4}$$

若 S_3 接通，由电压增益

$$A_{S3} = \frac{R_1 + R_2 + R_3 + R_4}{R_3 + R_4}$$

若 S_4 接通，由电压增益

$$A_{S4} = \frac{R_1 + R_2 + R_3 + R_4}{R_4}$$

显然放大器 4 种增益水平，其大小取决于电阻 R_1～R_4，改变电阻的值即可方便地改变增益。如果在电路中接入译码器 B 对开关 S_1～S_4 进行控制，则可以减少控制位数，使用更为方便。图 5.34 给出的就是一个码控四段转换可编程增益放大器的实用电路。对照图 5.34 可以知道，放大器的放大倍数分别有：1，10，100，1000 四段。b_0b_1 为数字选通信号，译码输出后控制开关 S_1～S_4 的选通。

当 b_0b_1＝0 时，Y_0 选通，开关 S_1 闭合，A_{S1}＝1；

当 b_0b_1＝01 时，Y_1 选通，开关 S_2 闭合，A_{S2}＝10；

当 b_0b_1＝10 时，Y_2 选通，开关 S_2 闭合，A_{S3}＝100；

当 b_0b_1＝11 时，Y_3 选通，开关 S_4 闭合，A_{S4}＝1000。

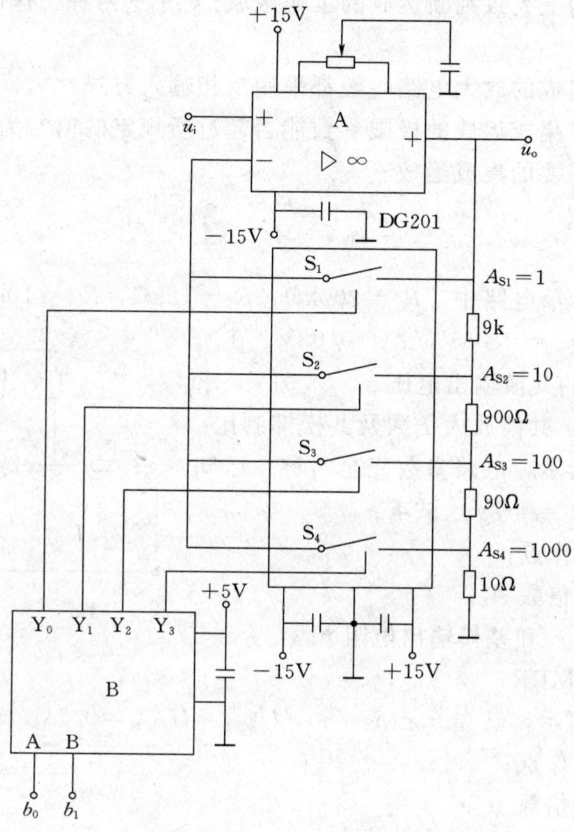

图 5.34　码控四段转换可编程增益放大器

思考题与练习题

思　考　题

1. 什么是零点漂移？什么是温度漂移？

2. 什么是差模信号？什么是共模信号？共模抑制比是如何定义的？

3. 差分放大器是如何抑制零点漂移的？

4. 带恒流源的差分放大器是如何提高共模抑制比的？

5. 什么是虚短、虚断、虚地？同相输入电路是否存在虚地？

6. 理想运放工作在线性区或非线性区时，各有什么特点？要使集成运放工作在线性区域，应采取什么措施？

7. 双电源集成运放如何在单电源电路中使用？

8. 集成运放产生自激怎么办？

9. 能否将反相输入放大电路的“虚地”点直接接地，为什么？

10. 如何从电路结构上大致判断运放的工作区域？对于这两种工作区域，在分析方法上有什么主要区别？

11. 为什么由运放组成的放大电路一般都采用反相输入方式？

12. 在实际使用中，集成运放的极限参数能否超过所规定的值？为什么？

13. 如何选择你所需要的集成运放？

练　习　题

5.1　在题5.1图所示电路中，$R_1=200\text{k}\Omega$，$R_2=12\text{k}\Omega$，$R_{e1}=10\text{k}\Omega$，$R_{e2}=9.9\text{k}\Omega$，$r_{be1}=r_{be2}=2\text{k}\Omega$，$\beta_1=\beta_2=50$，$u_{s1}=0.05\text{V}$，$u_{s2}=0.03\text{V}$。在所示信号作用下，放大器的共模输出电压 $u_o=0.01\text{V}$，求放大器的差模放大倍数、共模放大倍数及共模抑制比。

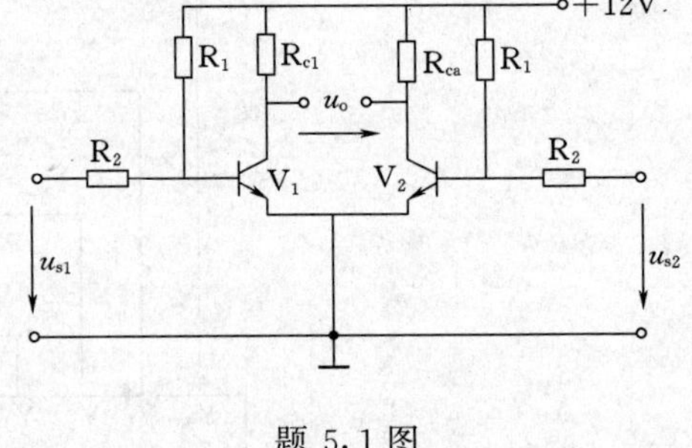

题5.1图

5.2　如题5.2图所示，电路参数完全对称，已知 $\beta_1=\beta_2=60$，$U_{BEQ1}=U_{BEQ2}=0.7\text{V}$，试求：

1. 电路的静态工作点；
2. 差模电压放大倍数 A_d；
3. 差模输入电阻 r_{id} 和差模输出电阻 r_{od}；
4. 共模抑制比 CMRR。

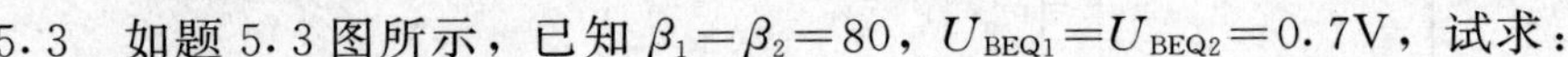

5.3　如题5.3图所示，已知 $\beta_1=\beta_2=80$，$U_{BEQ1}=U_{BEQ2}=0.7\text{V}$，试求：

1. 电路的静态工作点；
2. 差模电压放大倍数 A_d；
3. 差模输入电阻 r_{id} 和差模输出电阻 r_{od}。

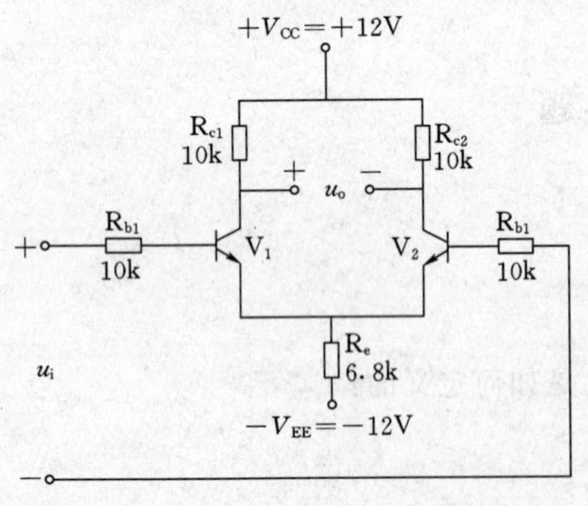

题5.2图

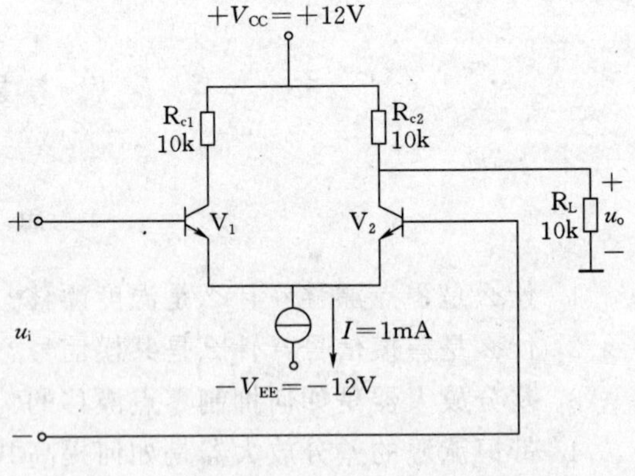

+VCC=+12V
Rc1 10k
Rc2 10k
RL 10k
uo
V1
V2
ui
I=1mA
−VEE=−12V

题5.3图

5.4　已知某运放的开环增益 A 为 80dB，最大输出电压 $u_{omax}=\pm10\text{V}$，输入信号按题5.4图所示的方式加入，设 $u_i=0$ 时，$u_o=0$，试问：

1. $u_i=0.5\text{mV}$ 时，$u_o=$ (　　　　)；
2. $u_i=-1\text{mV}$ 时，$u_o=$ (　　　　)；

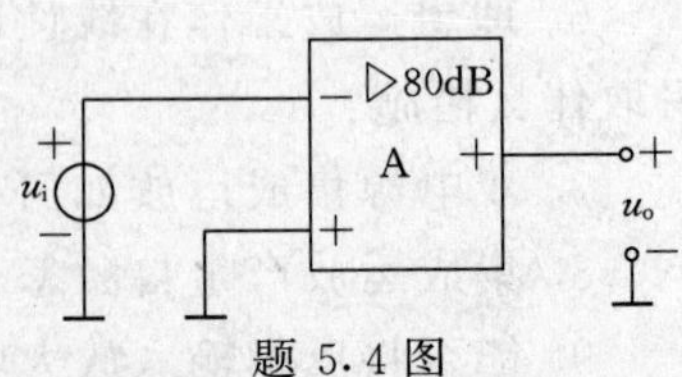

题5.4图

3. $u_i=1.5\text{mV}$ 时，$u_o=$（　　　　）。

5.5　差分放大电路如题5.5图所示。试回答：

1. 静态时，两个三极管的集电极电流的关系如何？（$I_{CQ1}=I_{CQ2}$；$I_{CQ1}>I_{CQ2}$；$I_{CQ1}<I_{CQ2}$）

2. 加入差模信号时，两个三极管的集电极电流关系如何？（$I_{CQ1}=I_{CQ2}$；$i_{C1}=i_{C2}$；$i_{C1}\neq i_{C2}$）

3. 加入共模信号时，两个三极管的集电极电流关系如何？（$i_{C1}=i_{C2}$；$i_{C1}>i_{C2}$；$i_{C1}<i_{C2}$）

4. 静态时，当温度增加时，两个三极管的集电极电流如何变化？

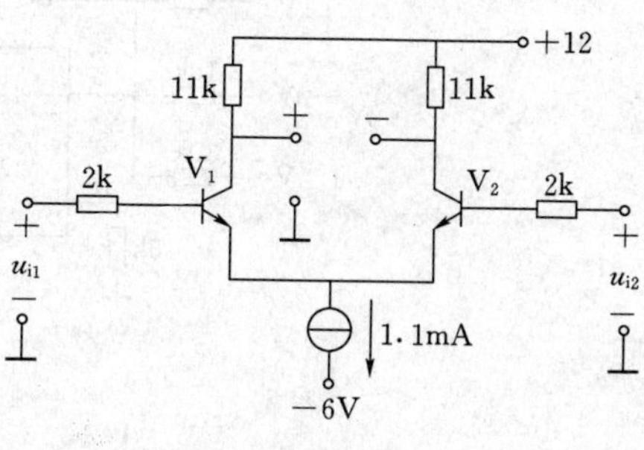

题5.5图

5.6　由理想运放构成的电路如题5.6图所示。试计算输出电压 u_o 的值。

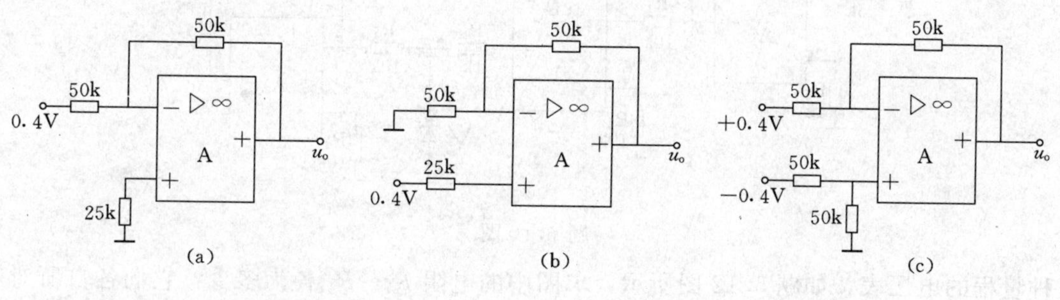

题5.6图

5.7　电路如题5.7图所示，已知 $R_1=2\text{k}\Omega$，$R_f=12\text{k}\Omega$，$R_3=18\text{k}\Omega$，$u_i=1\text{V}$，求 u_o 的值。

5.8　电路如题5.8图所示，已知 $R_f=5R_1$，$u_i=10\text{V}$，求 u_o 的值。

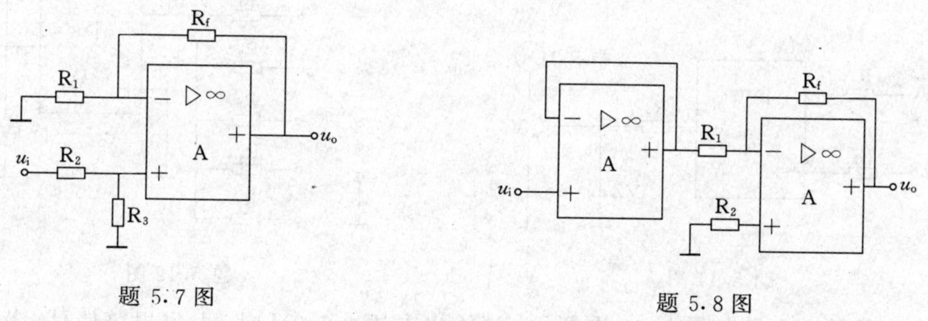

题5.7图　　　　题5.8图

5.9　电路如题5.9图所示，试分别求出各电路输出电压 u_o 的值。

5.10　电路如题5.10图所示，双向稳压管的 $U_z=\pm6\text{V}$，输入电压为 $u_i=0.5\sin\omega t$（V）。试画出 u_{o1}、u_{o2}、u_o 的波形，并指出集成运放的工作状态。

5.11　题5.11图示电路为监控报警装置，U_{REF} 为参考电压，u_i 为被监控传感器送来的控制信号，当 u_i 超过正常值时，指示灯亮报警，请说明其工作原理及图中的稳压二极管VZ和电阻 R_3 起何作用？

5.12　运用集成运放，可将量程为5V的电压表，制成量程为0.5V、1V、5V、10V、50V

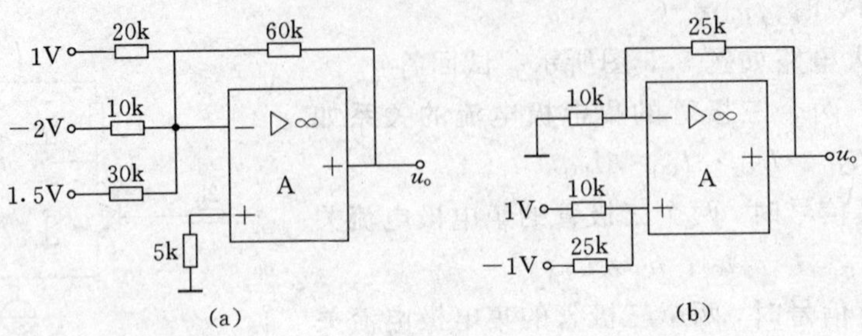

题 5.9 图

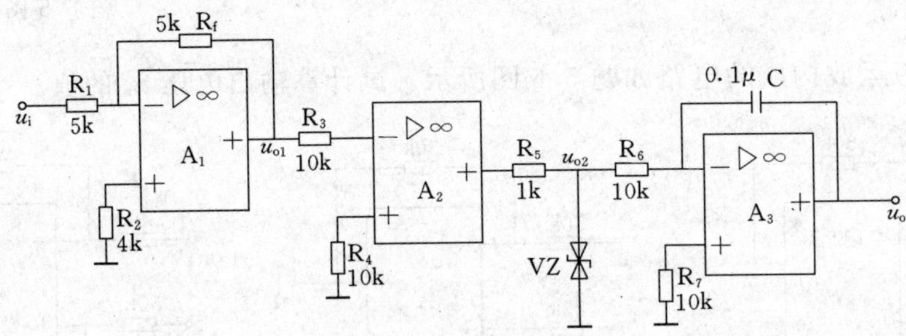

题 5.10 图

等五种量程的电压表，如题 5.12 图所示，求图中的电阻 $R_1 \sim R_5$ 各为多少？它们各自所对应的量程是多少？

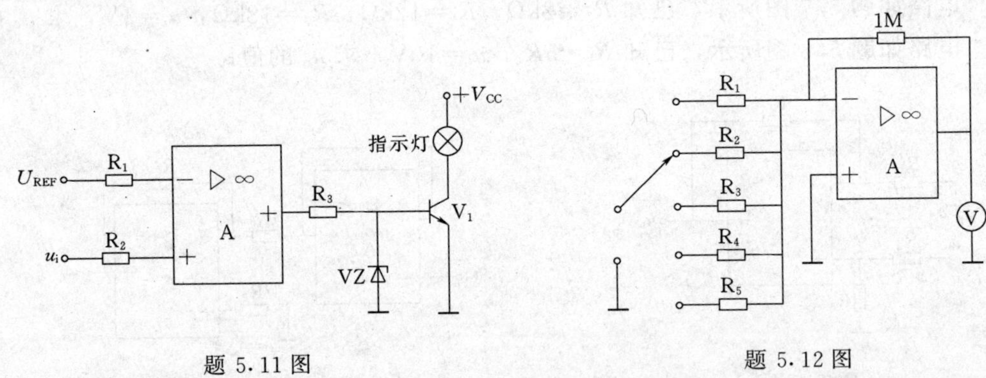

题 5.11 图　　　　题 5.12 图

5.13　报警驱动电路如题 5.13 图所示，当输出电压 $u_o \geqslant 3V$ 时，发出报警信号。若 $u_{i1}=2V$，$u_{i2}=-4V$，则 u_{i3} 多大时该电路发出报警信号？

5.14　说明题 5.14 图中 A_1、A_2 各组成什么运算电路，写出 u_o 与各输入电压的运算关系式，并确定电阻 R 的取值。

5.15　电路如题 5.15 图所示，说明运放 A_1、A_2、A_3、A_4 各组成什么运算电路，并写出 u_{o1}、u_{o2}、u_{o3} 和 u_{o4} 与 u_{i1}、u_{i2}、u_{i3} 的关系式。

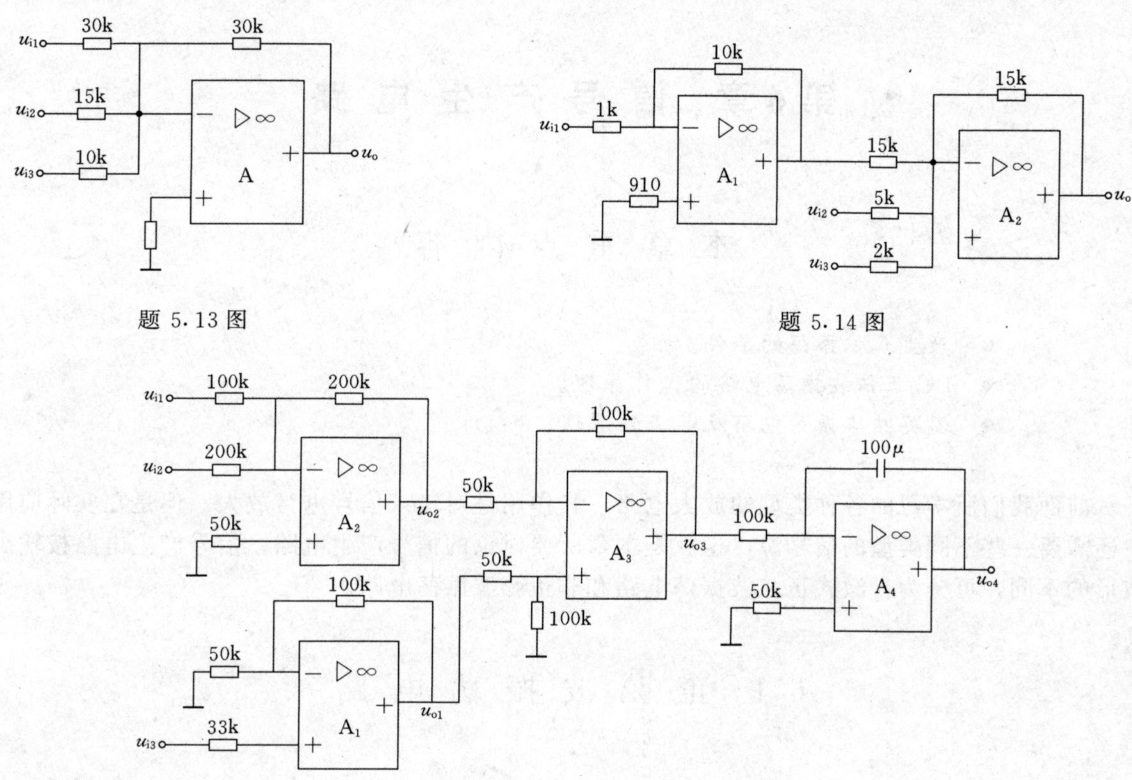

题 5.13 图

题 5.14 图

题 5.15 图

第6章　信号产生电路

本章重点内容

- 产生正弦振荡的条件。
- LC正弦波振荡电路的工作原理。
- 石英晶体振荡电路及其工作原理。

前面我们所学习的各种类型的放大电路，其作用是对输入信号进行放大。但是在实际应用中还需要一些不同类型的信号源，这就是本章所要讨论的信号产生电路。信号产生电路按输出波形的不同，可分为自激式正弦波振荡电路和非正弦波振荡电路。

6.1　正弦波振荡电路

6.1.1　自激式正弦波振荡电路与反馈放大器的异同

能自行产生正弦波输出的电路称为自激式正弦波振荡电路，或正弦波振荡器、正弦波发生器，它与反馈放大电路的主要异同点如下。

1. 相同点

自激式正弦波振荡电路与反馈放大器的相同点是均引入了反馈。

2. 不同点

（1）自激式正弦波振荡电路用来产生稳定的输出信号；反馈放大电路用来放大信号，工作任务不同。

（2）自激式正弦波振荡电路没有外部信号输入；反馈放大电路有待放大的信号输入。

（3）正弦波振荡电路中引入的是正反馈；反馈放大电路中一般引入负反馈，以改善性能。

（4）正弦波振荡电路的振荡也不同于负反馈放大电路的自激振荡。前者是依靠外部接入的正反馈网络产生振荡；后者是放大电路的附加相移使负反馈变成正反馈而产生振荡。

6.1.2　自激式振荡电路的组成及产生和稳定振幅的条件

由反馈放大器与自激式正弦波振荡电路的异同点可知：要产生振荡，其电路必须由以下几部分组成。

1. 放大环节

放大环节由放大电路组成。

2. 正反馈网络

正反馈网络供给维持振荡的能量，必需满足下列条件。

（1）振幅平衡条件：$AF \geqslant 1$

（2）相位平衡条件：$\varphi_A + \varphi_B = 2n\pi$（$n$=1、2、3…）

3. 稳幅环节

稳幅环节产生稳定的信号输出，条件$|AF|=1$。

4. 选频网络

选频网络选出振荡器产生维持振荡所需要的信号频率。

正弦波振荡器电路根据选频网络元件的不同，可分为LC振荡器、石英晶体振荡器及RC振荡电路。

6.2 LC振荡电路

LC振荡电路分为变压器反馈式LC振荡电路、电感三点式LC振荡电路、电容三点式LC振荡电路，用来产生几兆赫以上的高、中频信号。

6.2.1 变压器反馈式振荡电路

6.2.1.1 电路的组成

变压器反馈式LC振荡电路如图6.1所示。

由R_{b1}、R_{b2}、R_e组成的偏置电路使三极管工作在放大状态。集电极直流电流是通过线圈L_1接入的，L_2是正反馈线圈，L_3接负载电阻，C_1是耦合电容，C_e是射极旁路电容。由图可以看出，晶体管与电路中其他元件组成共发射极放大电路，LC并联网络作为选频电路接在晶体管集电极回路中，反馈信号是通过变压器线圈L_1和L_3间的互感耦合，由反馈网络L_2送到输入端的。

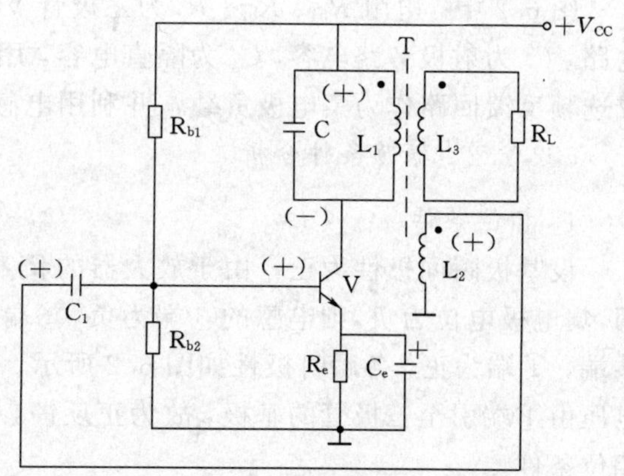

图6.1 变压器反馈式正弦波振荡电路

6.2.1.2 振荡条件

1. 相位平衡条件

为满足相位平衡条件，变压器的初、次级之间同名端必须正确连接。如图6.1所示，设某一瞬间基极对地信号电压为正极性“+”，由于共射电路的倒相作用，集电极的瞬时极性为“−”，即$\varphi_A = 180°$。

当频率$f = f_0$时：LC回路的谐振阻抗是纯电阻性，由图中L_1及L_2的同名端可知，反馈信号与输出电压极性相反，即$\varphi_B = 180°$。于是$\varphi_A + \varphi_B = 360°$，保证了电路的正反馈，满足振荡的相位条件。

当频率 $f \neq f_0$ 时：LC 回路的阻抗不是纯电阻性，而是感性或容性阻抗，此时 LC 回路对信号会产生附加相移，造成 $\varphi \neq 180°$，那么 $\varphi_A + \varphi_B \neq 360°$，不能满足相位平衡条件，电路也不可能产生振荡。由此可见，LC 振荡电路只有在 $f = f_0$ 这个频率上，才有可能产生振荡。

2. 振幅条件

为了满足振幅平衡条件 $AF \geqslant 1$，对晶体管的 β 值有一定要求，一般只要 β 值较大，就能满足振幅平衡条件，反馈线圈匝数越多，耦合越强，电路越容易起振。

6.2.1.3 电路振荡频率

振荡频率可由 LC 并联回路的固有频率 f_0 来确定，即

$$f \approx f_0 = \frac{1}{2\pi\sqrt{LC}} \tag{6.1}$$

6.2.1.4 电路优缺点

(1) 易起振，输出电压较大。由于采用变压器耦合，易满足阻抗匹配的要求。

(2) 调频方便，一般在 LC 回路中采用接入可变电容器的方法来实现，调频范围较宽，工作频率通常在几兆赫左右。

(3) 输出波形不理想。由于反馈电压取自电感两端，它对高次谐波的阻抗大，反馈也强，因此在输出波形中含有较多高次谐波成分。

6.2.2 电感三点式 LC 振荡器

6.2.2.1 电路的组成

图 6.2 所示的电路是电感三点式 LC 振荡电路，又称哈特莱振荡电路。

图 6.2 中，电阻 R_{b1}、R_{b2}、R_e 为三极管 V 的直流偏置电阻，它与三极管 V 组成共射极放大电路，C_e 为射极旁路电容，C_1 为隔直电容，用以防止电源 $+V_{CC}$ 经 L_2 与基极相通，L_1、L_2、C 组成选频反馈回路作为集电极负载，并利用电感 L_2 将谐振电压反馈回基极。

6.2.2.2 振荡条件分析

1. 相位条件

设基极瞬间极性为正，由于放大器的倒相作用，集电极电位为负，则电感的③端为负，②端为公共端，①端为正，各瞬时极性如图 6.2 所示。反馈电压由①端引至三极管的基极，故为正反馈，满足相位条件。

2. 幅度条件

从图 6.2 可以看出，反馈电压取自电压 L_2 的两端，并通过 C_1 耦合后加到晶体管的 b、e 间，所以改变线圈抽头的位置，即改变 L_2 的大小，就可以调节反馈电压的大小，当满足 $|AF|>1$ 时，电路便可起振。

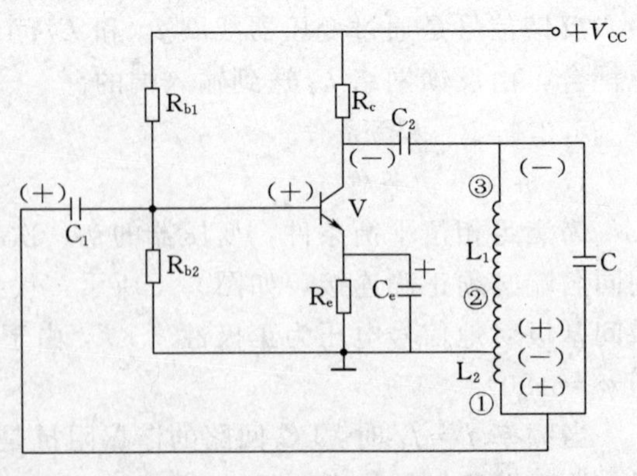

图 6.2 电感三点式 LC 振荡电路

6.2.2.3　振荡频率

$$f_0 = \frac{1}{2\pi\sqrt{LC}} = \frac{1}{\sqrt{(L_1 + L_2 + 2M)C}} \tag{6.2}$$

上式中，L_1+L_2+2M 为 LC 回路的总电感，M 为 L_1 和 L_2 的互感耦合系数。

6.2.2.4　电路的优缺点

（1）由于 L_1 和 L_2 之间的耦合很紧，故电路易起振，输出幅度大。

（2）调频方便，电容 C 若采用可变电容器，就能获得较大的频率调节范围。

（3）由于反馈电压取自电压 L_2 的两端，它对高次谐波的阻抗大，反馈也强，因此在输出波形中含有较多的高次谐波成分，输出波形不理想。

6.2.3　电容三点式振荡电路

电容三点式 LC 振荡电路又称考毕兹振荡电路，它也是应用十分广泛的一种正弦波振荡电路，电路的基本组成与电感三点式类似，只要将电感三点式电路中的电感 L_1、L_2 分别用电容 C_1、C_2 代替，而在电容的位置接入电感 L，就构成了电容三点式 LC 振荡电路，具体电路如图 6.3 所示。

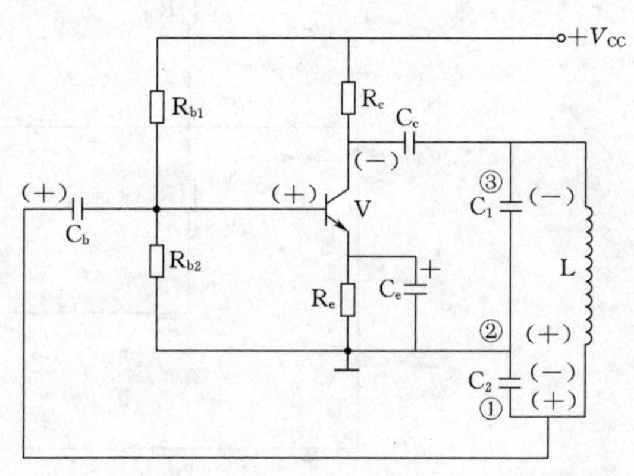

图 6.3　电容三点式振荡器

从图中可以看出。R_{b1}、R_{b2}、R_c 构成三极管 V 的直流偏置，它与三极管 V 组成共射极放大电路，C_c 隔直电容，C_e 为射极旁路电容，R_c 为晶体管集电极电阻，电源 $+V_{CC}$ 通过 R_c 构成直流通路，其阻值不可太小，否则会增大振荡回路损耗，使品质因数 Q 值下降。L、C_1、C_2 组成选频反馈回路作为集电极负载，并利用电容 C_2 将谐振电压的一部分通过 C_b 反馈到 V 的基极。

1．相位条件

与分析电感三点式振荡电路的相位分析方法相同，该电路也满足相位平衡条件（这里分析从略）。

2．幅度条件

由图 6.3 的电路可以看出，反馈电压取自电容 C_2 两端，所以适当地选择 C_1、C_2 的数值，并使放大器有足够的放大倍数，电路便可起振。

3．振荡频率

振荡频率为

$$f_0 = \frac{1}{2\pi\sqrt{LC}} \tag{6.3}$$

其中 C 是谐振电路的总电容。

$$C = \frac{C_1 C_2}{C_1 + C_2}$$

4．电路的优、缺点

（1）容易起振，振荡频率高，可达 100MHz 以上。

（2）输出波形较好。这是由于 C_2 对高次谐波的阻抗小，反馈电路中的谐波成分少，故振荡波形较好。

（3）调节频率不方便。因为 C_1、C_2 的大小既与振荡频率有关，也与反馈量有关，改变 C_1（或 C_2）时会影响反馈系数，从而影响反馈电压的大小，造成工作性能不稳定。

6.2.4　串联改进型电容三点式 LC 振荡电路

串联改进型电容三点式 LC 振荡电路又称克拉泼振荡电路，如图 6.4 所示。

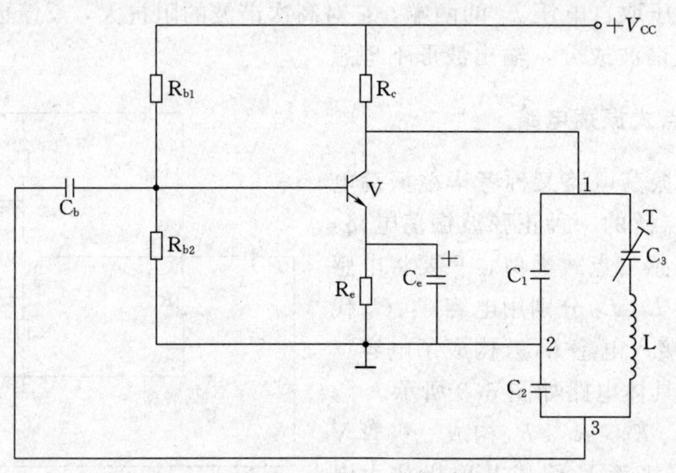

图 6.4　克拉泼振荡电路

克拉泼振荡电路的特点是在电感支路中接入了电容 C_3，它的容量要比 C_1、C_2 小得多，因此回路中的总电容主要由 C_3 来决定，振荡频率为：

$$f = f_0 = \frac{1}{2\pi\sqrt{LC_\Sigma}} \tag{6.4}$$

式中 C_Σ 为回路总电容。

当 $C_3 \ll C_1$，$C_\Sigma \approx C_3$ 时

$$\frac{1}{C_\Sigma} = \frac{1}{C_1} + \frac{1}{C_2} + \frac{1}{C_3}$$

由上式可知，调节 C_3，就可以改变振荡频率。由于 C_1、C_2 与振荡频率基本无关，所以反馈系数和频率互不影响，因此，克拉泼电路较好地解决了一般电容三点式（考比兹电路）中存在的反馈系数与频率调节之间的矛盾。此外，克拉泼电路更大的优点是提高了频率稳定度，振荡频率主要由 C_1 决定，因此，极间电容对振荡频率的影响可忽略不计。

6.3　石英晶体振荡电路

大家知道，石英钟具有计时准确、精度高等特点，这是因为石英钟内有个“电子摆”——

石英晶体振荡器，简称为“晶振”。和一般的LC振荡器比较，晶振具有极高的频率稳定度，其$\Delta f/f_0$值可达10^{-9}～10^{-11}，而LC振荡器却只有10^{-5}。“晶振”除用于钟表外，还广泛用于标准频率发生器、脉冲计数器及计算机中的时钟信号发生器等精密设备中。

6.3.1 石英晶体的谐振特性与等效电路

石英晶体谐振器是从一块石英晶体上按确定的方位角切下的薄片，这种晶体可以是正方形、矩形或圆形、音叉形的，然后将晶片的两个对应表面上涂敷银层，并装上一对金属板，接出引线，封装于金属壳内。

为什么石英晶体可作为一个谐振回路，而且具有极高的频率稳定度呢？这要从石英晶体的固有特性来进行分析。物理学的研究表明，当石英晶体受到交变电场作用时，即在两极板上加以交流电压，石英晶体便会产生机械振动。反过来，若对石英晶体施加周期性机械力，使其发生振动，则又会在晶体表面出现相应的交变电场，即在极板上有交变电压。当外加电场和频率等于晶体固有频率时，便会产生“机—电共振”，振幅明显加大，这种现象称为压电谐振。它与LC回路的谐振现象十分相似，

压电谐振的固有频率与石英晶体的外形尺寸及切割方式有关。从电路上分析，石英晶体可以等效为一个LC电路，把它接到振荡器上便可作为选频环节应用。

图6.5所示为石英晶体的等效电路及其在电路中的符号。

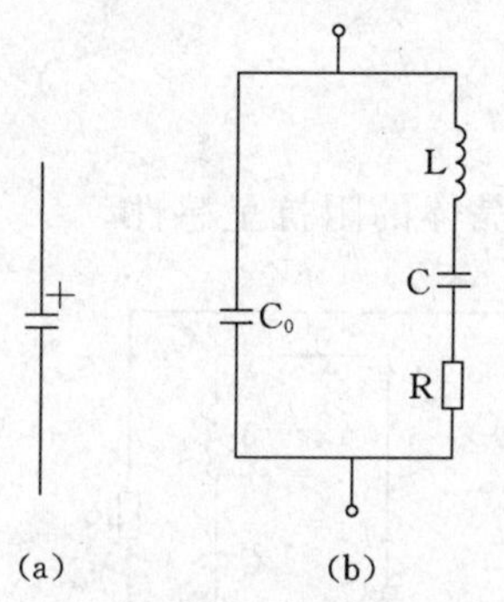

图6.5 石英晶体的符号和等效电路
(a) 符号；(b) 等效电路

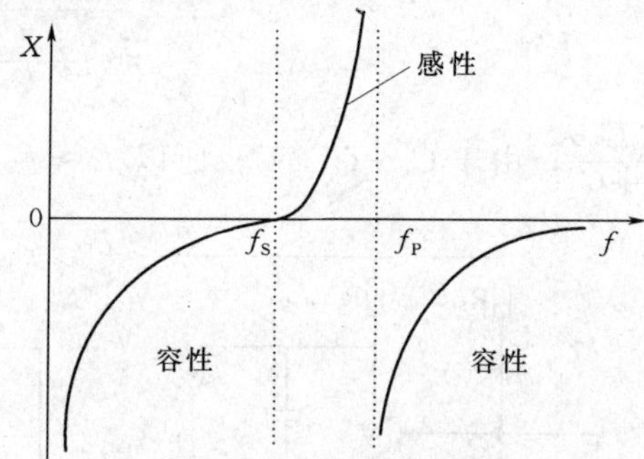

图6.6 石英晶体的电抗—频率特性

图中，C_0为两金属板间形成的静态电容，其容量由晶片的几何尺寸、介电常数及极板面积决定，一般为几皮法至几十皮法。L和C分别模拟晶体的惯性和弹性，一般L很大（百分之几亨到几百亨），而C很小（小于$0.1\mu F$），R模拟晶片振动时因磨擦而形成的损耗，其值也很小，因此，等效LC回路的品质因数Q值很大，可达10^4～10^6，加上晶片本身的谐振频率可以做得很精确，所以利用石英谐振器组成的正弦波振荡电路，可以获得很高的频率稳定度。

图6.6为石英晶体谐振器的电抗—频率特性。

由图6.6可知，它具有两个频率，一个是L、C、R支路发生串联谐振时的串联谐振频率f_S，另一个是L、C、R支路与C_0支路发生并联谐振时的并联谐振频率f_P，由图6.5所示的等效电路得

$$f_S = \frac{1}{2\pi\sqrt{LC}} \tag{6.5}$$

$$f_P = \frac{1}{2\pi\sqrt{L\frac{CC_0}{C+C_0}}} \tag{6.6}$$

对于这两个频率，石英晶体在工作中，可能出现两个极端的阻抗。当出现串联谐振时，石英晶体两端的阻抗最小，且为纯阻性；当出现并联谐振时，石英晶体两端的阻抗最大，也为纯阻性。值得注意的是，由于 $C_0 \gg C$，所以不难看出，f_S 与 f_P 的数值是非常接近的。此外，从图 6.6 还可以看出，只有在 $f_S \sim f_P$ 的窄小的范围内，石英晶体呈现出的阻抗是感性的，而在其余高、低频 区域内，石英晶体的阻抗呈容性。

6.3.2 石英晶体振荡电路

常用的石英晶体振荡电路有并联型和串联型两种。

1. 并联型石英晶体振荡电路

并联型石英晶体振荡电路如图 6.7（a）所示。由图中可见，石英晶体取代了改进型电容三点式振荡电路中的 L、C 支路。其等效电路如图 6.7（b）所示，从电路 图可知，该电路的振荡频率为

$$f_0 = \frac{1}{2\pi\sqrt{L\frac{C(C_0+C')}{C+C_0+C'}}} \tag{6.7}$$

式中 $C'=\frac{C_1C_2}{C_1+C_2}$，由于 $C_0+C' \gg C$，所以 $f_0 \approx f_S$，此时石英晶体的阻抗呈感性。

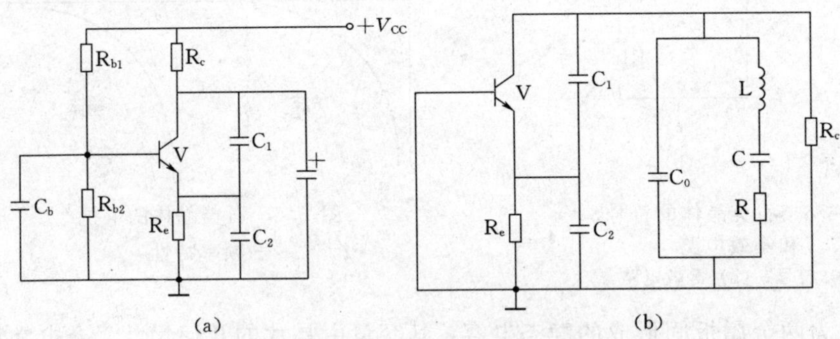

图 6.7 并联型石英晶体正弦波振荡电路

（a）实际电路；（b）石英晶体等效后的电路

2. 串联型石英晶体振荡电路

串联型石英晶体振荡电路，是利用石英晶体在串联谐振频率 f_1 处阻抗最小的特性工作的。它用石英晶体作为反馈元件来组成振荡器。

如图 6.8 所示，是一个串联型石英晶体振荡电路。第一级为共射极电路，第二级为共集电极电路，石英晶振为两级间的反馈。下面用瞬时极性法，判别该电路是否满足相位平衡条件。

假设 V_1 基极所加信号瞬时极性为正，则集电极为负；故 V_2 基极也为负，发射极输出极性也为负；经石英晶振反馈支路（对频率 f_1 的信号呈纯阻）反馈至 V_1 发射极，仍为负，使 V_1 的净输入信号 $u_{be}=u_i+u_f$ 被加强，因而形成了正反馈。

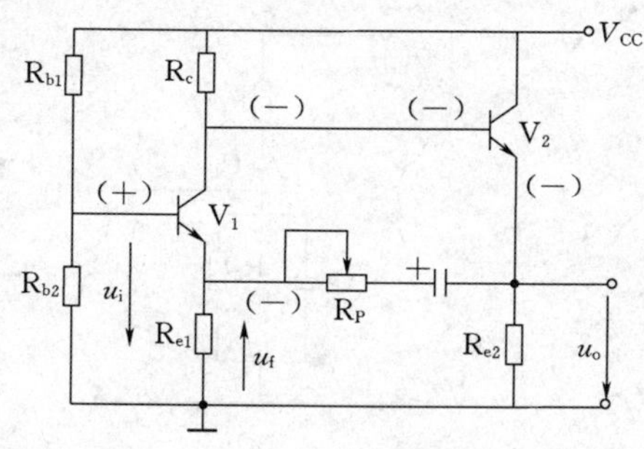

图 6.8 串联石英晶体振荡电路

该振荡器的频率即为石英晶振的串联谐振频率。

适当调节 R_P 的阻值可改变反馈量的大小，使电路既满足振幅平衡条件，又不致因反馈过强而使输出波形失真。

*6.4 RC 正弦波振荡电路

常见的RC振荡电路有RC串并联振荡电路(又称文氏电桥振荡电路)和RC移相振荡电路，它们多用于产生频率在几赫到几百赫的低频信号。在该振荡电路中，由于该振荡电路中的RC串并联网络是用来作选频和反馈网络，所以，在分析其振荡电路工作原理之前，有必要了解RC串并联网络的选频特性。

6.4.1 RC 串并联网络的选频特性

图 6.9 (a) 为 RC 串并联网络的结构。其选频原理可定性分析如下：

当信号频率足够低时，$\frac{1}{\omega C_1}\gg R_1$，$\frac{1}{\omega C_2}\gg R_2$ 可得到近似的低频等效电路如图 6.9 (b) 所示，它是一个超前网络。输出电压 $\dot{U}_2$ 相位超前输入电压 $\dot{U}_1$。

当信号频率足够高时，$\frac{1}{\omega C_1}\ll R_1$，$\frac{1}{\omega C_2}\ll R_2$，可得近似的低频等效电路，如图 6.9 (c) 所示。它是一个超前网络。输出电压 $\dot{U}_2$ 相位落后输入电压 $\dot{U}_1$。

因此可以断定，在高频与低频之间存在一个频率 f_0，其相位不是超前也不是落后，输出电压 $\dot{U}_2$与输入电压 $\dot{U}_1$ 相位一致。这就是 RC 串并联网络的选频特性。

6.4.2 RC 串并联网络的频率特性

由图 6.9 (a) 可得

$$\frac{\dot{U}_2}{\dot{U}_1}=\frac{1}{\left(1+\frac{c_2}{c_1}+\frac{R_1}{R_2}\right)+\mathrm{j}\left(\omega R_1c_2-\frac{1}{\omega R_2c_1}\right)}$$

$$=\frac{\frac{R_2}{1+\mathrm{j}\omega R_2C_2}}{R_1+\frac{1}{\mathrm{j}\omega c_1}+\frac{R_2}{1+\mathrm{j}\omega R_2C_2}}$$

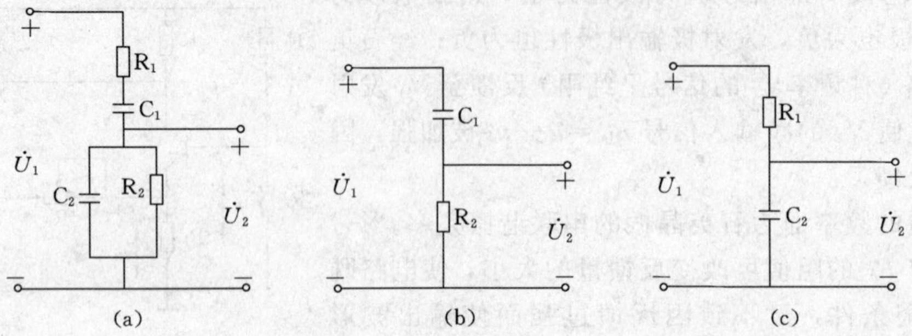

图 6.9 RC 串并联网络及其高低频等效电路

(a) RC 串并联电路；(b) 低频等效电路；(c) 高频等效电路

整理后得

$$\frac{\dot{U}_2}{\dot{U}_1}=\frac{R_2 /\!/ \frac{1}{\mathrm{j}\omega c_2}}{\left(R_1+\frac{1}{\mathrm{j}\omega c_1}\right)+R_2 /\!/ \frac{1}{\mathrm{j}\omega c_2}} \tag{6.8}$$

通常取 $R_1=R_2=R$，$C_1=C_2=C$，则

$$\frac{\dot{U}_2}{\dot{U}_1}=\frac{1}{3+\mathrm{j}\left(\frac{\omega}{\omega_0}-\frac{\omega_0}{\omega}\right)} \tag{6.9}$$

其中

$$\omega_0=\frac{1}{RC}$$

即

$$f_0=\frac{1}{2\pi RC} \tag{6.10}$$

式 (6.9) 所表示的幅频为

$$\left|\frac{\dot{U}_2}{\dot{U}_1}\right|=\frac{1}{\sqrt{3^2+\left(\frac{\omega}{\omega_0}-\frac{\omega_0}{\omega}\right)^2}} \tag{6.11}$$

相频特性为

$$\varphi=-\arctan\frac{1}{3}\left(\frac{\omega}{\omega_0}-\frac{\omega_0}{\omega}\right) \tag{6.12}$$

其频率特性如图 6.10 所示。

可见，当 $\omega=\omega_0=\frac{1}{RC}$时，$\left|\frac{\dot{U}_2}{\dot{U}_1}\right|$

达到最大值，而相移 $\varphi=0$。

6.4.3 桥式振荡电路

RC 桥式振荡电路如图 6.11 所示。

在图 6.11 中，集成运放组成一个同相放大器。它的输出电压 u_o 作为 RC 串并联网络的输入电压，而将 RC 串并联网络的输出电压作为放大器的输入电压，当 $f=f_0$ 时，RC 串并联网络的

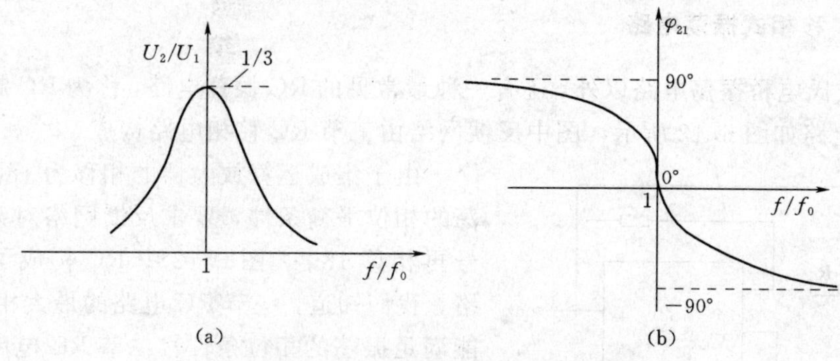

图 6.10　RC 串并联网络的幅频特性
(a) 幅度特性；(b) 频率特性

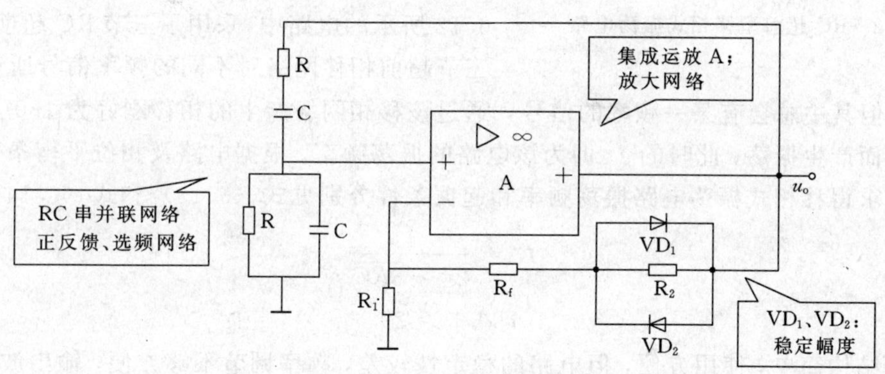

图 6.11　RC 桥式正弦波振荡电路

相位移为零，放大器是同相放大，电路的总相移是零，满足相位平衡条件，而对于其他频率的信号，RC 串并联网络的相位移不为零，不满足相位平衡条件。由于串并联网络在 $f=f_0$ 时的传输系数 $F=1/3$，因此要求放大器的总电压增益 A_u 应大于 3，这对于集成运放组成的同相放大器来说是很容易满足的。由 R_1、R_f、VD_1、VD_2 及 R_2 构成负反馈支路，它与集成运放形成一同相输入比例运算放大器，则总电压增益为

$$A_u = 1 + \frac{R_f}{R_1}$$

只要适当选择 R_f 与 R_1 的比值，就能实现 $A_u>3$ 的要求，其中，VD_1、VD_2 和 R_2 是实现自动稳幅的限幅电路。VD_1、VD_2 反向并联再与电阻 R_2 并联，然后串接在负反馈支路中，不论在振荡的正半周或负半周，两只二极管总有一只处于正向导通状态。当振荡幅度增大时，二极管的正向导通电阻减小，放大电路的增益下降，限制了输出幅度的增大，起到了自动稳幅的作用。

由集成运算放大器构成的 RC 桥式振荡电路，具有性能稳定、电路简单等优点。其振荡频率由 RC 串并联正反馈选频网络的参数决定，即

$$f_0 = \frac{1}{2\pi RC}$$

6.4.4 RC 移相式振荡电路

除了 RC 文氏电桥振荡电路以外，还有一种最常见的 RC 振荡电路，称为 RC 超前型移相式振荡电路，其电路如图 6.12 所示，图中反馈网络由三节 RC 移相电路构成。

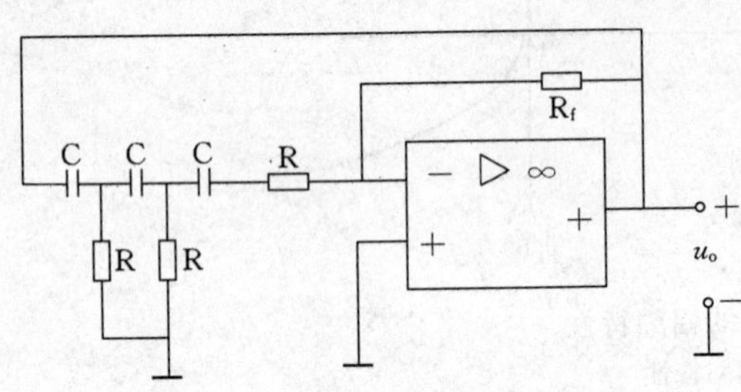

图 6.12 RC 超前型移相式振荡电路

由于集成运算放大器的相移为 180°，为满足振荡的相位平衡条件，要求反馈网络对某一频率的信号再相移 180°，图 6.12 中 RC 构成了超前相移网络。我们知道，一节 RC 电路的最大相移为 90°，不能满足振荡的相位条件；二节 RC 电路的最大相移可以达到 180°，但当相移等于 180°时，输出电压已接近于零，故不能满足起振的振幅条件。为此，在图 6.12 所示的电路中，采用了三节 RC 超前相移网络。三节超前相移网络对不同的频率信号所产生的相移是不同的，但其中总会有某一频率的信号，通过该移相网络产生的相移刚好为 180°，满足其相位平衡条件而产生振荡，此时的 f_0 即为该电路的振荡频率。根据电路及相位平衡条件和幅度平衡条件，可求得移相式振荡电路振荡频率和起振条件分别见式（6.13）和式（6.14）。

$$f_0 = \frac{1}{2\pi\sqrt{6}RC} \tag{6.13}$$

$$|A_u| > 29 \tag{6.14}$$

该电路结构简单，使用方便，但电路的稳定性较差，频率调节不够方便，输出波形较差，一般仅用于稳定性要求不高的场合。

*6.5 非正弦波产生电路

在数字电路和电子仪器及设备中，经常需要一些非正弦波，本节主要介绍常用的矩形波、三角波及锯齿波信号产生电路。

6.5.1 矩形波产生电路

图 6.13 所示是一种能产生矩形波的基本电路，也称为方波振荡器。由图可见，它是在滞回比较器的基础上，增加一条 RC 充、放电负反馈支路构成的。

1. 工作原理

在图 6.13(a) 中，电容 C 上的电压加在集成运放的反相端，集成运放工作在非线性区，输出只有两个值：$+U_Z$ 和 $-U_Z$。

设在刚接通电源时，电容 C 上的电压为零，输出为正饱和电压 $+U_Z$，同相端的电压为

$$\frac{R_2}{R_1 + R_2}U_Z$$

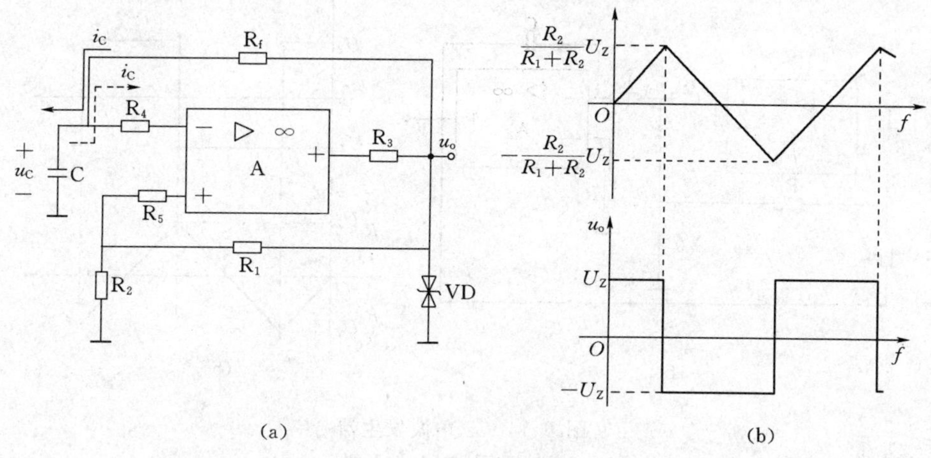

图 6.13 矩形波发生电路及其波形

(a) 电路；(b) 波形

电容 C 在输出电压 $+U_Z$ 的作用下开始充电，充电电流 i_C，如图 6.13（a）的实线所示。当充电电压 u_C 升至

$$\frac{R_2}{R_1+R_2}U_Z$$

值时，由于运放输入端 $u_- > u_+$，于是电路翻转，输出电压由 $+U_Z$ 翻至 $-U_Z$，同相端电压变为

$$-\frac{R_2}{R_1+R_2}U_Z$$

电容 C 开始放电，u_C 下降，放电电流 i_C 如图 6.13（a）的虚线所示。

当电容电压 u_C 降至

$$-\frac{R_2}{R_1+R_2}U_Z$$

时，由于 $u_- < u_+$，于是输出电压又翻转到 $u_o = +U_Z$ 值。如此周而复始，在集成运放的输出端便得到如图 6.13（b）所示的输出电压波形。

2. 振荡频率及其调节

电路输出的矩形波电压的周期 T 取决于充、放电的 RC 时间常数，可以证明其周期为

$$T = 2.2\pi RC$$

则振荡频率为

$$f = \frac{1}{2.2\pi RC} \tag{6.15}$$

改变 RC 的值可以调节矩形波的振荡频率。

6.5.2 三角波发生器

三角波发生器的基本电路如图 6.14（a）所示。

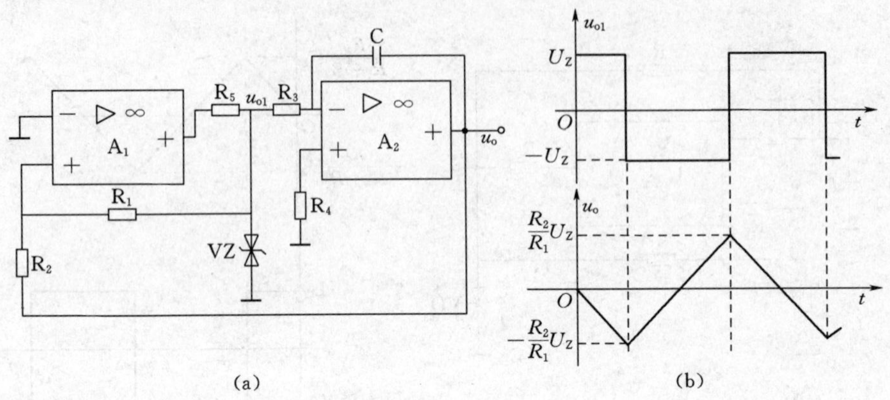

图 6.14 三角波发生器

(a) 电路图；(b) 波形图

集成运放 A_2 构成一个积分器，集成运放 A_1 构成滞回电压比较器，其反相端接地，集成运放 A_1 同相端的电压由 u_o 和 u_{o1} 共同决定为

$$u_+ = u_{o1}\frac{R_2}{R_1+R_2} + u_o\frac{R_2}{R_1+R_2}$$

当 $u_+>0$ 时，$u_{o1}=+U_Z$；当 $u_+<0$ 时，$u_{o1}=-U_Z$。

在电源刚接通时，假设电容器的初始电压为零，集成运放 A_1 输出的电压为正饱和电压值 $+U_Z$，积分器输入为 $+U_Z$，电容器开始充电，输出电压 u_o 开始减小，u_+ 也开始减小，当减小到 $-\frac{R_2}{R_1}U_Z$ 时，u_+ 由正值变为零，滞回比较器 A_1 翻转，集成运放 A_1 的输出 $u_{o1}=-U_Z$。

当 $u_{o1}=-U_Z$ 时，积分器输入负电压，输出电压 u_o 开始增大，u_+ 也开始增大，当增大到 $\frac{R_2}{R_1}U_Z$ 时，u_+ 由负值变为零，滞回比较器 A_1 翻转，集成运放 A_1 的输出 $u_{o1}=+U_Z$。

此后，前述过程不断重复，便在 A_1 的输出端得到幅值为 U_Z 的矩形波，A_2 输出端得到三角波，可以证明其频率为

$$f = \frac{R_1}{4R_2R_3}C \tag{6.16}$$

可以通过改变 R_1、R_2、R_3 的值来改变电路的振荡频率。

我们也可以在积分器的输入端加电位器的方法来改变输出波形的频率，如图 6.15 所示。

调节电位器 R_P，使积分器的输入电压值变化，积分到一定电压所需要的时间也随之改变，因而改变了波形的频率，例如 R_P 的滑头上移，A_2 的被积电压增加，输出信号的频率增加。

6.5.3 锯齿波发生器

锯齿波发生器能够提供一个与时间成线性关系的电压或电流波形，这种信号在示波器和电视机的扫描电路以及许多数字仪表中得到广泛的应用。

在图 6.15 所示的三角波发生器电路中，输出的是等腰三角形，如果人为地使三角形两边不等，这样输出的波形就是锯齿波了，简单的锯齿波发生电路如图 6.16 所示。

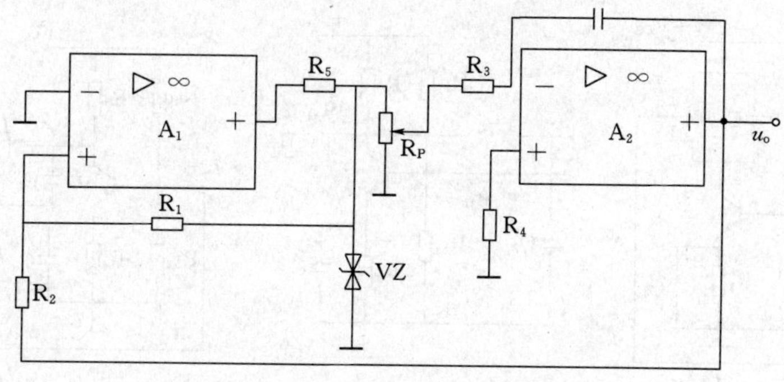

图 6.15　频率可调的三角波发生器

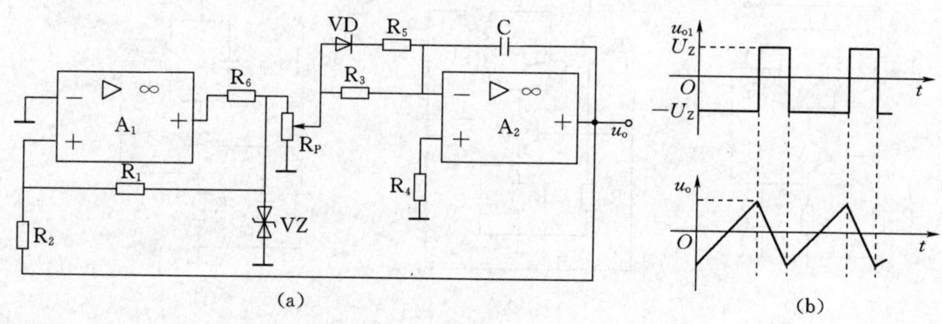

图 6.16　锯齿波发生器

(a) 电路；(b) 波形

锯齿波发生器的工作原理与三角波发生器电路基本相同，只是在集成运放 A_2 的反相输入电阻 R_3 上并联了由二极管 VD 和电阻 R_5 组成的支路，这样积分器正向和反向积分的速度明显不同，当 $u_{o1}=-U_Z$ 时，VD 反向截止，正向积分的时间常数为 R_3C，当 $u_{o1}=+U_Z$ 时，VD 正向导通，负向积分的时间常数为 $(R_3/\!/R_5)C$，若取 $R_5 \ll R_3$，则负向积分时间小于正向积分时间，形成如图 6.16（b）所示的锯齿波。

思考题与练习题

思　考　题

1. 产生自激式正弦波振荡的条件是什么？

2. “只要具有正反馈，就能产生自激振荡”，这一说法对吗？为什么？

3. 什么是石英晶体谐振器的压电谐振现象？画出石英晶体谐振器的等效电路和电抗频率特性。

4. 石英晶体在并联型和串联型晶体振荡电路中分别起什么作用？

5. 试分析思考题 5 图中各电路是否能产生正弦波振荡。如果能，说明其理由；如果不能，应

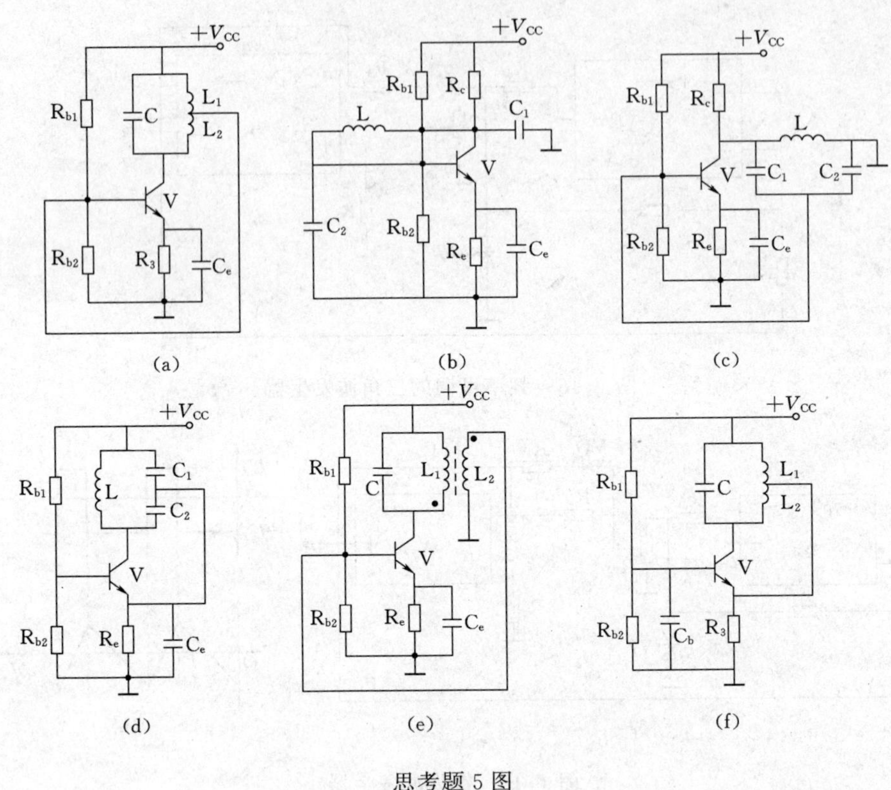

思考题 5 图

如何改正？

6. 文氏电桥振荡器的振荡频率决定于哪些因素？输出幅度决定于哪些因素？写出 f_0 和起振条件的表达式。

7. 根据需要选择振荡器类型。

(1) 频率校准器，要求频率稳定度达 10^{-8}。

(2) 实验室用信号发生器，频率范围为 20Hz～500kHz，且波形较好。

(3) 超外差收音机的本机振荡电路，振荡频率达 1～2.1MHz。

练 习 题

6.1 根据振荡的相位条件判别题 6.1 图中各电路能否振荡，并说明原因。

6.2 试标出题 6.2 图各电路中变压器的同名端，使之满足产生振荡的相位条件。

6.3 为什么 LC 并联回路具有选频特性？写出 LC 并联回路谐振频率表达式。

6.4 试在题 6.4 图中用连线连接 J、K、M 和 N 各点，使得该电路能产生振荡。

6.5 题 6.5 图 (a)、(b) 所示为 LC 三点式振荡器的原理电路，为满足相位平衡条件，试在运算放大器 A 的输入端标明括号内的极性。

6.6 题 6.6 图 (a)、(b) 所示为以集成运放为放大器件的振荡电路，图中的集成运放均为理想运放，C' 为隔直电容，试分析能否产生振荡。

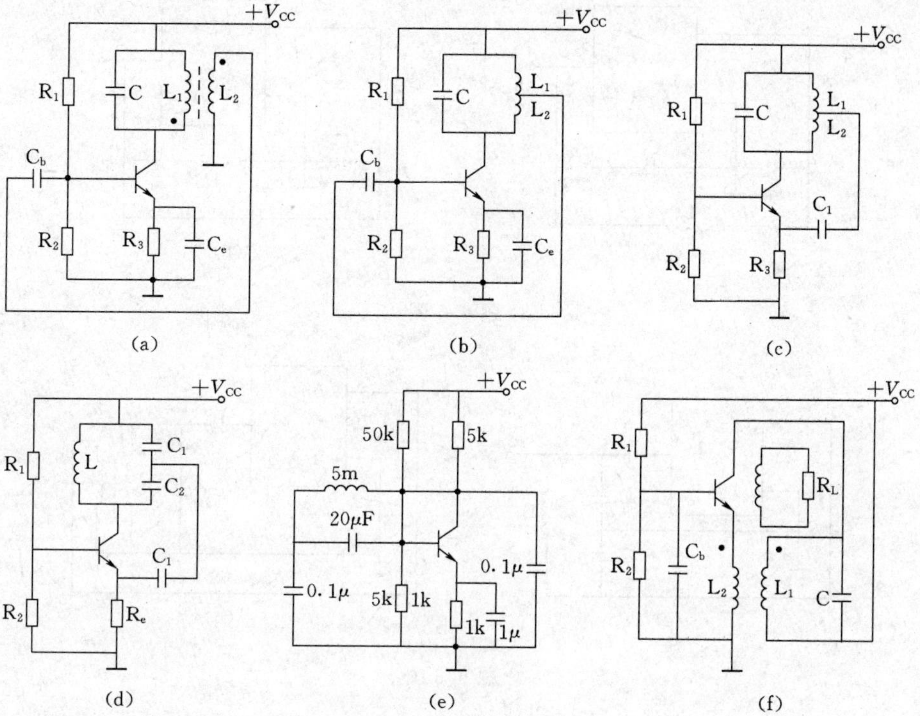

(a) (b) (c)

(d) (e) (f)

题 6.1 图

(a) (b) (c)

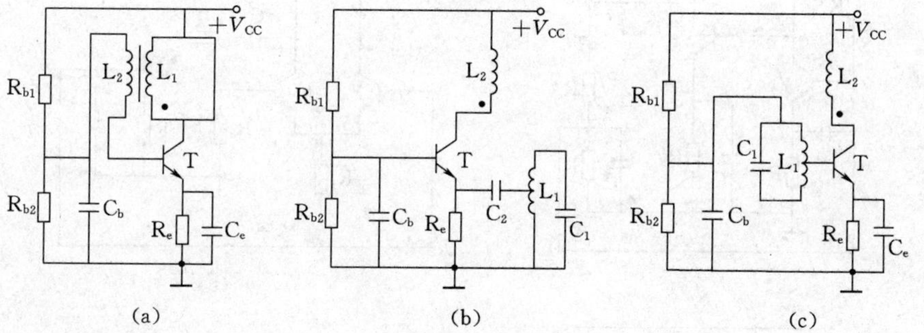

题 6.2 图

6.7 根据振荡的相位条件判别题 6.7 图中各电路是否能振荡。

6.8 在题 6.8 图中，$R_1=R_2=1\text{k}\Omega$，$C_1=C_2=0.02\mu\text{F}$，试求振荡频率。

6.9 某音频信号发生器的原理电路如题 6.9 图所示。

1. 分析电路的工作原理；

2. 若 R_P 从 $1\text{k}\Omega$ 调到 $10\text{k}\Omega$，计算电路振荡频率的调节范围。

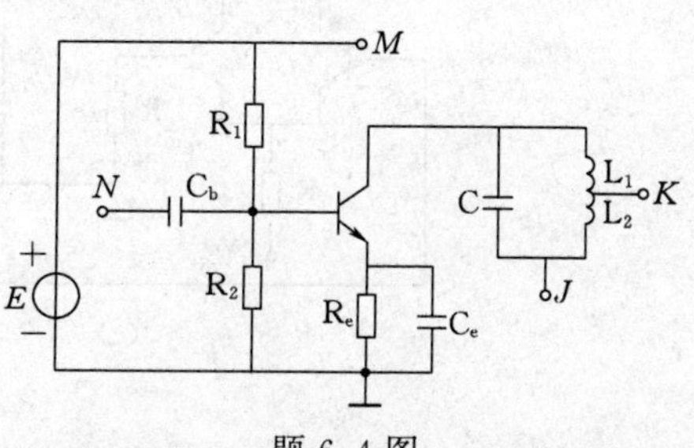

题 6.4 图

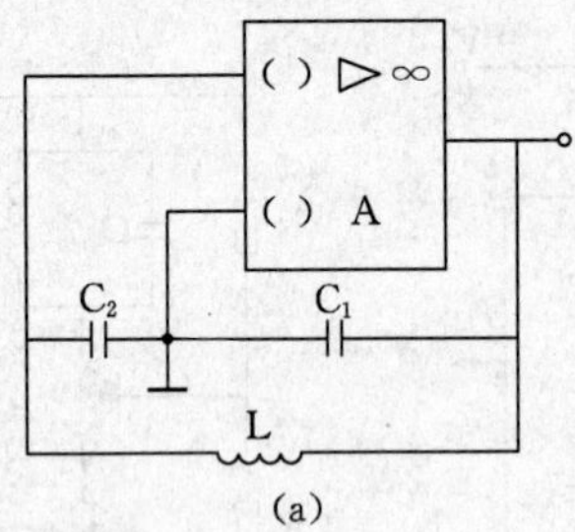

(a)

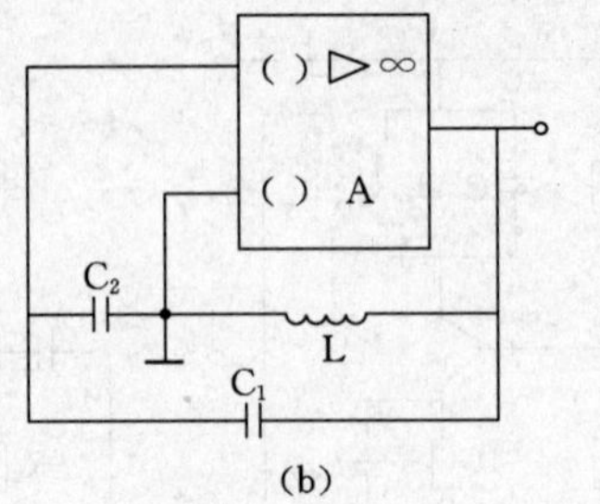

(b)

题 6.5 图

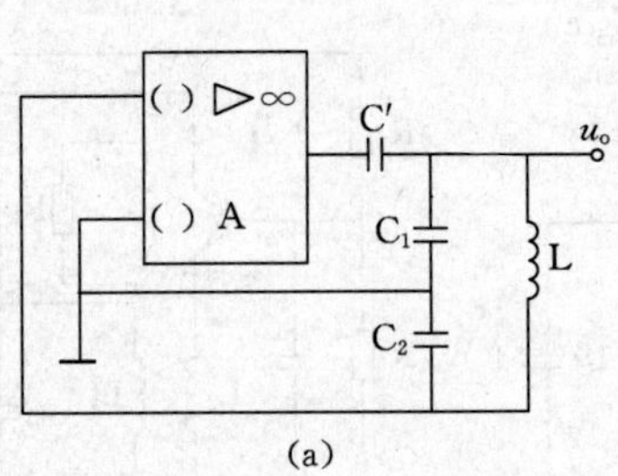

(a)

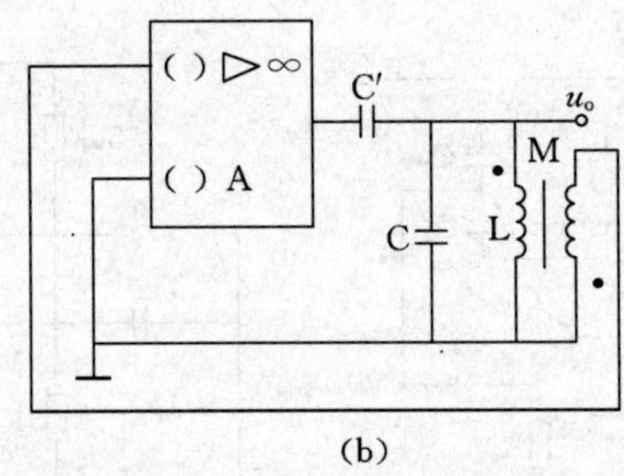

(b)

题 6.6 图

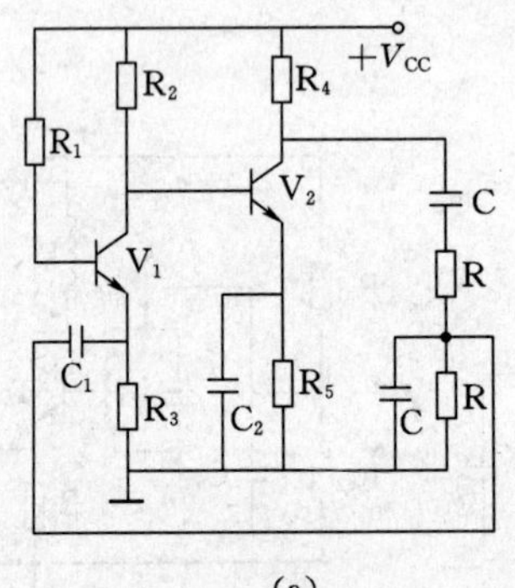

(a)

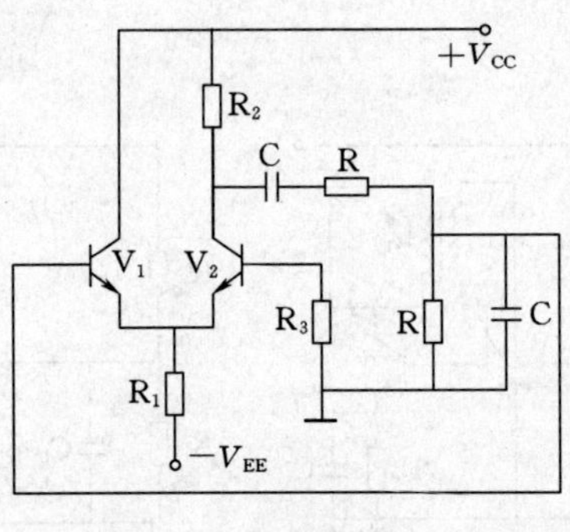

(b)

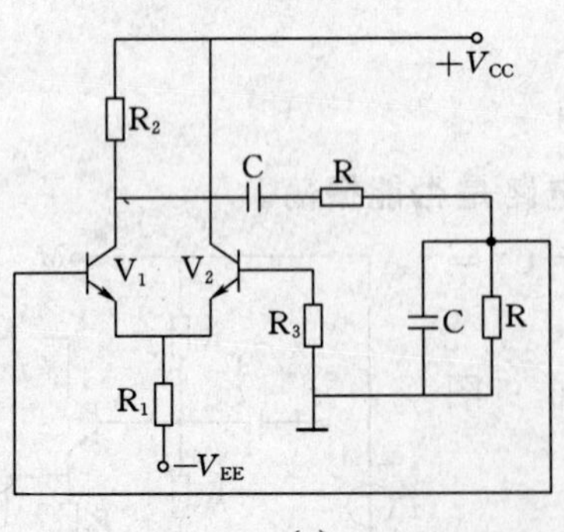

(c)

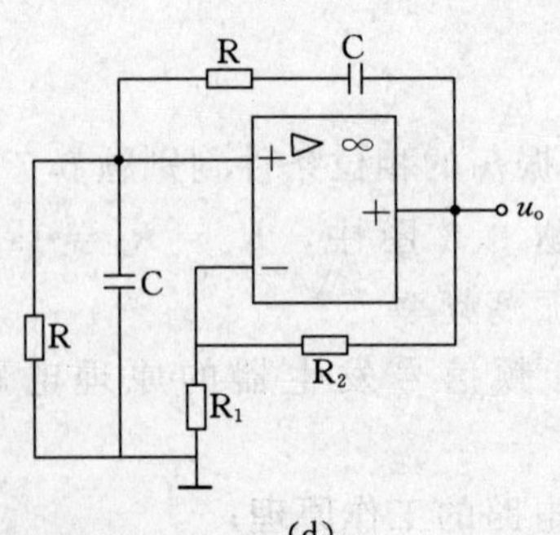

(d)

题 6.7 图

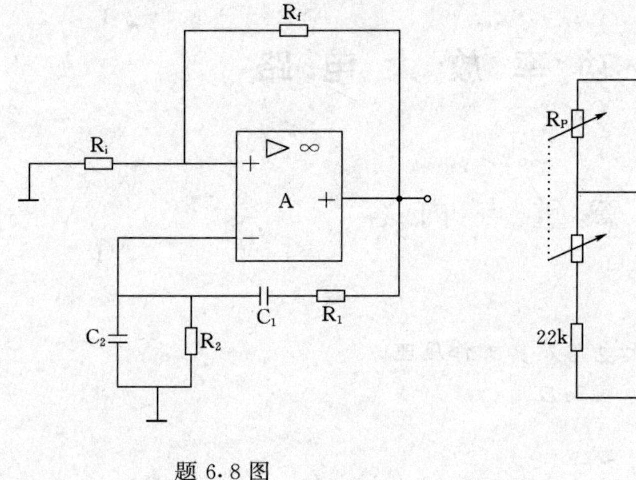

题 6.8 图

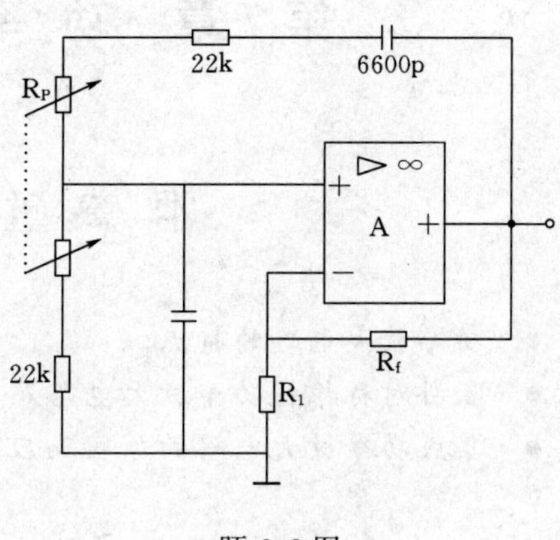

题 6.9 图

第7章 功率放大电路

本章重点内容

- 功率放大电路的特点。
- 互补对称推挽功率放大电路及其工作原理。
- 集成功率放大电路的原理及应用。

7.1 功率放大电路概述

在实用电路中，往往要求放大电路的末级（即输出级）输出一定的功率，以驱动负载。能够向负载提供足够信号功率的放大电路称为功率放大电路，简称功放。

7.1.1 功率放大电路的特点

一个放大器常常是由前置放大器和功率放大器所组成，如图7.1所示。

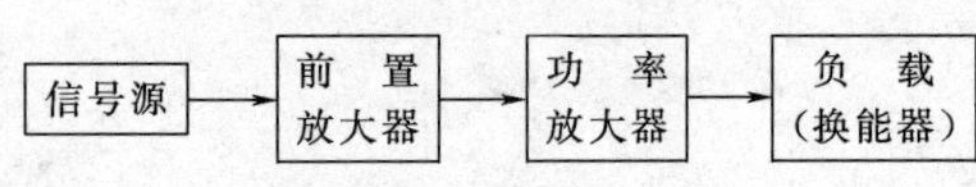

图7.1 放大器方框图

前置放大器由小信号放大电路组成，其主要任务是不失真地提高输入信号电压或电流的幅度，以驱动后级的功率放大电路。而功率放大电路的任务则是保证信号失真在允许的范围内输出足够的功率，以驱动输出负载（换能器）。由此可见功率放大电路通常工作在大信号状态，所以它跟小信号放大电路相比，有其本身的要求和特点。

1. 要求输出足够大的功率

为了获得尽可能大的功率输出，要求功放电路的输出电压和输出电流都要有足够大的变化幅度，常用最大输出功率P_{omax}来衡量。所谓最大输出功率是指在输入正弦波信号下，输出波形不超过规定的非线性失真指标时，功放电路最大输出电压和最大输出电流有效值的乘积，其表达式为

$$P_{omax} = I_{om} \cdot U_{om} \tag{7.1}$$

式中I_{om}和U_{om}是指在电路参数确定的情况下负载上可能获得的最大交流电压和电流的有效值。P_{omax}为负载上可能获得的最大交流功率。

2. 效率要高

功放电路输出给负载的信号是由直流电源能量转换而来的。如果功放电路的效率不高，不仅将造成能量的浪费，而且消耗在电路内部的电能将转换成热量，使管子、元器件等的温度升

高，对功放电路的安全运行造成不良的影响。

功放电路的效率定义为

$$\eta = \frac{\text{功放电路输出功率}}{\text{电源供给的直流功率}} = \frac{P_O}{P_V} \tag{7.2}$$

式（7.2）中的 P_V 为

$$P_V = P_O + P_T \tag{7.3}$$

式中 P_T 为耗散在功率管集电极上的功率，称为管耗。

3. 非线性失真要小

由于功放管工作于大信号状态，其电压和电流大幅度地变化，接近管子的截止区和饱和区，因而产生的非线性失真就大，而且输出功率越大，非线性失真就越严重，这使得输出功率和非线性失真成为一对主要矛盾。在实际的功放电路中，需要根据非线性失真的要求确定其输出功率。

4. 要考虑功率管的散热和保护问题

在功放电路中，为了使输出功率尽可能大，要求功放管工作在极限应用状态。即功放管集电极电流最大时接近 I_{CM}，管压降最大时接近 $U_{(BR)CEO}$，耗散功率最大时接近 P_{CM}，而 I_{CM}、$U_{(BR)CEO}$ 和 P_{CM} 分别是晶体管的极限参数。因此，在选择功率管时，要特别注意极限参数的选择。同时，为了保证功率管安全工作，使用时必须安装合适的散热片，并要考虑过电压和过电流保护措施。

5. 在分析方法上，通常采用图解法

因为功放电路的输出电压和输出电流幅值均很大，功放管特性的非线性不可忽略，所以在分析功放电路时，不能采用小信号状态下的微变等效电路分析法，而应采用图解分析法。

综上所述，对功率放大电路的要求是：在保证晶体管安全工作的条件下和允许失真的范围内，充分发挥其潜力，输出尽量大的功率。同时，还要减小管子的损耗，以提高其效率。

7.1.2 功率放大电路的三种工作状态

由式（7.2）和（7.3）可见，要提高功放电路的效率，必须降低管耗 P_T。而管耗是指功率管在一周内消耗的平均功率，很显然，一周内管子导通时间越短，相应的管耗就越小，效率也越高。根据功率管静态工作点在输出特性曲线上位置的不同，功放电路主要有甲类、甲乙类和乙类三种工作状态，如图 7.2 所示。

1. 甲类放大状态

在图 7.2（a）中，静态工作点 Q 选在交流负载线的中点，输入信号的整个周期内均有电流流过功率管，即管子在一周内都导通，通常将这种工作状态称为甲类放大。在甲类工作状态下，不论有无输入信号，直流电源输出电流的平均值总是近似等于静态集电极电流 I_{CQ}，因此电源输出功率 $P_V = V_{CC} \cdot I_{CQ}$ 也总是不变。当无输入信号时，电源的功率全部消耗在功放管和电路中的电阻上，很不经济。在有输入信号时，因静态集电极电流 I_{CQ} 较大，管子的集电极损耗仍然很大，仅有一部分电源功率转化为有用的输出功率，因而效率很低。

2. 甲乙类放大状态

在图 7.2（b）中，静态工作点 Q 沿交流负载线下移，静态集电极电流 I_{CQ} 很小，功率管在一个周期内有半个周期以上导通，这种工作状态称为甲乙类放大。

3．乙类放大状态

如果让静态工作点下移到放大区与截正区的交界处，使 $I_{CQ}\approx 0$，这时静态管耗也近似为零，功率管在一个周期内只有半个周期导通，这种工作状态称为乙类放大，如图 7.2（c）所示。

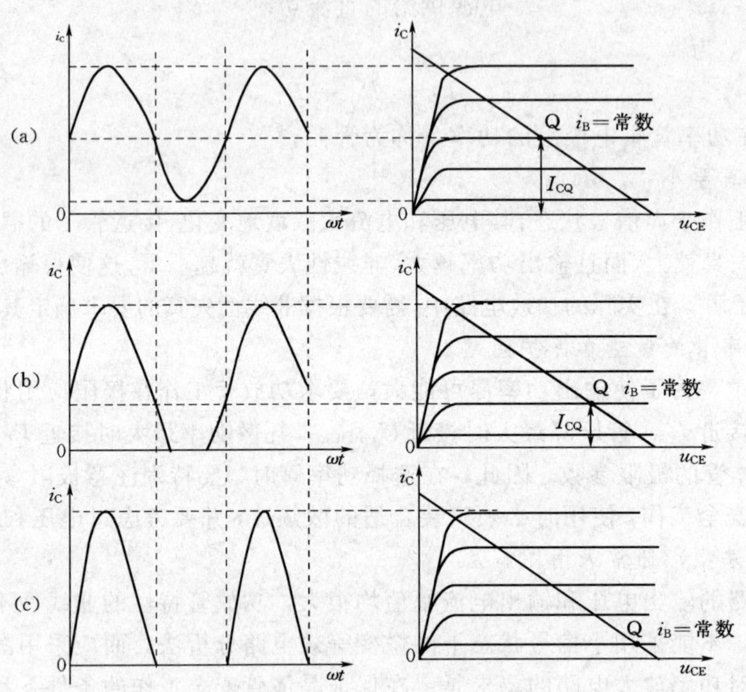

图 7.2 功放电路的三种工作状态

（a）甲类放大；（b）甲乙类放大；（c）乙类放大

由以上分析可知：乙类功放电路的效率最高，甲乙类其次，甲类最低。虽然甲乙类和乙类功放电路的效率较高，但从图 7.2 可见，它们的输出波形都出现了严重的失真，因此在甲乙类和乙类功放电路中必须妥善解决提高效率和减小失真的矛盾，实用的功率放大电路中常常采用各种形式的互补对称式电路。

7.2 互补对称功率放大电路

7.2.1 OCL 互补对称功率放大电路

7.2.1.1 乙类 OCL 互补对称电路

乙类功率放大电路，虽然管耗小，有利于提高效率，但存在严重的失真，使得输入信号的半个波形被削掉了。如果用两个管子，都工作在乙类放大状态，但一个在正半周工作，而另一个在负半周工作，同时使这两个输出波形都能加到负载上，从而在负载上得到一个完整的波形，这样就能解决效率与失真的矛盾。

怎样实现上述设想呢？下面来研究一下图 7.3（a）所示的互补对称电路。图中 V_1 和 V_2 分别为 NPN 型管和 PNP 型管，两管的基极与基极、发射极与发射极相互连接在一起，信号从基极输入，从射极输出，R_L 为负载。这个电路可以看成是由图 7.3（b）、（c）两个射极输出器组合而成。考虑到三极管发射结处于正向偏置时才导电，因此当信号处于正半周时，V_2 截止，V_1 承担放大任务，有电流通过负载 R_L；而当信号处于负半周时，V_1 截止，由 V_2 承担放大任务，仍有电流通过负载 R_L；这样，图 7.3(a) 所示基本互补对称电路实现了在静态时管子无工作电流，而在有信号时，V_1 和 V_2 轮流导电，组成推挽式电路。由于两个管子互补对方的不足，工作性能对称，所以这种电路通常称为互补对称电路。

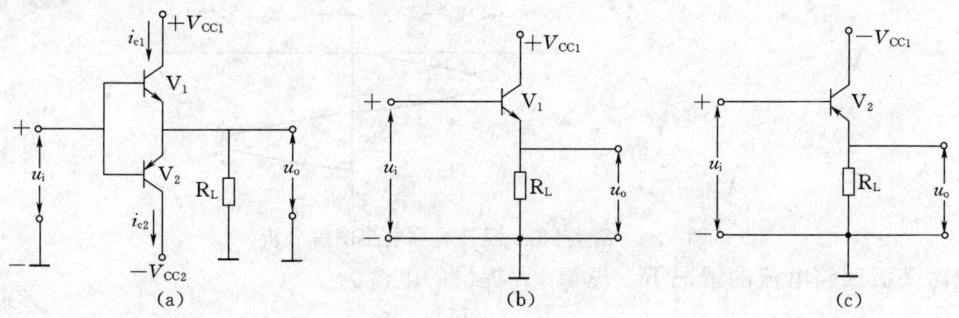

图 7.3 两射极输出器组成的基本互补对称电路
（a）基本互补对称电路；（b）由 NPN 管组成的射极输出器；
（c）由 PNP 管组成的射极输出器

7.2.1.2 乙类 OCL 互补对称电路主要参数估算

1. 输出功率及效率

图 7.3（a）所示的互补对称电路中，V_1、V_2 的静态工作点分别为 Q_1（$U_{CEQ1}=V_{CC}$，$I_{CQ1}=0$）、Q_2（$U_{CEQ2}=-V_{CC}$，$I_{CQ2}=0$）。鉴于 V_1、V_2 的特性完全对称，极性相反，且工作时轮流导通，为了分析方便，在作图时把 V_2 的特性曲线倒置于 V_1 特性曲线的右下方，得到 V_1、V_2 组合特性曲线，如图 7.4 所示。因为 $U_{CEQ1}=|-U_{CEQ2}|=V_{CC}$，$I_{CQ1}=I_{CQ2}=0$，则 V_1、V_2 的静态工作点 Q_1、Q_2 就重合于 Q。由于电路对称，因此 V_1、V_2 的交流负载线斜率相等，且它们的交流负载线均通过 Q 点，所以 V_1、V_2 的合成交流负载线在 V_1、V_2 合成特性曲线坐标系中为一条直线。

功率放大电路最重要的技术指标是电路的最大输出功率 P_{omax} 及效率 η。为了求解 P_{omax}，需首先求出负载上能够得到的最大输出电压幅值。当输入电压足够大，且又不产生饱和失真时，从图 7.4 中可见最大输出电压幅值等于电源电压减去晶体管的饱和压降，即（$V_{CC}-U_{CES}$）。因此最大不失真输出电压的有效值为

$$U_{om}=\frac{V_{CC}-U_{CES}}{\sqrt{2}}$$

最大输出功率为

$$P_{omax}=\frac{U_{om}^2}{R_L}=\frac{(V_{CC}-U_{CES})^2}{2R_L} \tag{7.4}$$

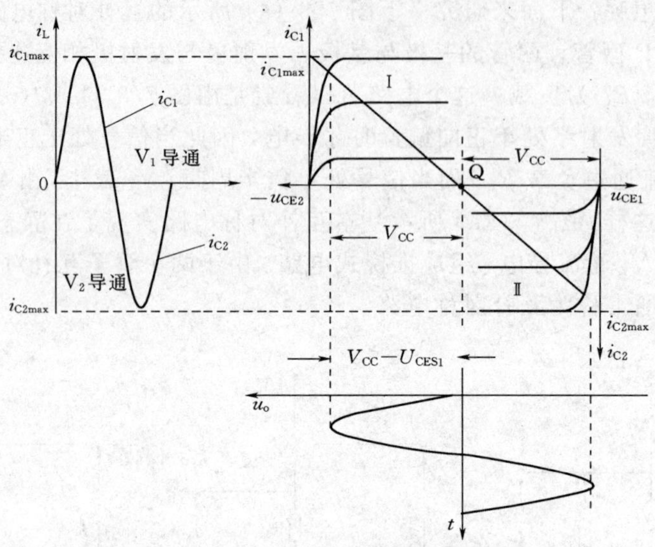

图 7.4 乙类 OCL 互补对称电路图解分析

在忽略基极回路电流的情况下，电源 V_{CC} 提供的电流为

$$i_c = \frac{V_{CC} - U_{CES}}{R_L}\sin\omega t$$

电源在负载获得最大交流功率时所消耗的平均功率等于其平均电流与电源电压之积，其表达式为

$$P_V = \frac{1}{\pi}\int_0^{\pi} \frac{V_{CC} - U_{CES}}{R_L}\sin\omega t \cdot V_{CC}\mathrm{d}\omega t$$

整理后可得

$$P_V = \frac{2}{\pi} \cdot \frac{V_{CC}(V_{CC} - U_{CES})}{R_L} \tag{7.5}$$

因此，转换效率 η 为

$$\eta = \frac{P_{om}}{P_V} = \frac{\pi}{4} \cdot \frac{V_{CC} - U_{CES}}{V_{CC}} \tag{7.6}$$

在理想情况下，即饱和管压降可忽略不计的情况下，有

$$P_{omax} = \frac{U_{om}^2}{R_L} = \frac{V_{CC}^2}{2R_L} \tag{7.7}$$

$$P_V = \frac{2}{\pi} \cdot \frac{V_{CC}^2}{R_L} \tag{7.8}$$

$$\eta = \frac{\pi}{4} \approx 78.5\% \tag{7.9}$$

应当指出，大功率管的饱和管压常为 2～3V，因而一般情况下都不能忽略饱和管压降，即不能用式（7.7）和式（7.9）计算电路的最大输出功率和效率。

2. 管耗

在功率放大电路中，电源提供的功率，除了转换成输出功率外，其余部分主要消耗在晶体管上，可以认为晶体管所损耗的功率 $P_T \approx P_V - P_O$。当输入电压为零，即输出功率最小时，由于集电极电流很小，使管子的损耗很小；当输入电压最大，即输出功率最大时，由于管压降很小，管子的损耗也很小。可见，管耗最大既不会发生在输入电压最小时，也不会发生在输入电压最大时。下面列出晶体管集电极管耗 P_T 与输出电压峰值 U_{OM} 的关系式，然后对 U_{OM} 求导，令导数为零，得出的结果就是 P_T 最大的条件。

管压降和集电极电流瞬时值的表达式分别为

$$u_{CE} = (V_{CC} - U_{OM}\sin\omega t), \quad i_C = \frac{U_{OM}}{R_L} \cdot \sin\omega t$$

功耗 P_T 为功率管所损耗的平均功率，所以每只晶体管的集电极功耗表达式为

$$P_T = \frac{1}{2\pi}\int_0^{\pi}(V_{CC} - U_{OM}\sin\omega t) \cdot \frac{U_{OM}}{R_L} \cdot \sin\omega t \mathrm{d}\omega t = \frac{1}{R_L}\left(\frac{V_{CC}U_{OM}}{\pi} - \frac{U_{OM}^2}{4}\right)$$

令 $\frac{\mathrm{d}P_T}{\mathrm{d}U_{OM}} = 0$，可以求得

$$U_{OM} = \frac{2}{\pi} \cdot V_{CC} \approx 0.6V_{CC}$$

以上分析表明，当 $U_{OM} \approx 0.6V_{CC}$ 时，$P_T = P_{Tmax}$。将 U_{OM} 代入 P_T 的表达式，就可得出

$$P_{Tmax} = \frac{V_{CC}^2}{\pi^2 R_L} \tag{7.10}$$

当 $U_{CES} = 0$ 时，根据式（7.7）可得

$$P_{Tmax} = \frac{2}{\pi^2}P_{om} \approx 0.2P_{om} \tag{7.11}$$

可见，晶体管集电极最大功耗仅为最大输出功率的 1/5。

3. 功率管参数的选择

（1）$U_{(BR)CEO}$ 的选择

在图 7.3 中，V_1 导通时，V_2 截止，V_2 所承受的最大反压为 $-V_{CC} - U_{om(max)} \approx -2V_{CC}$，同样，$V_2$ 导通时，V_1 截止，V_1 所承受的最大反压为 $V_{CC} + U_{om(max)} \approx 2V_{CC}$。因此两管的 $U_{(BR)CEO}$ 必须满足：

$$|U_{(BR)CEO}| > 2V_{CC} \tag{7.12}$$

（2）I_{CM} 的选择

由 $I_{CM} = U_{CEM}/R_L$ 可知，I_{CM} 的最大值为 V_{CC}/R_L。因此两管的 I_{CM} 必须满足：

$$I_{CM} > V_{CC}/R_L \tag{7.13}$$

（3）P_{CM} 的选择

由式（7.11）可知两管的 P_{CM} 均必须满足：

$$P_{CM} > 0.2P_{omax} \tag{7.14}$$

式（7.12）～（7.14）即为选择功率管的依据。实际在选管子时，各量还应留有一定的余地。

7.2.1.3　甲乙类 OCL 互补对称电路

前面讨论了由两个射极输出器组成的基本乙类互补对称的功放电路（见图 7.3（a）），实际上这种电路并不能使输出波形很好地反映输入的变化，因为管子的 i_B 必须在 $|u_{BE}|$ 大于某一个数

值（NPN 硅管约为 0.6V，PNP 锗管约为 0.2V）时才有显著变化。当输入信号$|u_i|$低于这个数值时，V_1 管和 V_2 管都截止，i_{C1}和 i_{C2}几乎为零，负载 R_L 上无电流通过，出现一段死区，如图 7.5 所示，这种现象称为交越失真。

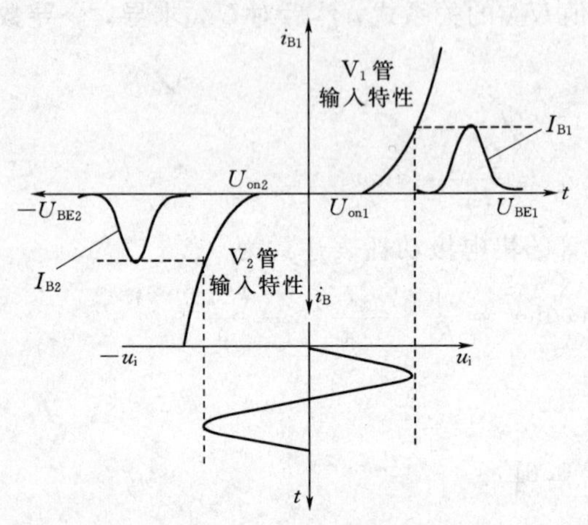

图 7.5 交越失真

为避免和减小交越失真，就必须外加偏置电压，如图 7.6（a）所示，通常在两基极间加上二极管（或二极管和电阻相结合），以供给 V_1 和 V_2 两管一定的正偏，使两管在静态时都处于微导通状态。由于电路对称，两管静态时电流相等，因而负载 R_L 上无静态电流流过，两管发射极电压 $U_E=0$。当信号按正弦波规律变化时，由于 VD_1、VD_2 的交流电阻很小，因而 b_1、b_2 之间几乎仅有直流压降且近似为一恒定值。所以，当输入信号 u_i 进入负半周时，V_3 的倒相作用使 b_1 电位升高，i_{B1}将增加，V_1 的发射极给出更多的电流形成输出信号的正半周；与此同时，由于 i_{E1}的增加，u_{BE1}也要增加，u_{BE2}则就要减少，即 i_{E2}要减少，到了一定程度后，V_2 才截止。同理，在输入信号 u_i 进入正半周，b_2 的电位逐渐下降，则 i_{B2}增加、i_{B1}减小，V_2 的发射极电流形成信号的负半周，i_{B1}逐渐下降到零，V_1 趋于截止。在上述过程中，V_1 和 V_2 在一周内的导电时间都比半个周期要多一些，即有一定的交替时间，因此它们工作在甲乙类状态。但是，在实践中为提高工作效率，在设置偏压时，应尽可能接近乙类。因此，通常甲乙类互补对称电路的参数估算可近似按乙类来处理。

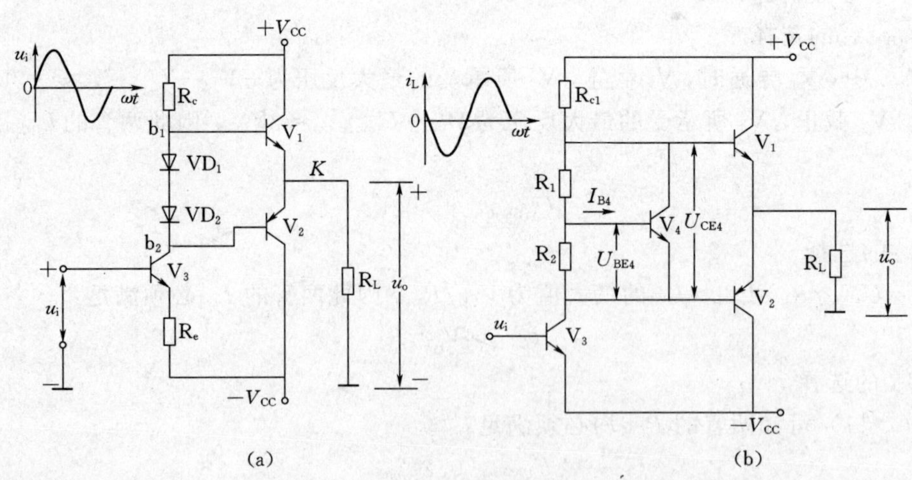

图 7.6 甲乙类互补对称电路

（a）用二极管提供偏置；（b）用 U_{BE}倍增电路提供偏置

图 7.6（b）所示是用 R_1、R_2 及 V_4 组成的 U_{BE}倍增电路来取代二极管，其工作原理如下：当 V_4 处于放大区时，其发射结电压 U_{BE4}近似为一常数，若使 V_4 的基极电流 I_{B4}远小于流过

R_1、R_2 的电流，则有

$$U_{CE4}=\frac{U_{BE4}(R_1+R_2)}{R_2}$$

调整电阻 R_1、R_2 的值即可满足偏置电压的需要。这个电路常常应用在集成功放中。

例 7.1 在 7.6(a) 所示电路中，已知 $V_{CC}=15V$，输入电压为正弦波，晶体管饱和压降 $U_{CES}=3V$，负载阻 $R_L=8\Omega$。

① 求解负载上可能获得的最大功率和效率。

② 求解晶体管的最大集电极电流、最大管压降和集电极最大功耗。

③ 当管耗达到最大时，电路的输出功率为多少？

解：① 根据式（7.4），得

$$P_{omax}=\frac{U_{om}^2}{R_L}=\frac{(V_{CC}-U_{CES})^2}{2R_L}=\frac{(15-3)^2}{2\times 8}=9\ W$$

再根据式（7.6），有

$$\eta=\frac{P_{omax}}{P_V}=\frac{\pi}{4}\cdot\frac{V_{CC}-U_{CES}}{V_{CC}}=\frac{15-3}{15}\times 78.5\%=62.8\%$$

②最大不失真输出电压的峰值 $U_{OM}=V_{CC}-U_{CES}=(15-3)\ V=12V$，因而负载电流最大值，即晶体管集电极最大电流为

$$I_{Cmax}\approx\frac{U_{OM}}{R_L}=\frac{12}{8}A=1.5A$$

最大管压降 $$U_{CEmax}=2U_{OM}=24V$$

根据式（7.11）晶体管集电极最大功耗为

$$P_{Tmax}\approx 0.2P_{om}=0.2\times 9W=1.8W$$

③当管耗达到最大时，输出电压的有效值 $U_{om}\approx\frac{0.6V_{CC}}{\sqrt{2}}$，所以

$$P_O=\frac{U_{om}^2}{R_L}=\frac{(0.6V_{CC})^2}{2R_L}=\frac{(0.6\times 15)^2}{2\times 8}=\frac{81}{16}\approx 5\ W$$

7.2.2 OTL 互补对称功率放大电路

1. 基本电路

上述 OCL 互补对称电路是双电源供电的，在某些只能由单电源供电的场合，则可采用图 7.7 所示的单电源互补对称电路。该电路简称为 OTL 电路（无输出变压器电路）。图中由 V_3 组成前置放大级，它工作在甲类，R_1、R_2、R_e 为它的偏置电路；V_1 和 V_2 组成互补对称电路输出级。在输入信号 $u_i=0$ 时，调节各电阻值使 I_{C3}、U_{B1} 和 U_{B2} 达到所需的大小，给 V_1 和 V_2 提供一个合适的偏置，并使 K 点电位 $U_K=U_C=V_{CC}/2$。

当有信号 u_i 时，由于 V_3 的倒相作用，在信号的负半周，V_1 导电，有电流流过负载 R_L，同时向 C 充电；在信号的正半周，V_2 导电，电容 C 通过负载 R_L 放电。设信号的下限频率为 f_L，电容 C 的大小满足 $C>(5\sim 10)\frac{1}{2\pi f_L R_L}$，则可近似认为电容 C 对信号短路，其两端的电压仅有直

流电压，其值近似等于$U_K=V_{CC}/2$。这样用电容C和一个电源V_{CC}就可代替图7.6(a)中的正负两个电源的作用，其中V_1管的供电电压为V_{CC}和$V_{CC}/2$之差，即等于$V_{CC}/2$，V_2管的供电电压就是电容C上的直流电压，也等于$V_{CC}/2$。

在图7.7中，静态时要求K点电位$U_K=U_C=V_{CC}/2$，为了稳定电路的静态工作点和改善放大器的动态性能，在电路中引入了由R_1和R_2组成的电压并联交直流负反馈网络。

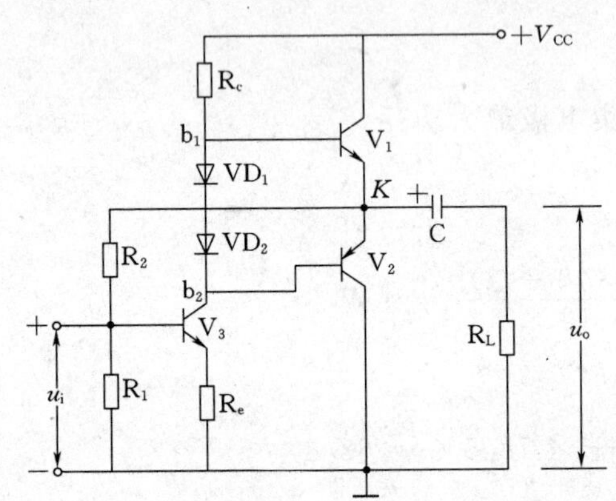

图7.7　采用一个电源的互补对称电路

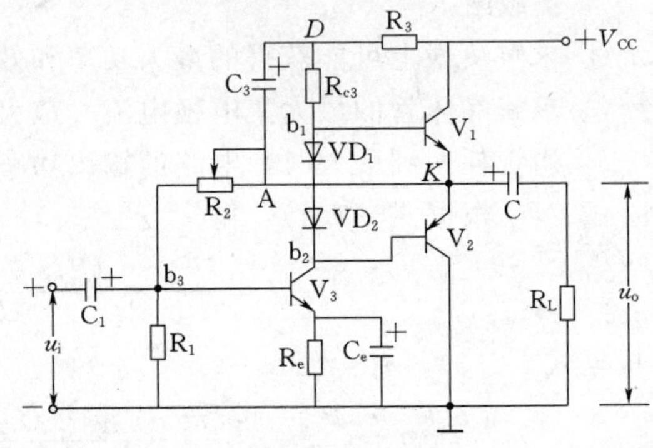

图7.8　带自举的单电源互补对称电路

2. 带自举的OTL电路

图7.8所示的OTL电路，在理想情况下，当输入信号u_i为负半周最大值时，V_3截止、V_1饱和导通，负载R_L上得到最大的正向输出电压幅度U_{om+}，其值为：$U_{om+}=V_{CC}/2-U_{CES1}\approx V_{CC}/2$；当输入信号$u_i$为正半周最大值时，$V_3$、$V_2$饱和导通，负载$R_L$上得到最大的负向输出电压幅度$U_{om-}$，其值为：$U_{om-}=V_{CC}/2-U_{CES2}\approx V_{CC}/2$，故理想时，最大输出电压幅度$U_{om}\approx V_{CC}/2$。而实际上，在$u_i$为负半周时，由于$R_{C3}$的存在，造成末级推动电压$u_{B1}$始终小于$V_{CC}$，因此实际的最大正向输出电压幅度$U_{om+}$为

$$U_{om+}=V_{CC}/2-i_{Bm1}R_{C3}-U_{BE1} \tag{7.15}$$

式中i_{Bm1}为V_1的基极电流最大值。由于$i_{Bm1}R_{C3}+U_{BE1}$比U_{CES1}大得多，故电路的最大输出电压幅度较理想时小。为了提高输出电压幅度使其接近$V_{CC}/2$，可采用如图7.8所示的带自举的互补对称电路。该电路是在图7.7所示电路的基础上，增加了R_3、C_3两个元件。

自举升压原理简述如下：

静态时，电容C_3两端电压被充电到$U_{C3}=V_{CC}-I_{C3}R_3-U_K=V_{CC}/2-I_{C3}R_3$。在$u_i$负半周内，$V_1$导电，由于$C_3$容量足够大，可以认为其对交流短路，其上电压近似等于它的直流电压U_{C3}，故当K点电位上升并达到最大时，D点电位也跟着上升并达到最大，其最大值超过V_{CC}。这一作用相当于在不断地提高V_1基极电流的供电电压，从而不断地提高V_1的基极推动电压，使最大输出电压幅度得到提高。由于上述提高V_1基极电流的供电电压，是通过电容C_3取自放大器自身的输出电压，故这个电路称为自举电路，电容C_3称为自举电容。

自举电容提高输出电压幅度的作用也可从另一个角度来分析：由于电容C_3对交流短路，因此，由图7.8可见，电容C_3的接入给V_1、V_2组成的功率输出级引入了交流电压并联正反馈，它增大了功率输出级的交流放大倍数，并大大提高了其交流输入电阻。而对于推动级 V_3 来说，功放输出级的交流输入电阻的增大，使得 V_3 的交流负载得到很大的提高，并有可能使其超过 V_3 的直流负载，这样不仅提高了推动级的电压放大倍数，而且也提高了 V_3 的电压动态范围，从而提高了 V_3 提供给末级的推动电压。可见，自举电容的接入可提高功放输出级的最大不失真输出电压幅度。此外，由于电容 C_3 引入的是正反馈，为防止高频自激，实用电路中，通常在电阻 R_3 两端并接一个小电容，以旁路高频信号，消除高频自激。

7.2.3 采用复合管的准互补对称功率放大电路

前述的互补对称电路需要一对特性对称的功放管，但由于工艺上的原因，导电类型不同的大功率管难以做到特性对称，因此在大功率输出电路中，常采用复合管互补对称电路。

1. 复合管

所谓复合管就是由两个三极管通过一定的方式连接形成的一个等效三极管，其中的两个三极管可以是相同导电型的，也可以是不同导电型的，如图 7.9 所示。

复合管的管型及其等效电极性质可根据其各电极电流方向及各极电流之间的关系与普通单管类比来得到。下面以图 7.9（a）为例来加以说明。

我们知道，单管 NPN 有两个电极的电流，即基极电流和集电极电流是流入管子的，有一个电极的电流即发射极电流是从管子流出的。而 PNP 各极的电流方向刚好与此相反。不管是 NPN 还是 PNP，三个电极电流之间均有如下关系：$i_E=i_B+i_C$ 及 $i_C=\beta i_B$。图 7.9（a）所示的复合管中，有两个电极的电流是流入管子的，这两个电极分别等效为基极和集电极；有一个电极的电流是流出管子的，它等效为发射极。与上述单管情况类比可以知道该复合管的管型为 NPN，如图 7.9（a）所示，显然它与第一个管子的管型相同。

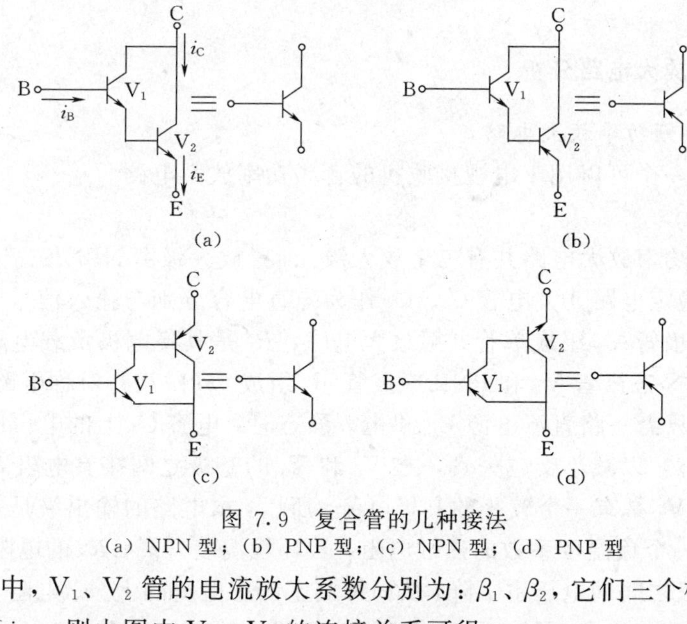

(a)

(b)

(c)

(d)

图 7.9 复合管的几种接法

（a）NPN 型；（b）PNP 型；（c）NPN 型；（d）PNP 型

设图 7.9（a）中，V_1、V_2 管的电流放大系数分别为：β_1、β_2，它们三个极的电流分别为：i_{B1}、i_{C1}、i_{E1}、i_{B2}、i_{C2}、i_{E2}，则由图中 V_1、V_2 的连接关系可得

$$i_E = i_B + i_C \tag{7.16}$$

$$i_C = i_{C1} + i_{C2} = \beta_1 i_{B1} + \beta_2 i_{B2} = \beta_1 i_B + \beta_2 i_{E1}$$
$$= \beta_1 i_B + \beta_2(1+\beta_1)\cdot i_B = [\beta_1 + \beta_2(1+\beta_1)]\cdot i_B \tag{7.17}$$

由上式可得复合管的等效电流放大系数为

$$\beta = \beta_1 + \beta_2(1+\beta_1) \tag{7.18}$$

当 $\beta_1 \gg 1$，$\beta_2 \gg 1$ 时，有

$$\beta \approx \beta_1 \cdot \beta_2 \tag{7.19}$$

用类似的方法可以得出图 7.9 (b)、(c)、(d) 所示的三个复合管的管型及其等效电流放大系数 β，它们的管型如图中所示，等效 β 则在 $\beta_1 \gg 1$，$\beta_2 \gg 1$ 的情况下，均为 $\beta \approx \beta_1 \cdot \beta_2$。

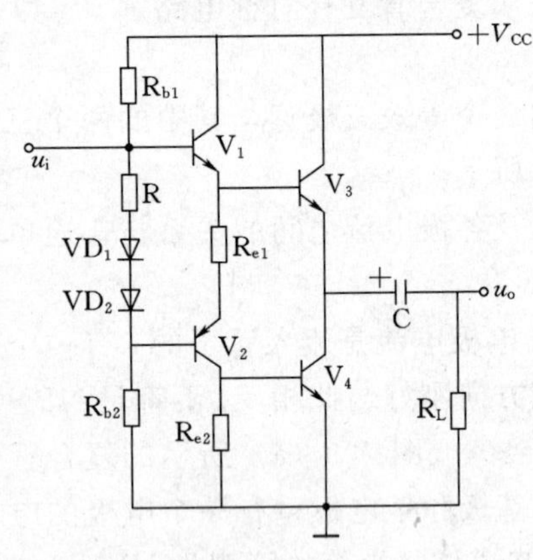

图 7.10　准互补对称功放电路

综上所述，复合管有如下特点：①复合管电流放大倍数 $\beta \approx \beta_1 \cdot \beta_2$；②复合管的管型和电极性质与第一个管子相同。由于复合管是由达林顿提出，故许多文献中亦称它为达林顿管。目前，市场上有封装在一个管壳内的达林顿管出售。

2. 复合管组成的准互补对称功放电路

把互补对称 OTL 电路的 NPN 和 PNP 互补管分别用图 7.9 (a)、(d) 中的复合管来代替，就可得到复合管组成的准互补对称功放电路，如图 7.10 所示。之所以称为准互补是因为该电路的输出管 V_3、V_4 是同型管，而互补作用是由 V_1、V_2 来实现的。图中 V_1 发射极和 V_2 集电极所接的电阻 R_{e1} 和 R_{c2} 分别为 V_1 和 V_2 的穿透电流 I_{CEO} 提供的泄放通路，以避免这两个不稳定电流被输出管放大，造成输出电流的稳定性变差。

7.2.4　实际功率放大电路分析

7.2.4.1　OTL 音频功率放大电路

如图 7.11 所示为一个可以用于电视接收机的音频功率放大电路。

1. 电路组成

图 7.11 中的音频功率放大电路共有三个放大级。前置放大级由 NPN 三极管 V_1 组成，是一个典型的静态工作点稳定电路。大电容 C_1、C_3 作为隔直电容分别与输入信号以及中间级耦合。

中间级由 PNP 三极管 V_2 组成单管共射放大电路，R_9 是其集电极负载电阻。

功放输出级由 NPN 三极管 V_3 和 PNP 三极管 V_4 组成 OTL 互补对称电路，200μF 的大电容 C_6 是其输出电容。只需一路直流电源 V_{CC} 供电。静态时，电容 C_6 上的电压应为 $V_{CC}/2$。为使电路工作在甲乙类状态，以减小交越失真，在 V_3 和 V_4 的基极之间接有电阻 R_6、R_7 和 R_8，以便在静态时，使 V_3 和 V_4 具有一个较小的基极电流。所以，本电路的输出级是一个 OTL 甲乙类互补对称电路。R_8 是一个负温度系数的热敏电阻，若环境温度升高，R_8 的电阻值将减小，则输出级两个功率管的基极之间的电压也下降，从而抑制了静态电流的上升。电阻 R_{10} 从输出级到中间级 V_2 的基极之间引入一个负反馈，也能够稳定该两级的静态工作点。接在 V_3 和 V_4 发射极的

小电阻 R_{11} 和 R_{12} 用来限流。

从输出端通过电阻 R_{14} 到前置放大级 V_1 的发射极之间引回一个电压串联负反馈，用以改善放大电路的性能，例如减小非线性失真，提高带负载能力以及展宽频带等。

小电容 C_2、C_4 和 C_7 是校正电容，它们的作用是避免产生自激振荡。

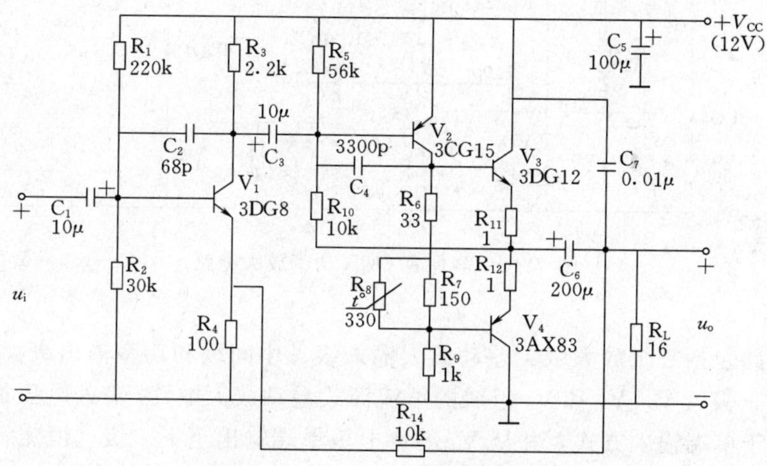

图 7.11 OTL 音频功率放大电路

2. 主要技术指标的估算

（1）求闭环电压放大倍数。由于引入了深度的电压串联负反馈，根据深度负反馈放大电路的特点可知，闭环电压放大倍数近似等于反馈系数的倒数，即

$$A_{uf}=\frac{U_o}{U_i}\approx\frac{1}{F}=\frac{R_4+R_{14}}{R_4}=1+\frac{R_{14}}{R_4}=1+\frac{10}{0.1}=101$$

（2）求最大输出功率。已知功率放大电路的最大输出功率为

$$P_{omax}=\frac{U_{om}^2}{2R_L}$$

式中 U_{om} 为放大电路的最大输出电压，负载电阻 R_L 为 16Ω 的扬声器。在 OTL 电路中，无论 V_3 或 V_4 导电，供电的直流电源均为 $V_{CC}/2$。在计算最大输出电压 U_{om} 时，还应考虑功率管的饱和管压降，以及发射极限流电阻 R_{11}、R_{12} 上的电压降等。假设 V_3、V_4 的饱和管压降 $U_{CES}=1V$，限流电阻上的压降 $U_{R11}=0.5V$，则

$$U_{om}=\frac{V_{CC}}{2}-U_{CES}-U_{R11}=\left(\frac{12}{2}-1-0.5\right)\text{ V}=4.5\text{ V}$$

最大输出功率为

$$P_{omax}=\frac{U_{om}^2}{2R_L}=\left(\frac{1}{2}\times\frac{4.5^2}{16}\right)\text{ W}=0.63\text{ W}$$

为了防止出现严重的非线性失真，功率管不能工作在接近饱和的区域，因此，实际上本电路的正常输出功率不超过 0.5W。

7.2.4.2 OCL 高保真功率放大电路

一个可用于扩音机的高保真度放大器的典型电路如图 7.12 所示。

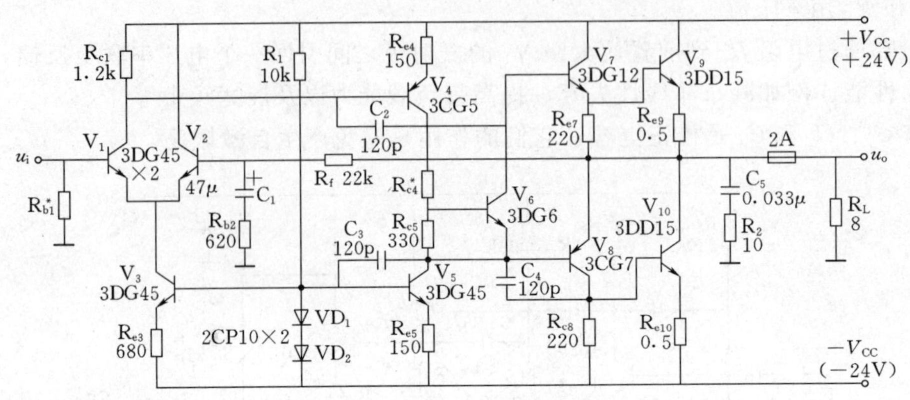

图 7.12 高保真 OCL 功率放大电路

1. 电路组成

功率放大电路包括三个放大级：差动放大输入级、中间级和功率输出级。

输入级是由三极管 V_1、V_2 和 V_3 组成的恒流源式差动放大电路。输入电压加在 V_1 的基极与公共端之间，属于单端输入方式，并从 V_1 的集电极单端输出至下一级。恒流管 V_3 的基极电位由电阻 R_1 和二极管 VD_1、VD_2 组成的支路提供。

中间级为由 V_4、V_5 组成的共射放大电路。V_4 是硅 PNP 三极管，作为放大管，NPN 三极管 V_5 是其集电极负载。V_5 的基极也接在电阻 R_1 与二极管 VD_1、VD_2 之间。由于采用有源负载，因此可以获得较高的电压放大倍数。

输出级由 V_6、V_7、V_8、V_9 和 V_{10}组成，是一个 OCL 准互补对称放大电路。其中 V_7 与 V_9 构成 NPN 型复合管，V_8 与 V_{10}构成 PNP 型复合管。二者实现互补，而 V_9 和 V_{10}采用同一型号的大功率三极管，易于达到二者的特性曲线对称。三极管 V_6 和电阻 R_{C4}、R_{C5}组成所谓U_{BE}扩大电路，其作用是给 V_7、V_8 提供一个较小的静态基极电流，使互补对称电路工作在甲乙类状态，以便减小交越失真。

从放大电路的输出端到 V_2 的基极之间，利用电阻引入一个深度的交、直流电压串联负反馈，用来展宽频带、减小输出波形的非线性失真，降低输出电阻，提高放大电路的带负载能力，并能稳定静态工作点。

本放大电路的负载通常为扬声器，属于电感性负载，电路容易产生自激振荡或出现过电压，损坏三极管。电容 C_5 和电阻 R_2 是补偿元件，使负载接近于纯电阻。

电容 C_2、C_3 和 C_4 的作用是防止自激振荡。

2. 主要技术指标的估算

(1) 求闭环电压放大倍数。在电容 C_1 的容抗可以忽略的情况下，可以利用以下公式直接估算放大电路的闭环电压放大倍数：

$$A_{uf}=\frac{U_o}{U_i}\approx 1+\frac{R_f}{R_{b2}}=1+\frac{22}{0.62}\approx 36.5$$

(2) 求最大输出功率。因为放大电路的最大输出功率为 $P_{omax}=\dfrac{U_{om}^2}{2R_L}$，其中负载电阻 $R_L=8\Omega$，

所以，只需求放大电路的最大输出电压 U_{om}，即可得到最大输出功率 P_{omax}。

以正向最大输出电压为例，可以认为，当放大管 V_4 充分导电，V_7、V_9 输出最大电流，V_8、V_{10}处于截止状态时，输出端得到最大正向电压，此时由图可知

$$U_{om}=V_{CC}-U_{Re4}-U_{EC4}-U_{BE7}-U_{BE9}-U_{Re9}$$

因 V_4 接近于饱和导电，可认为 $U_{EC4}\approx 1V$。同时，考虑 $U_{Re4}\approx U_{Re5}\approx U_D=0.7V$。设 $U_{BE7}=U_{BE9}\approx 0.8V$，$U_{Re9}\approx 1V$，将以上各值代入上式，可得

$$U_{om}=(24-0.7-1-2\times 0.8-1)\ V=19.7\ V$$

最大输出功率为

$$P_{omax}=\left(\frac{1}{2}\times\frac{19.7^2}{8}\right)\ W\approx 24.3\ W$$

为了避免产生明显的波形失真，输出幅度应留有余地，可以认为本电路的额定输出功率为 20W。

当输出功率 $P_o=20W$ 时，功率放大电路的输出电压有效值为

$$U_o=\sqrt{P_oR_L}=(\sqrt{20\times 8})\ V=12.65V$$

前面已求得放大电路的闭环电压放大倍数 $A_{uf}=36.5$，因此，为了得到 20W 的输出功率，要求放大电路的输入端应加上正弦输入电压的有效值为

$$U_i=\frac{U_o}{A_{uf}}=\left(\frac{12.65}{36.5}\right)\ V\approx 0.35V$$

7.3 集成功率放大电路

7.3.1 集成功率放大电路分析

LM386 是目前应用较广的一种音频集成功率放大电路，具有频响宽（可达数百 kHz）、功耗低（常温下为 660mW）、电压增益可调节（26～46dB）、适用的电源电压范围宽（4～16V）、外接元件少和总谐波失真小等优点。被广泛用于收音机、录音机和对讲机中。

1. LM386 内部电路

LM386 内部电路原理图如图 7.13 所示，结构与通用型集成运放相类似，由输入级、中间级和输出级等三级放大电路组成。

其中输入级为差分放大电路，V_1 和 V_3、V_2 和 V_4 分别构成复合管，作为差分放大电路的放大管；V_5 和 V_6 组成镜像电流源作为 V_1 和 V_2 的有源负载；信号从 V_3 和 V_4 管的基极输入，从 V_2 管的集电极输出，为双端输入单端输出差分电路。根据第 5 章有关差分放大电路有源负载的分析可知，它可使单端输出电路的增益近似等于双端输出电路的增益。

中间级为共射放大电路，V_7 为放大管，恒流源作有源负载，以增加放大倍数。

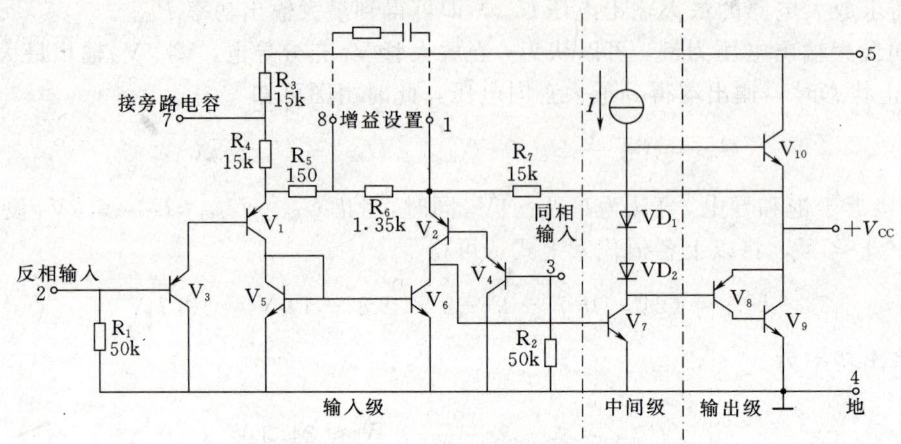

图 7.13　LM386 内部电路原理图

输出级由 V_8、V_9 和 V_{10} 组成，其中 V_8 和 V_9 管复合成 PNP 型管，与 NPN 型管 V_{10} 构成准互补输出级。二极管 VD_1 和 VD_2 为输出级提供合适的偏置电压，可以消除交越失真。

利用瞬时极性法可以判断出，引脚 2 为反相输入端，引脚 3 为同相输入端。电路由单电源供电，故为 OTL 电路。输出端（引脚 5）应外接输出电容后再接负载。

电阻 R_7 从输出端连接到 V_2 的发射极，形成反馈通路，并与 R_5 和 R_6 构成反馈网络，从而引入了深度电压串联负反馈，使整个电路具有稳定的电压增益。

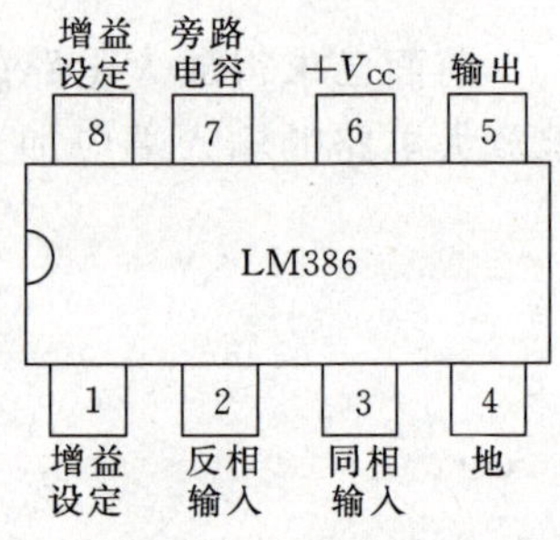

图 7.14　LM386 的外形和引脚的排列

2. LM386 的外形和引脚图

LM386 的外形和引脚的排列如图 7.14 所示。

引脚 2 为反相输入端，引脚 3 为同相输入端；引脚 5 为输出端；引脚 6 和 4 分别为电源和地；引脚 1 和 8 为电压增益设定端；使用时在引脚 7 和地之间接旁路电容，通常取 10μF。

7.3.2　集成功率放大电路的主要性能指标

集成功率放大电路的主要性能指标除最大输出功率外，还有电源电压范围、电源静态电流、电压增益、频带宽、输入阻抗、输入偏置电流、总谐波失真等。几种典型产品的性能如表 7.1 所示。

LM386－1 和 LM386－3 的电源电压为 4～12V，LM386－4 的电源电压为 5～18V。因此，对于同一负载，当电源电压不同时，最大输出功率的数值将不同；当然，对于同一电源电压，当负载不同时，最大输出功率的数值也将不同。已知电源的静态电流（可查阅手册）和负载电流最大值（通过最大输出功率和负载可求出），可求出电源的功耗，从而得到转换效率。

应当指出，表中所示均为典型数据，使用时应进一步查阅手册，以便获得更确切的数据。

表 7.1 几种集成功放的主要参数

型 号	LM386－4	LM2877	LM1875	TDA1521
电路类型	OTL	OTL（双通道）	OTL/OCL	OCL（双通道）
电源电压范围/V	5.0～18	6.0～24	20～60	±10～±30
静态电源电流/mA	4	25	70	56
输入阻抗/kΩ	50	680	1200	1000
输出功率/W	1	4.5	25	48
电压增益/dB	26～46	70（开环）	90（开环）	89（开路）
频带宽/kHz	300（1，8开路）		70	0.02～25
增益带宽积/kHz		65	5500	
总谐波失真/%	0.20%	0.07%	0.015%	0.10%

7.3.3 集成功率放大电路的应用

1. 集成OTL电路的应用

图7.15所示为LM386的一种基本用法，也是外接元件最少的一种用法，C_1为输出电容。由于引脚1和8开路，集成功放的电压增益为26dB，即电压放大倍数为20。利用R_P可调节扬声器的音量。R_1和C_2串联构成校正网络，用来进行相位补偿。

静态时输出电容上电压为$V_{CC}/2$，LM386的最大不失真输出电压的峰—峰值约为电源电压V_{CC}。设负载电阻为R_L，最大输出功率表达式为

$$P_{omax} \approx \frac{\left(\dfrac{V_{CC}/2}{\sqrt{2}}\right)^2}{R_L} = \frac{V_{CC}^2}{8R_L} \tag{7.20}$$

此时的输入电压有效值的表达式为

$$U_{im} = \frac{\dfrac{V_{CC}}{2}/\sqrt{2}}{A_u} \tag{7.21}$$

当$V_{CC}=16V$、$R_L=32\Omega$时，$P_{omax}\approx 1W$，$U_{im}\approx 283mV$。

图7.16所示为LM386电压增益最大时的用法，C_3使引脚1和8在交流通路中短路，使$A_u\approx 200$；C_4为旁路电容；C_5为去耦电容，滤掉电源的高频交流成分。当$V_{CC}=16V$、$R_L=32\Omega$时，与图7.15所示电路相同，P_{om}仍约为1W；但是，输入电压的有效值U_{im}却仅需28.3mV。

图7.17所示为LM386的一般用法，引脚1和8之间的R、C是用来调节增益的，改变R的大小即可改变该电路的电压放大倍数，若当$R=1.2k\Omega$时，可使A_u达到40倍。其他元件的作用同前所述，这里就不赘述了。

2. 集成OCL电路的应用

图7.18所示为TDA1521的基本用法。TDA1521为2通道OCL电路，可作为立体声扩音机左、右两个声道的功放。其内部引入了深度电压串联负反馈，闭环电压增益为30dB，并具有待机、静噪功能以及短路和过热保护等。

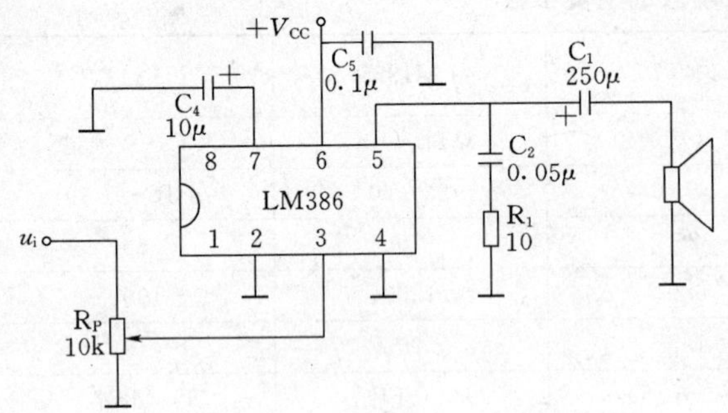

图 7.15　LM386 外接元件最少的用法

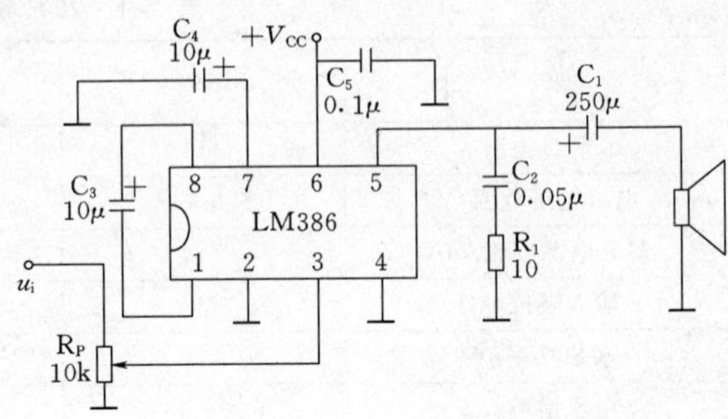

图 7.16　LM386 电压增益最大的用法

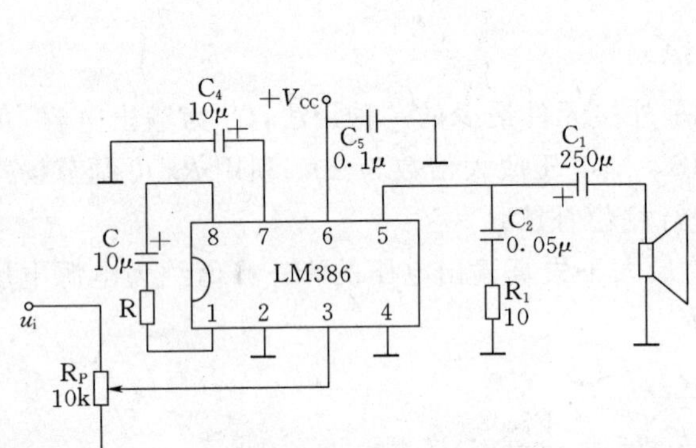

图 7.17　LM386 的一般用法

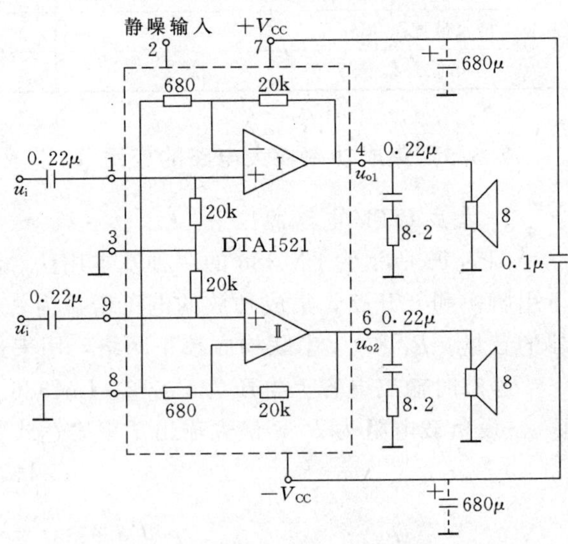

图 7.18　TDA1521 的基本用法

查阅手册可知，当$\pm V_{CC}=\pm 16\text{V}$、$R_L=8\Omega$ 时，若要求总谐波失真为 0.5%，则 $P_{omax}\approx 12\text{W}$。由于最大输出功率的表达式为

$$P_{omax}\approx\frac{\left(\dfrac{V_{CC/2}}{\sqrt{2}}\right)^2}{R_L}=\frac{V_{CC}^2}{8R_L}$$

可得最大不失真输出电压 $U_{om}\approx 9.8\text{V}$，其峰值约为 13.9V。当输出功率为 P_{omax}时，输入电压有效值 $U_{im}\approx 327\text{mV}$。

7.4　功率管的安全使用和保护

7.4.1　功率管的二次击穿问题

在功放电路中，功放管要流过大电流，又要承受高电压。例如，在 OCL 电路中，功放管最大集电极电流等于最大负载电流，而最大管压降等于 $2V_{CC}$。只有功放管不超过其极限值，电路才能正常工作。

从晶体管的输出特性可知，对于某一条输出特性曲线，当c、e之间电压增大到一定数值时，晶体管将产生击穿现象；而且，I_B 愈大，击穿电压愈低，称这种击穿为“一次击穿”。晶体管在一次击穿后，集电极电流会骤然增大，若不加以限制，则晶体管的工作点变化到临界点 A 时，工作点将以毫秒甚至微秒级的高速度从 A 点到 B 点，此时电流猛增，而管压降却减小，如图 7.19 (a) 所示，称为“二次击穿”。晶体管经过二次击穿后，性能将明显下降，甚至造成永久性损坏。

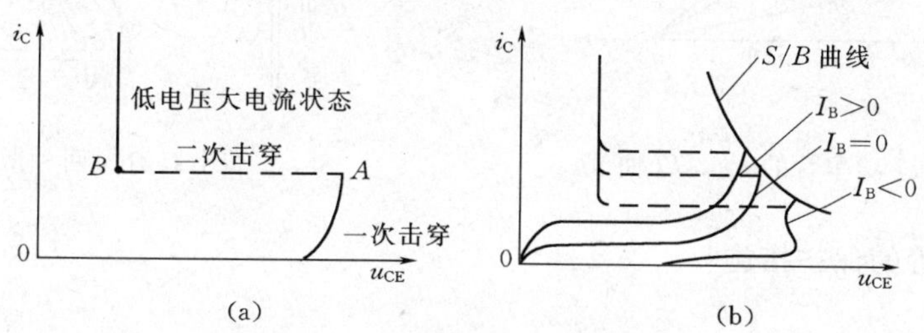

图 7.19 晶体管的击穿现象

(a) 二次击穿；(b) S/B 曲线

I_B 不同时二次击穿的临界点不同，将它们连接起来，便得到二次击穿临界曲线，简称为 S/B 曲线，如图 7.19 (b) 中所画。从二次击穿产生的过程可知，防止晶体管的一次击穿，并限制其集电极电流，就可避免二次击穿。例如，在功放管的c、e间加稳压管，就可防止其一次击穿。

7.4.2 功率管的散热问题

功放管损坏的重要原因是其实际耗散功率超过额定数值 P_{CM}。而晶体管的耗散功率取决于管子内部的PN结（主要是集电结）温度 T_j。当 T_j 超过允许值后，集电极电流将急剧增大而烧坏管子。硅管的结温允许值为 120～180℃，锗管的结温允许值为 85℃左右。耗散功率等于结温在允许值时集电极电流与管压降之积。管子的功耗愈大，结温愈高。因而改善功放管的散热条件，可以在同样的结温下提高集电极最大耗散功率 P_{CM}，也就可以提高输出功率。

为了使放大器能输出更大的功率，而又不致于损坏晶体管，必须给功率管安装散热器，以散发集电结所产生的热量。否则，将不能充分利用功率管的输出功率。必要时还可采用风冷、水冷、油冷等方法来散热。图 7.20 给出了 3AD11～17 功率管的 P_{CM}-T_a（环境温度）曲线。由图可知，若不加散热器，管子的 P_{CM} 只有 2W，加了 200mm×200mm×3mm 的散热器后，P_{CM} 可提高到 10W。

同时，散热器的散热效果与散热器所用材料及其表面积大小、厚薄、颜色和散热器的安装位置等因素紧密相关。两种典型的散热器如图 7.21 所示。

经验表明，当散热器垂直或水平放置时，利于通风，散热效果较好。散热器表面钝化涂黑，有利于热辐射，从而可以减小热阻。在产品手册中给出的最大集电极耗散功率是在指定散热器（材料、尺寸等）及一定环境温度下的允许值；若改善散热条件，如加大散热器、用电风扇强制风冷，则可获得更大一些的耗散功率。

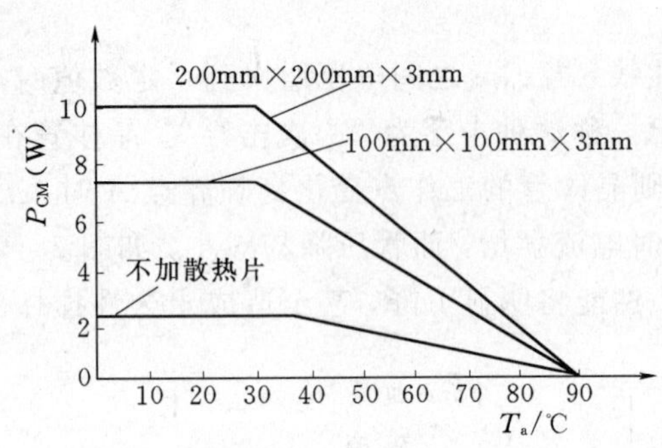

图 7.20　3AD11～17 功率管的 P_{CM}-T_a 曲线

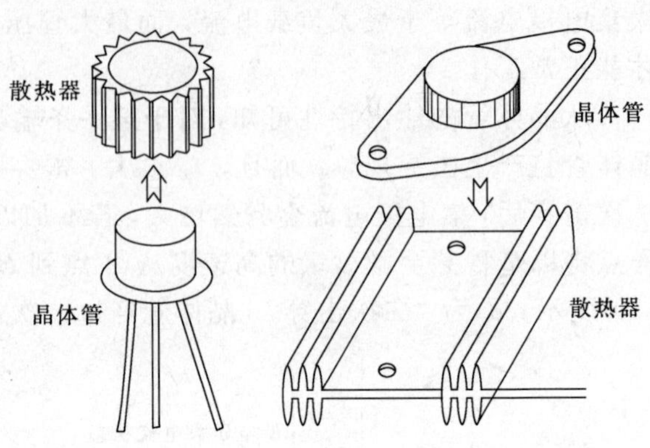

图 7.21　两种散热器

7.4.3　功率管的保护措施

1. 过热保护

过热是指管子产生的热量不能及时地散发出去，致使管温过高，对管子造成损害，甚至烧毁。

发生过热有两种情况。一种是管子的散热不合理或使用不当（例如环境温度过高），因而使晶体管的结温过高。只要合理设计并注意工作条件，就可避免这种过热情况的发生。另一种过热是由热不稳定性造成的。如果在设计功放电路时考虑欠周，电路中没有采取合理的措施，那么，当温度上升时将引起集电极电流增大，管耗也随着增大。这将导致温度进一步升高，集电极电流进一步增大。如果在管子的结温上升到允许值之前仍未达到热平衡状态，则结温将继续升高，最终超过管子的容许结温，导致管子损坏。这种温度与电流互相影响，循环增长的现象，导致管子损坏，称为热崩。

预防热崩的常见方法有：在满足所需输出功率的前提下，尽量采用低电源电压。因为在同样大的电流增量下，电源电压低，则管耗增加量小，这有利于防止热崩。又如，适当降低热阻也有助于防止热崩，因为在同样大的管耗增量下，热阻小，则管子的温升也小。显然，这是有利的。

2. 过压和过流保护

过压、过流是指晶体管的电压、电流超过规定的允许值而造成管子的性能下降或损坏。

一般设计功率放大器都要注意使管子工作时不超过其击穿电压和允许电流的极限值。例如，在 OCL 电路中必须采用电压 $V_{CC} \leqslant 0.5U_{(BR)CEO}$ 的电源供电、集电极最大瞬时电流 i_{cmax} 应小于其容许值 I_{CM} 等。然而，即使这样也经常由于一些意外的原因，如负载突然开路或短路，温度及电源电压的波动，开关机或其他原因在电路中引起的暂态现象等，都会造成晶体管的过压或过流。

当电压超过击穿电压时，就出现击穿现象。击穿现象有两种，即一次击穿和二次击穿 。三极管的二次击穿特性对功率管可能造成永久性损坏，为了保证功率管安全工作，必须考虑二次击穿的问题。因此，功率管的安全工作区，不仅受集电极允许的最大电流 I_{CM}、集电极允许的最大电压 $U_{(BR)CEO}$ 和集电极允许的最大功耗 P_{CM} 所限制，而且还受二次击穿临界曲线（S/B 曲线）所限制，其安全工作区如图 7.22 虚线内所示。显然，考虑了二次击穿以后，半导体三极管的安全工作范围变小了。

为了避免二次击穿的发生，从电路方面来说，可以采用下面的具体措施：

(1) 在设计电路时，要设法使三极管工作在安全区以内，而且还要留有余地。例如，增大功率余量，改善散热情况，选用较低的电源电压。

(2) 使用时要尽量避免产生过压和过流的可能性，不要将负载开路或短路，不要突然加强信号，同时不允许电源电压有很大波动。

(3) 采取适当的保护措施。

为了防止由于感性负载而使管子产生过压或过流，可在负载两端并以容性网络以抵消感性负载的不利影响（如图 7.12 中的 R_2、C_5 构成的网络）。

此外，也可在功率管的输入端、输出端并以保护二极管或稳压管，如图 7.23 所示。当出现瞬时过电压时以保护功率管。

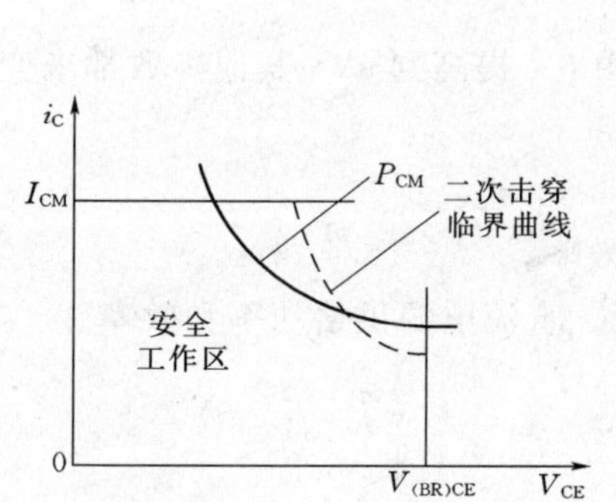

图 7.22 由 I_{CM}、P_{CM}、$U_{(BR)CEO}$和二次击穿临界曲线限制的安全工作区

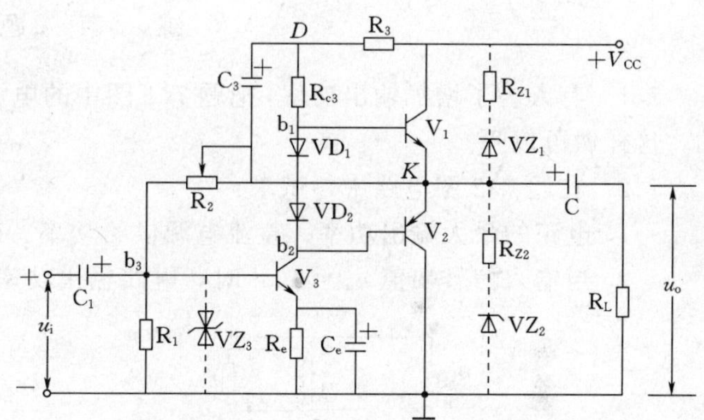

图 7.23 功放管的保护电路

思考题与练习题

思 考 题

1. 功率放大器的主要任务是什么？

2. 功率放大电路与电压放大电路有何异同？有何特殊要求？

3. 什么是甲类放大、乙类放大和甲乙类放大？电路的工作点如何设置？

4. 某收音机末级采用单管甲类功放电路，当音量开大时或开小时，哪一种情况下输出功率大？哪一种情况管耗大？

5. 功放电路中功放管常常处于极限状态，试问选择功放管时特别要考虑哪些参数？

6. 什么是交越失真，怎样消除交越失真？

7. OTL 电路中的输出电容有何作用？

8. 甲类功率放大电路，信号幅度越大，失真越大，这是为什么？乙类推挽功率放大电路信号幅度越小，失真反而明显，这是为什么？这两种失真有何区别？

9. 解决提高放大器输出效率又降低失真，应采用哪种电路形式？

10. 同样是采用变压器实现电路与负载耦合，为什么乙类推挽电路比单管耦合电路的输出功率和效率都提高了？

11. 画出简单的OCL和OTL电路，分析其工作原理，并写出理想条件下输出功率、效率表达式。

12. 准互补对称电路有什么优点？

13. 试比较OCL和OTL电路的优、缺点。

14. 在讨论功放电源的供电问题时，某甲认为从能量守恒的概念出发，当输出功率大时，电源供给的电流也应加大；某乙认为只要输出不失真，电流应在静态值上下波动，不管输出幅度大小，其平均值不变。你认为这些说法对吗？

练 习 题

7.1 有人为了增加输出功率，把题7.1图中的电源电压由6V提高到9V，其他参数都未变动，这样做可以吗？

7.2 在题7.2图电路中，试求：

1. 电路的最大输出功率、直流电源供给功率、管耗和效率。

2. 当输入信号幅值 $u_{im}=10V$ 时，电路输出功率、管耗、直流电源供给功率和效率。

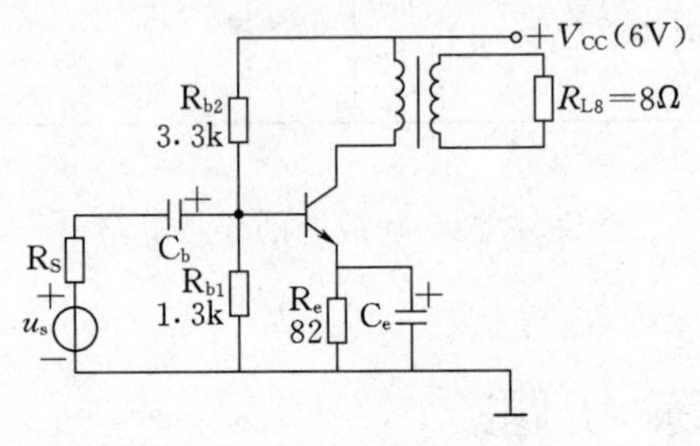

题7.1图

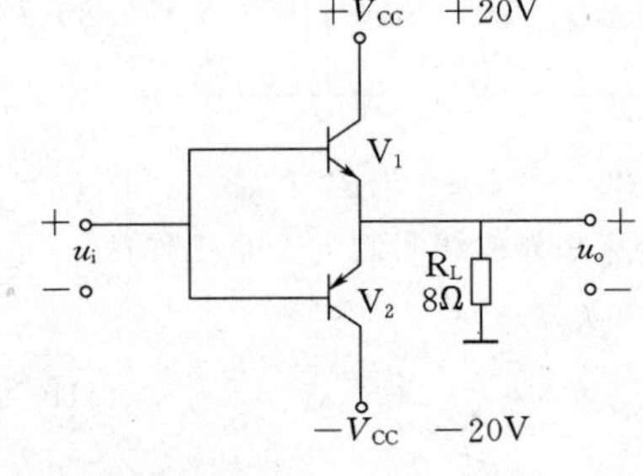

题7.2图

7.3 功率放大电路如题7.3图所示。试求：

1. 电路最大不失真输出功率、管耗和效率。

2. 根据极限参数，怎样选择电路中所用功放管。

3. 电路中 B 点直流电位大于 $\frac{1}{2}V_{CC}$ 应如何调整？

7.4 题7.4图的电路中，三极管 V_1 和 V_2 的 $V_{CES}\approx 3V$，设输入信号足够大，试求该电路最大输出功率和效率。三极管 V_1、V_2 的 P_{CM}、I_{CM} 和 $V_{(BR)CEO}$ 应如何选择？

7.5 某OCL功放电路如题7.5图所示，晶体管为硅管，负载电流 $i_o=1.8\cos\omega t$。

1. 求输出功率 P_o 和最大输出功率 P_{omax}。

2. 求电源供给的功率 P_V。

3. 求效率 η 及最大效率 η_{max}。

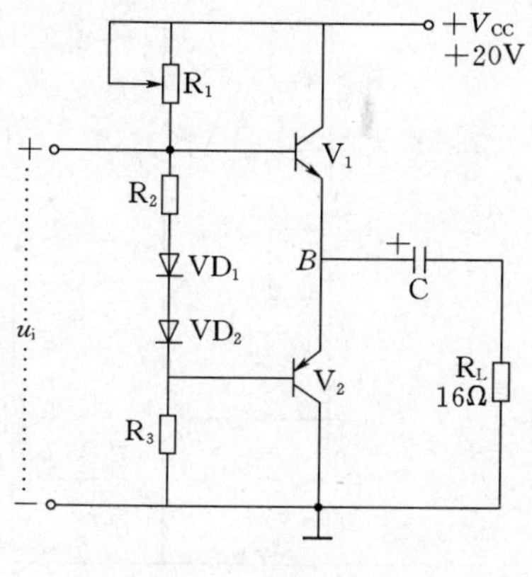

题 7.3 图

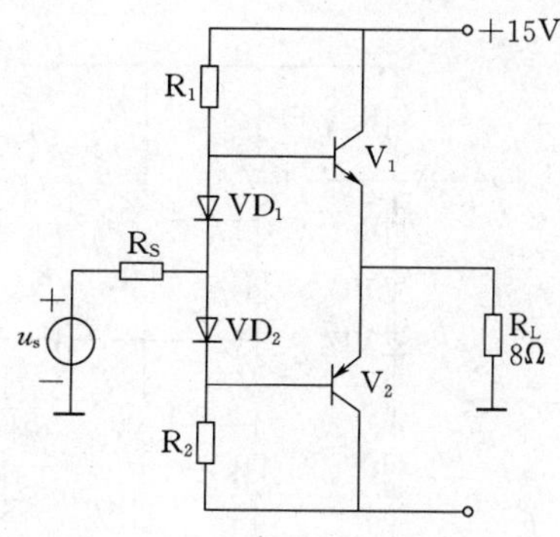

题 7.4 图

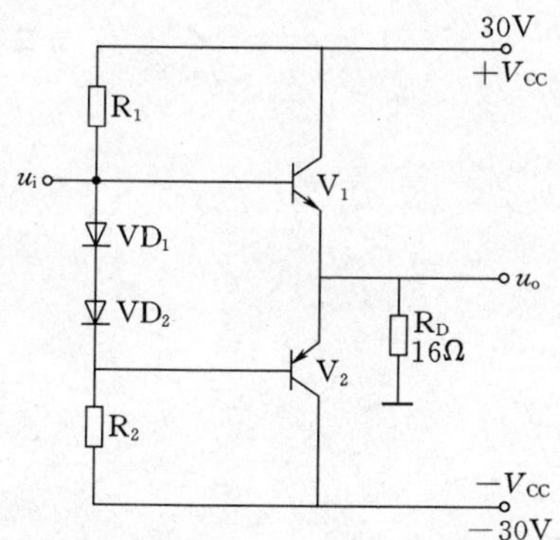

题 7.5 图

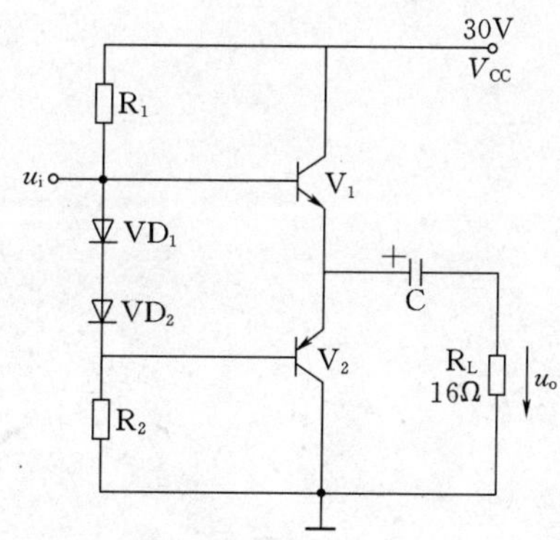

题 7.6 图

4. 说明二极管 VD_1、VD_2 的作用。

7.6　在题 7.6 图所示 OTL 电路中，晶体管均为硅管，负载电流 $i_o=0.9\cos\omega t$。

1. 求输出功率 P_o 和最大输出功率 P_{omax}。
2. 求电源供给的功率 P_u。
3. 求效率 η 及最大效率 η_{max}。
4. 比较 7.5 题与 7.6 题的计算结果，分析 OCL 与 OTL 电路的异同。

7.7　题 7.7 图所示为准互补对称功放电路。

1. 在图中标明三极管 V_1～V_4 的类型。
2. 静态时输出电容 C 两端的电压应为多少？调整哪个元件可达到这个电压值？
3. 调节 R_1 主要解决什么问题？
4. 电阻 R_4 与 R_5 以及 R_6 与 R_7 分别有哪些作用？

7.8　在题 7.8 图所示电路中，测量时发现三极管集电极静态电流偏大，应如何调节？如果 K 点电位大于 $V_{CC}/2$，又应如何调节？

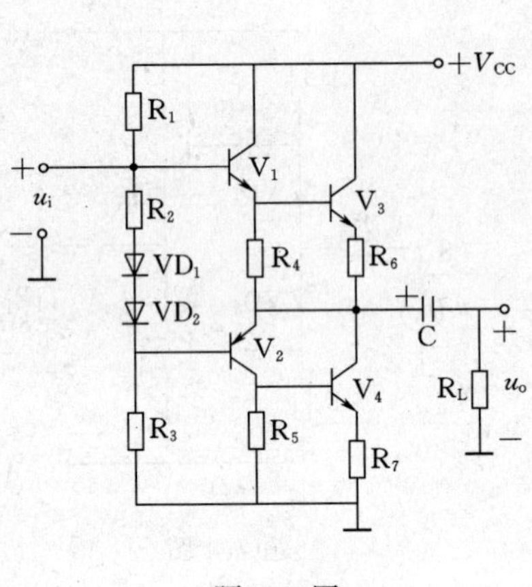

+V_{CC}
R_1
u_i
R_2
VD_1
VD_2
V_1
V_2
V_3
V_4
R_3
R_4
R_5
R_6
R_7
C
R_L
u_o

+V_{CC}
R_{P1}
R_{P2}
V_2
V_3
K
C
u_i
VD_1
R
R_L
u_o

题 7.7 图

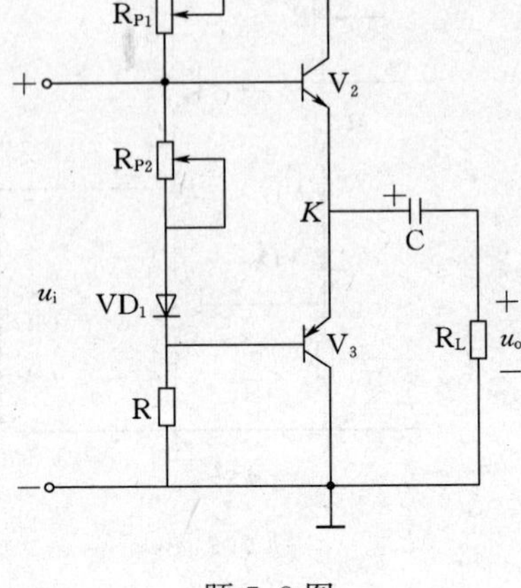

题 7.8 图

第8章 直 流 稳 压 电 源

本 章 重 点 内 容

- 整流电路的工作原理及元器件参数的选择。
- 电容滤波电路的工作原理。
- 分立及集成稳压电路的工作原理。

8.1 直流稳压电源的组成

直流稳压电源的组成如图 8.1 所示。

1. 电源变压器

电网提供的单相交流电一般为有效值 220V（或三相为 380V），而各种电子设备所需直流电压的大小常不相同。因此，常常需要将电网电压先经过电源变压器变压后，再进行整流、滤波和稳压，得到所需要的直流电压值。

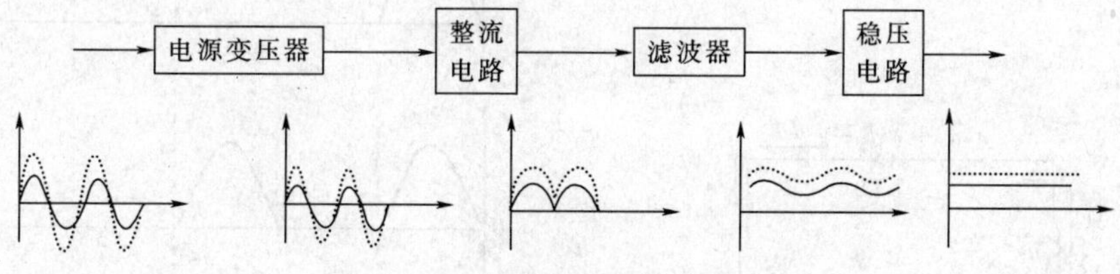

图 8.1 直流稳压电源的组成

2. 整流电路

整流电路的作用是利用具有单向导电性能的整流元件，将正负交替的正弦交流电压整流成为单方向的脉动电压。但是，这种单向脉动电压往往包含着很大的脉动成分，距离理想的直流电压还差得很远。

3. 滤波器

滤波器由电容、电感等储能元件组成。其作用是尽可能地将单向脉动电压的脉动成分滤除，使输出电压成为比较平滑的直流电压。但是当电网电压或负载电流发生变化时，滤波器输出直流电压值也将随之而变化，在要求比较高的电子设备中，这种情况不符合要求。

4. 稳压电路

稳压电路的作用是使输出直流电压在电网电压或负载电流发生变化时保持稳定。

8.2 小功率整流与滤波电路

8.2.1 单相整流电路

把交流电转换成直流电的电路称为整流电路。单相整流电路分为半波整流、全波整流、桥式整流及倍压整流电路等。

8.2.1.1 单相半波整流电路

1. 电路的组成及工作原理

图 8.2 (a) 所示为单相半波整流电路。它由变压器 T 和整流二极管 VD 组成。如果变压器的初级输入正弦电压 u_1，则在次级可得同频的交流电压 u_2，设 $u_2=\sqrt{2}U_2\sin\omega t$。

当 u_2 为正半周时，A 端电位高于 B 端电位，二极管 VD 因正向偏置而导通，电流由 A 端→VD→R_L→B 端，自上而下流过 R_L，在 R_L 上得到上正下负的电压 u_0，若忽略二极管正向压降，负载上的电压 $u_0=u_2$，波形如图 8.2 (b) 所示。

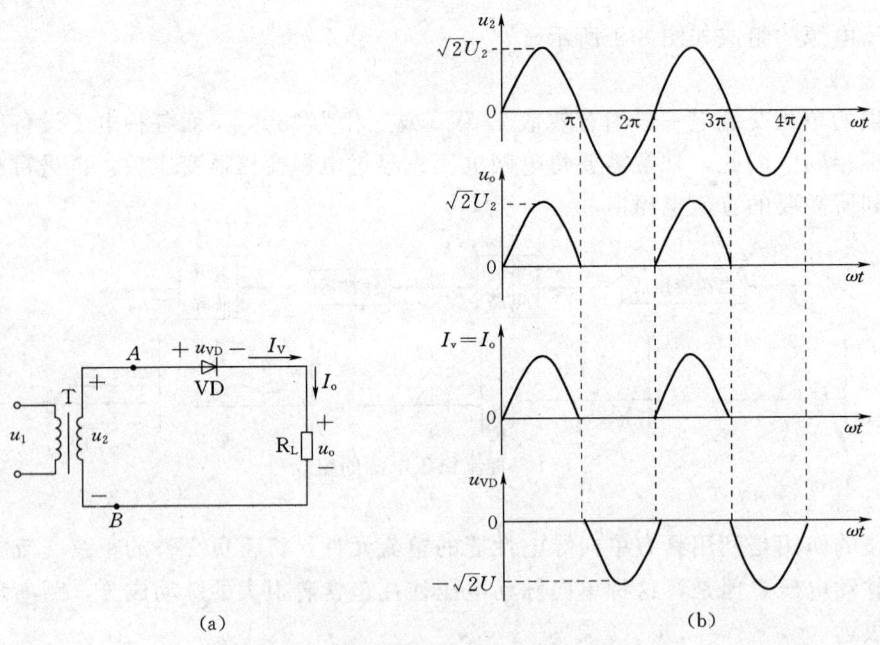

图 8.2 单相半波整流电路及波形图

(a) 电路图；(b) 波形图

当 u_2 是负半周时，A 端电位低于 B 端电位，二极管 VD 因反向偏置而截止，电路中无电流流过，负载电压 u_0 为零。

可见，在交流电压 u_2 的整个周期内，负载 R_L 上将得到一个单方向的脉动直流电压（大小变化，方向不变），由于流过负载的电流和加在负载两端的电压只有半个周期的正弦波，故称为半波整流。

2. 负载上的直流电压

直流电压是指一个周期内脉动电压的平均值，即

$$U_O = \frac{1}{2\pi}\int_0^{2\pi} u_O \mathrm{d}(\omega t) = \frac{1}{2\pi}\int_0^{\pi} \sqrt{2}\,U_2 \sin\omega t \mathrm{d}(\omega t) = \frac{2\sqrt{2}}{2\pi}U_2 \approx 0.45\,U_2 \tag{8.1}$$

3. 整流二极管参数

由图 8.2（a）可知，流过整流二极管的平均电流 I_V 与流过负载的电流相等，即

$$I_V = I_O = \frac{0.45U_2}{R_L} \tag{8.2}$$

当二极管截止时，它承受的反向峰值电压 U_{RM} 是变压器次级电压的最大值，即

$$U_{RM} = \sqrt{2}\,U_2 \tag{8.3}$$

根据式（8.2）、式（8.3）就可以选择整流二极管的类型，但考虑到电网电压的波动和其他因素，在具体选择二极管时要留有一定的余量。

8.2.1.2 单相桥式整流电路

1. 电路的组成及工作原理

桥式整流电路由变压器 T 和四个二极管组成，如图 8.3（a）所示。由图可见，四个二极管接成桥式，在四个顶点中，相同极性接在一起的一对顶点接向直流负载 R_L，不同极性接在一起的一对顶点接向交流电源。图 8.3（b）是桥式整流电路的简化画法。

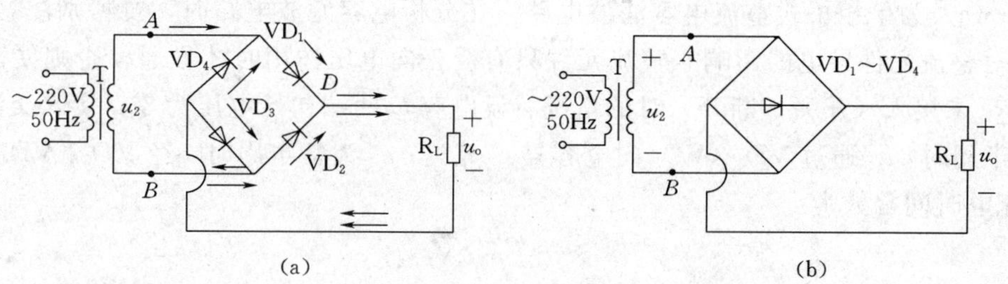

图 8.3 单相桥式整流电路

（a）习惯画法；（b）简化画法

当 u_2 为正半周时，A 端电位高于 B 端电位，整流二极管 VD_1、VD_3 导通，VD_2、VD_4 截止，电流从 A 端→VD_1→R_L→VD_3→B 端，自上而下流过 R_L，在 R_L 上得到上正下负的电压。当 u_2 为负半周时，A 端电位低于 B 端电位，整流二极管 VD_2、VD_4 导通，VD_1、VD_3 截止，电流从 B 端→VD_2→R_L→VD_4→A 端，自上而下流过 R_L，在 R_L 上得到上正下负的电压。这样在 u_2 的整个周期内，都有单向脉动的电压输出，输出波形如图 8.4 所示。

2. 负载上的直流电压和直流电流

由上述分析可知，桥式整流负载电压和电流是半波整流的两倍。

$$U_0 = 0.9U_2 \tag{8.4}$$

$$I_0 = 0.9\,\frac{U_2}{R_L} \tag{8.5}$$

3. 整流二极管参数

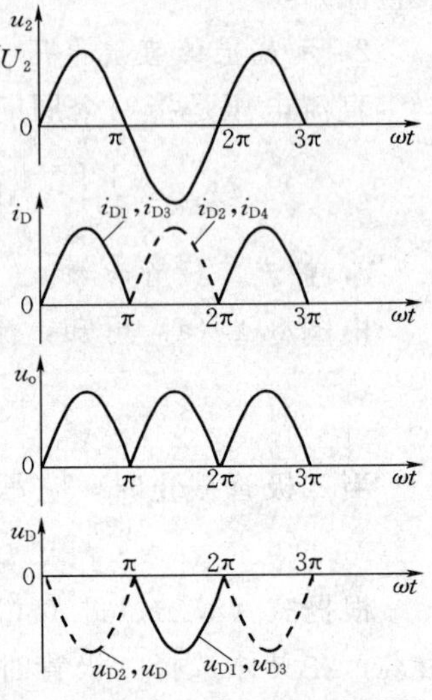

图 8.4 桥式整流电路的波形图

在桥式整流电路中，因为二极管 VD_1、VD_3 和 VD_2、VD_4 在电源电压变化的一个周内是轮流导通的，所以流过每个二极管的电流都等于负载电流的一半，即

$$I_V = \frac{1}{2}I_O = 0.45\frac{U_2}{R_L} \tag{8.6}$$

整流二极管在截止时管子两端承受的最大反向电压 U_{RM} 就是 U_2 的最大值，即

$$U_{RM} = \sqrt{2}U_2 \tag{8.7}$$

桥式整流电路的优点是输出电压高、纹波电压小、管子承受的最大反向电压较低，同时电源变压器的利用率较高。但是电路中需用四个整流二极管。桥式整流电路目前已做成模块（叫整流桥），其输出电流、耐反压等指标有系列标称值可选用。

8.2.2 滤波电路

整流电路输出的直流电压脉动大，为了得到平滑的直流电压，必须采用滤波电路来滤除脉动直流电压中的交流成分。常用的滤波电路有电容滤波、电感滤波、LC 滤波和 Π 型滤波。

1. 电容滤波电路

图 8.5（a）为单相桥式整流电容滤波电路。在分析电容滤波电路时，要特别注意电容器两端电压 u_C 对整流元件导电的影响。整流元件只有受正向电压作用时才导通，否则便截止。

负载 R_L 未接入（开关 S 断开）时的情况：设电容 C 两端初始电压为零，接入交流电源后，当 u_2 为正半周时，u_2 通过 VD_1、VD_3 向电容器 C 充电；u_2 为负半周时，经 VD_2、VD_4 向电容器 C 充电，充电时间常数为

$$\tau = R_{int} \cdot C \tag{8.8}$$

式中 R_{int} 包括变压器副绕组的直流电阻和二极管 VD 的正向电阻。由于 R_{int} 一般很小，电容器很快就充电到交流电压 u_2 的最大值 $\sqrt{2}U_2$（极性如图 8.5（a）所示）。因电容器无放电回路，故输出电压（即电容器 C 两端的电压 u_C）保持在 $\sqrt{2}U_2$ 上，如图 8.5（b）中 $\omega t<0$ 部分所示。

接入负载 R_L（开关 S 合上）的情况：设变压器副边电压 u_2 从 0 开始上升（即正半周开始）时接入负载 R_L，由于电容器在负载未接入前充了电，故刚接入负载时 $u_2<u_C$，二极管受反向电压作用截止，电容器 C 经 R_L 放电，放电的时间常为

$$\tau_d = R_L \cdot C \tag{8.9}$$

因 τ_d 一般较大，故电容 C 两端的电压 u_C 按指数规律慢慢下降。其输出电压 $u_O=u_C$，如图 8.5（b）的 ab 段所示。与此同时，交流电压 u_2 按正弦规律上升。当 $u_2>u_C$ 时，二极管 VD_1、VD_3 受正向电压作用而导通，此时 u_2 经二极管 VD_1、VD_3 向负载 R_L 提供电流，并向电容器 C 充电（接入负载时的充电时间常数 $\tau_C=(R_L//R_{int})\cdot C\approx R_{int}C$ 很小），u_C 将如图 8.5（b）所示的 bc 段，图中 bc 段上的阴影部分为电路中的电流在整流器内阻 R_{int} 上产生的压降。u_C 随着交流电压

u_2 升高到接近最大值 $\sqrt{2}U_2$。然后，u_2 又按正弦规律下降。当 $u_2 < u_C$ 时，二极管受反向电压作用而截止，电容器 C 又经 R_L 放电，u_C 波形如图 8.5 (b) 中的 cd 段。电容器 C 如此周而复始地进行充放电，负载上便可得到如图 8.5 (b) 所示的一个近似锯齿状波动的电压 $u_0 = u_C$，使负载电压的波动大为减小。

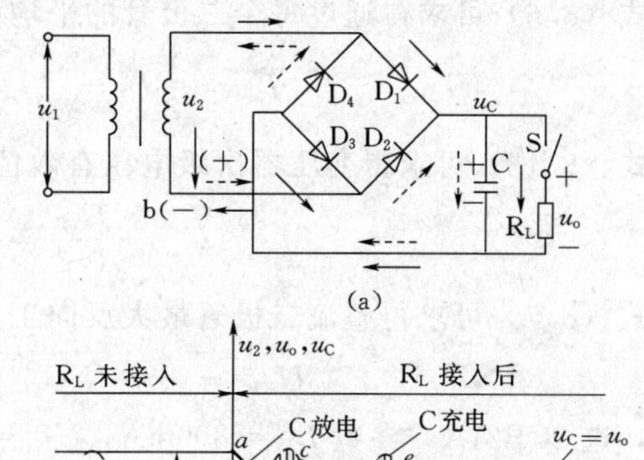

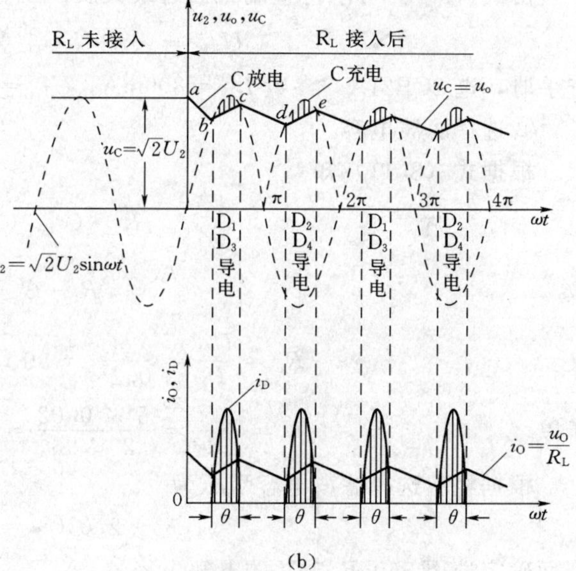

图 8.5　桥式整流电容滤波电路

(a) 电路图；(b) 波形图

电容滤波电路的主要特点如下：

(1) 二极管的导电角 $\theta < \pi$，流过二极管的瞬时电流 i_D 很大，如图 8.5 (b) 所示。电流的有效值和平均值的关系与波形有关，在平均值相同的情况下，i_D 波形越尖，有效值越大。在纯电阻负载时，变压器副边电流的有效值 $I_2 = 1.11 \cdot I_O$，而有电容滤波时，则

$$I_2 \approx (1.5 \sim 2.0) \cdot I_O \tag{8.10}$$

(2) 负载平均电压 U_O (或 $U_{O(AV)}$) 升高，纹波 (交流成分) 减小，且 $R_L \cdot C$ 越大，电容放电速率越慢，则负载电压中的纹波成分越小，负载平均电压越高。为了得到平滑的负载电压，一般取

$$\tau_d = R_L \cdot C \geqslant (3 \sim 5) \cdot \frac{T}{2} \tag{8.11}$$

式中 T 为电源交流电压的周期。

(3) 负载平均直流电压 U_O 随负载平均电流 I_O 增加而减小。U_O 随 I_O 的变化关系称为输出特性或外特性。图 8.6 所示为纯电阻负载时电容滤波桥式整流电路的输出特性。

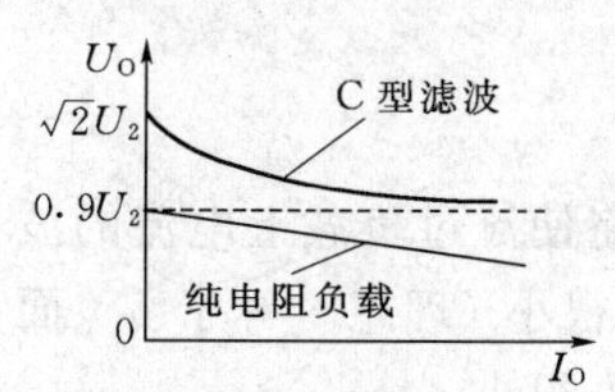

图 8.6　电容滤波桥式整流电路的输出特性

C 值一定，当 $R_L = \infty$ (即空载) 时，负载直流电压 $U_O = \sqrt{2}U_2 \approx 1.4U_2$。

当 $C = 0$ (即无电容) 时，负载直流电压为

$$U_O = 0.9U_2 \tag{8.12}$$

在整流电路的内阻不太大 (几欧) 和放电时间常数满足式 (8.11) 的关系时，电容滤波电路的负载直流电压约为

$$U_O = (1.1 \sim 1.2) \cdot U_2 \tag{8.13}$$

电容滤波电路的优点是，电路简单、负载直流电压 U_O 较高、纹波较小等，它的缺点是输出特性较差，故适用于负载电压较高、负载变动不大的场合。

例 8.1　一单相桥式整流电容滤波电路的输出电压 $U_O = 24V$，负载电流为 250 mA，试选择整流二极管和滤波电容 C 的大小，并计算变压器次级的电压、电流值。

解：①选择整流二极管

由式（8.6）可求得通过每个二极管的平均电流为

$$I_V = \frac{1}{2}I_O = \frac{1}{2} \times 250 = 125\ \text{mA}$$

由式（8.13）可求得变压器次级电压有效值为

$$U_2 = \frac{U_O}{1.2} = \frac{24}{1.2} = 20\ \text{V}$$

由式（8.7）可求得整流二极管最大反向工作电压为

$$U_{RM} = \sqrt{2}U_2 = \sqrt{2} \times 20 = 28\ \text{V}$$

查手册，选 2CP21A，参数 I_{OM}=300mA，U_{RM}=50 V。

②选择滤波电容

根据式（8.11）知

$$R_L \cdot C \geqslant (3 \sim 5)\frac{T}{2}$$

取 $$R_L \cdot C \geqslant 5\frac{T}{2}$$

又 $$R_L = \frac{U_O}{I_O} = \frac{24}{0.25} = 96\ \Omega \qquad T = \frac{1}{50} = 0.02\ \text{s}$$

所以 $$C = \frac{5T}{2R_L} = \frac{5 \times 0.02}{2 \times 96} = 0.000520\ \text{F} \approx 520\ \mu\text{F}$$

根据经验选择滤波电容耐压为

$$(1.5 \sim 2.0)U_2 = 2 \times 20 = 40\ V$$

因而确定选用 560μF/50V 的电解电容器。

③求变压器次级电压和电流

根据上面的计算结果

$$U_2 = \frac{U_O}{1.2} = \frac{24}{1.2} = 20\ \text{V}$$

由式（8.10）可求得变压器次级电流为

$$I_2 \approx (1.5 \sim 2.0)I_O = 2 \times 250 = 500\ \text{mA}$$

2. 电感滤波电路

电感具有阻止电流变化的特点，如在负载回路中串联一个电感，将使流过负载上电流的波形较为平滑。或者，从另一个方面来分析，因为电感对直流分量的电阻很小（理想时等于零）而对交流分量感抗很大，因此能够得到较好的滤波效果，而直流电压损失很小。

在图 8.7 所示的电感滤波电路中，L 串联在 R_L 回路中。根据电感的特点，当输出电流发生变化时，L 中将感应出一个反电势，其方向将阻止电流发生变化。在半波整流电路中，这个反电势将使整流管的导电角大于 180°。但是，在桥式整流电路中，虽然 L 上的反电势有延长整流管导电角的趋势，但是 VD_1、VD_3 和 VD_2、VD_4 不能同时导电。例如，当 u_2 的极性由正变负（见图 8.7）后 L 上的反电势有助于 VD_1、VD_3

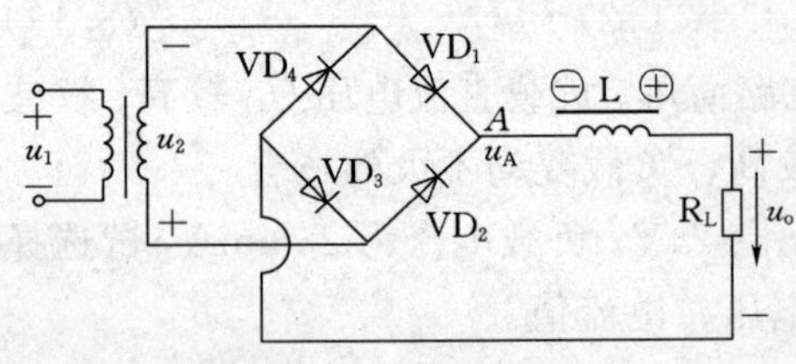

图 8.7 电感滤波电路

继续导电，但由于此时 VD_2、VD_4 导电，变压器副边电压 u_2 全部加到 VD_1、VD_3 两端，其极性将使 VD_1、VD_3 反向偏置，因而 VD_1、VD_3 截止。在桥式整流电路中，虽然采用电感滤波，但整流二极管仍然每管导电 180°，图中 A 点的电压波形就是桥式整流的输出波形，与纯电阻负载时相同。

由于电感的直流电阻很小、交流阻抗很大，因此直流分量经过电感后基本上没有损失，但是交流分量在 $j\omega L$ 和 R_L 上分压以后，很大一部分降落在电感 L 上，因而降低了输出电压中的脉动成分。L 愈大、R_L 愈小，则滤波效果愈好，所以电感滤波电路适用于负载电流比较大的场合。采用电感滤波以后，有延长整流管导电角的趋势，因此电流的波形比较平滑，避免了过大的冲击电流。

3. 复合滤波电路

为了进一步改善滤波效果，降低负载电压 u_O 中的纹波，可以采用复合滤波电路（见图 8.8)。图 8.8 (a) 为 RC－Π 型滤波电路，其性能和应用场合与电容滤波电路相似。图 8.8 (b)、(c) 分别为 LC 滤波电路和 LC－Π 型滤波电路，它们的性能和应用场合与电感滤波电路相似。若需要得到更好的滤波效果，可再采用数节串联的滤波电路。

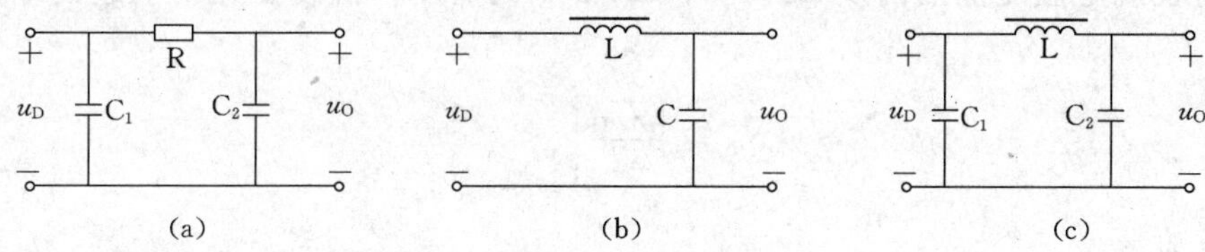

图 8.8 常用的复合滤波电路

(a) RC－Π 型滤波电路；(b) LC 滤波电路；(c) LC－Π 型滤波电路

表 8.1 中列出上述各种滤波电路性能的比较。其中 θ 为二极管的导通角，凡 θ 角小的，整流管的冲击电流大，凡 θ 角大的，整流管的冲击电流小。

表 8.1 各种滤波电路性能的比较

类型性能	电容滤波	电感滤波	LC 滤波	RC 或 LC Π 型滤波
$U_{O(AV)}/U_2$	1.2	0.9	0.9	1.2
θ	小	大	大	小
适用场合	小电流负载	大电流负载	适应性强	小电流负载

8.3 串联型稳压电路

8.3.1 稳压电路的技术指标

稳压电路的技术指标分为两种：一种是特性指标，包括允许的输入电压、输出电压、输出电流及输出电压调节范围等；另一种是质量指标，用来衡量输出直流电压的稳定程度，包括稳压系数、输出电阻、温度系数及纹波电压等。以下为常用的稳压电路质量指标的定义。

1. 稳压系数 S_V

S_V 定义为当环境温度 T（℃）与负载 R_L 不变时，输出电压 U_O 的相对变化量与输入电压 U_I 的相对变化量之比，即

$$S_V = \left.\frac{\Delta U_O / U_O}{\Delta U_I / U_I}\right|_{\substack{\Delta T=0 \\ \Delta R_L=0}} = \left.\frac{\Delta U_O}{\Delta U_I} \cdot \frac{U_I}{U_O}\right|_{\substack{\Delta T=0 \\ \Delta R_L=0}} \tag{8.14}$$

2. 纹波抑制比 S_r

S_r 定义为输入纹波电压（峰—峰值 U_{IMM}）与输出纹波电压（峰—峰值 U_{OMM}）之比（取对数），即

$$S_r = 20\lg \left.\frac{U_{IMM}}{U_{OMM}}\right|_{\substack{\Delta T=0 \\ \Delta R_L=0}} \tag{8.15}$$

3. 输出电压的温度系数 S_T

S_T 定义为在规定温度范围内及 $\Delta U_I=0$、$\Delta R_L=0$ 时，单位温度变化所引起的输出电压的变化量，即

$$S_T = \left.\frac{\Delta U_O}{\Delta T}\right|_{\substack{\Delta U_I=0 \\ \Delta R_L=0}} \tag{8.16}$$

4. 输出电阻 r_O

r_O 定义为输入电压与环境温度不变时，输出电压的变化量与输出电流变化量之比，即

$$r_O = \left.\frac{\Delta U_O}{\Delta I_O}\right|_{\substack{\Delta T=0 \\ \Delta U_I=0}} \tag{8.17}$$

5. 电流调整率 S_I

在工程中，常用输出电流 I_O 由零变到最大额定值时，输出电压的相对变化量来表征这个性能，称为电流调整率，即

$$S_I = \left.\frac{\Delta U_O}{U_O}\right|_{\substack{\Delta T=0 \\ \Delta U_I=0}} \times 100\% \tag{8.18}$$

8.3.2 串联型稳压电路

8.3.2.1 电路组成和工作原理

串联型稳压电路的原理方框图如图 8.9 所示，电路组成包括采样电路、调整管、基准电压与放大电路。

1. 采样电路

由电阻 R_1、R_2 和 R_3 组成，取出 U_O 的一部分 U_F 送到放大电路的反相输入端。

2. 基准电压和放大电路

基准电压 U_{REF} 接到放大电路的同相输入端。将采样电压 U_F 与基准电压 U_{REF} 进行比较后，再

将二者的差值进行放大。

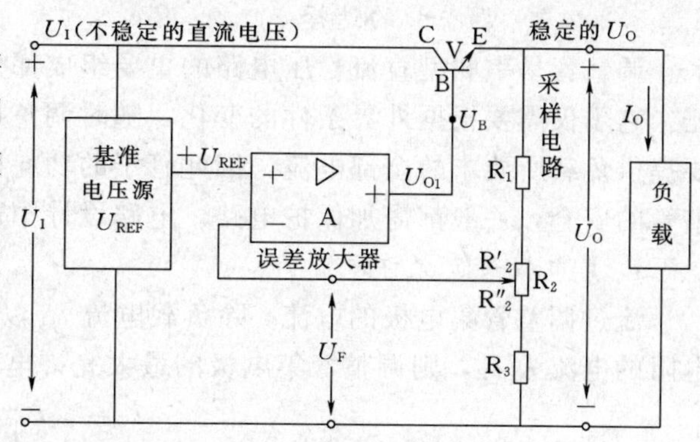

图 8.9 串联型稳压电路

放大电路A的作用是将基准电压与采样电压之差 ($U_{REF}-U_F$) 进行放大，然后再送到调整管的基极。如果放大电路的放大倍数比较大，则只要输出电压U_O产生一点微小的变化，即能引起调整管的基极电压U_B发生较大的变化，提高了稳压效果。因此，放大倍数愈大，则输出电压的稳定性愈高。

3. 调整管

调整管V接在输入直流电压U_I和输出端的负载电阻R_L之间。在基极电压U_B的作用下，调整管的集—射电压U_{CE}将发生相应的变化，最终调整输出电压$U_O=U_I-U_{CE}$使之基本保持稳定。

现在分析串联型稳压电路的稳压原理。在图8.9中，假设由于U_I增大（或假定I_O减小）而导致输出电压U_O增大，则通过采样后反馈到放大电路反相输入端的电压U_F也按比例地增大，但其同相输入端的电压U_{REF}保持不变。故放大电路的差模输入电压$U_{id}=U_{REF}-U_F$将减小，于是放大电路的输出电压U_{O1}减小，使调整管的基极电压$U_B=U_{O1}$减小，从而引起调整管的$U_{BE}=U_B-U_O$减小、I_C减小、U_{CE}增大，结果阻止输出电压$U_O=U_I-U_{CE}$增大。

以上稳压过程可简明表示如下：

$$U_I\uparrow \text{或} I_O\downarrow \rightarrow U_O\uparrow \rightarrow U_F\uparrow \rightarrow U_{id}\downarrow \rightarrow U_B\downarrow \rightarrow I_C\downarrow \rightarrow U_{CE}\uparrow \rightarrow U_O\downarrow$$

由此看出，串联型稳压电路稳压的过程，实质上是通过电压负反馈使输出电压保持基本稳定的过程。

8.3.2.2 输出电压的调节范围

串联型直流稳压电路的一个优点是允许输出电压在一定范围内进行调节。这种调节可以通过改变采样电阻中电位器R_2的滑动端位置来实现。

在图8.8中，误差放大器的$u_+=U_{REF}$、$u_-=U_F$，故当$U_F=U_{REF}$时，稳压电路达到稳定状态。假设输出电压为U_O，则

$$U_F=\frac{R''_2+R_3}{R_1+R_2+R_3}\cdot U_O=U_{REF}$$

因而

$$U_O=\frac{R_1+R_2+R_3}{R''_2+R_3}\cdot U_{REF} \tag{8.19}$$

当R_2的滑动端调至最上端时，$R'_2=0$，$R''_2=R_2$，U_O达到最小值，此时

$$U_{Omin}=\frac{R_1+R_2+R_3}{R_2+R_3}\cdot U_{REF} \tag{8.20}$$

而当R_2的滑动端调至最下端时，$R'_2=R_2$，$R''_2=0$，U_O达到最大值，可得

$$U_{Omax}=\frac{R_1+R_2+R_3}{R_3}\cdot U_{REF} \tag{8.21}$$

8.3.2.3 调整管的选择

调整管是串联型直流稳压电路的重要组成部分，工作在放大区，担负着调整输出电压的重任。它不仅需要根据外界条件的变化，随时调整本身的管压降，以保持输出电压稳定，而且还要提供负载所要求的全部电流，因此管子的功耗比较大，通常采用大功率三极管。为了保证调整管的安全，一般都需加保护电路。电路设计中选择调整管型号时，需对主要参数进行估算。

1. 集电极最大允许电流 I_{CM}

流过调整管集电极的电流，除负载电流 I_O 以外，还有流入采样电阻的电流。假设流过采样电阻的电流为 I_R，则调整管集电极的最大允许电流为

$$I_{CM} \geqslant I_{Omax} + I_R \tag{8.22}$$

式中 I_{Omax}是负载电流的最大值。

2. 集电极和发射极之间的反向击穿电压 $U_{(BR)CEO}$

稳压电路正常工作时，调整管上的电压降约为几伏。若负载短路，则整流滤波电路的输出电压即稳压电路的输入电压 U_I 将全部加在调整管两端。电容滤波电路输出电压的最大值可能接近于变压器副边电压的峰值（即 $U_I \approx \sqrt{2}U_2$），再考虑电网可能有±10%的波动，应选择三极管的参数为

$$U_{(BR)CEO} \geqslant U'_{I\,max} = 1.1 \times \sqrt{2}U_2 \tag{8.23}$$

式中 U'_{Imax}是空载时整流滤波电路的最大输出电压。

3. 集电极最大允许耗散功率 P_{CM}

调整管两端的电压 $U_{CE}=U_I-U_O$，则调整管的功耗为 $P_C=U_{CE}\cdot I_C=(U_I-U_O)\cdot I_C$。当电网电压达到最大值、输出电压 U_O 达到最小值、负载电流 I_O 也达到最大值时，调整管的功耗将最大。所以，应根据下式来选择调整管的参数 P_{CM}：

$$P_{CM} \geqslant (U_{Imax} - U_{Omin}) \times I_{Cmax} \approx (1.1 \times 1.2U_2 - U_{Omin}) \times I_{Cmax} \tag{8.24}$$

式中 U_{Imax}是满载时整流滤波电路的最大输出电压，在电容滤波电路中，可认为其输出电压近似为 $1.2U_2$。

调整管选定以后，为了保证调整管工作在放大区，管子两端的电压降不宜太小，通常使 $U_{CE}=(3\sim8)$ V。由于 $U_{CE}=U_I-U_O$，则稳压电路的输入直流电压应为

$$U_I = U_{Omax} + (3 \sim 8)\text{V} \tag{8.25}$$

对于桥式整流电容滤波电路，此电路的输出电压 U_I 与变压器副边电压 U_2 之间关系近似为 $U_I \approx 1.2U_2$。考虑到电网电压可能有10%的波动，故要求变压器副边电压为

$$U_2 \approx 1.1 \times \frac{U_I}{1.2} \tag{8.26}$$

例 8.2 电路如图 8.10 所示，要求输出电压 $U_O=(10\sim15)$ V，负载电流 $I_O=(0\sim100)$ mA。已选定基准电压的稳压管为 2CW1，其稳定电压 $U_Z=7$V，最小电流 $I_{Zmin}=5$mA，最大电流 $I_{Zmax}=33$mA。初步确定调整管选用 3DD2C，其主要参数为：$I_{CM}=0.5$A，$U_{(BR)CEO}=45$V，$P_{CM}=3$W。要求：

① 假设采样电路总的阻值选定为 2kΩ 左右，则 R_1、R_2 和 R_3 三个电阻分别为多大？

② 估算电源变压器副边电压的有效值 U_2。

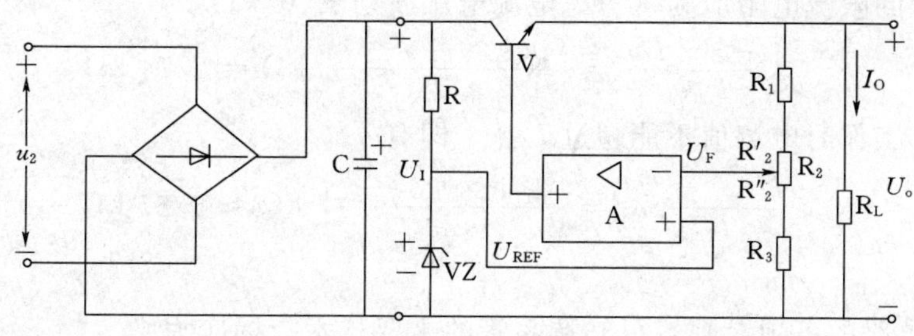

图 8.10 例 8.2图

③ 估算基准稳压管的限流电阻 R 的阻值。

④ 验算稳压电路中的调整管是否安全。

解：① 由式（8.21）可知：

$$U_{Omax} \approx \frac{R_1+R_2+R_3}{R_3}U_Z$$

$$R_3 \approx \frac{R_1+R_2+R_3}{U_{Omax}}U_Z = \left(\frac{2}{15}\times 7\right)\text{k}\Omega = 0.93\text{ k}\Omega$$

选取 $R_3=910\Omega$，由式（8.20）可知

$$U_{Omin} \approx \frac{R_1+R_2+R_3}{R_2+R_3}\cdot U_Z$$

故
$$R_2+R_3 \approx \frac{R_1+R_2+R_3}{U_{Omin}}\cdot U_Z = \left(\frac{2}{10}\times 7\right)\text{k}\Omega = 1.4\text{ k}\Omega$$

则
$$R_2 = (1.4-0.91)\text{ k}\Omega = 0.49\text{ k}\Omega$$

选取 $R_2=510\Omega$（电位器），则

$$R_1 = (2-0.91-0.51)\text{ k}\Omega = 0.58\text{ k}\Omega$$

可取 $R_1=560\Omega$。

在确定了采样电阻 R_1、R_2 和 R_3 的阻值以后，再来验算输出电压的变化范围是否符合要求，此时

$$U_{Omax} \approx \left(\frac{0.56+0.51+0.91}{0.91}\times 7\right)\text{V} = 15.23\text{ V}$$

$$U_{Omin} \approx \left(\frac{0.56+0.51+0.91}{0.51+0.91}\times 7\right)\text{V} = 9.76\text{ V}$$

输出电压的实际变化范围为 $U_O=$（9.76～15.23）V，符合给定的要求。

② 稳压电路的直流输入电压应为

$$U_I = U_{Omax} + (3\sim 8)V = 15V + (3\sim 8)\text{V} = (18\sim 23)\text{ V}$$

取 $U_I=23$V，则变压器副边电压的有效值为

$$U_2 = 1.1\times\frac{U_I}{1.2} = \left(1.1\times\frac{23}{1.2}\right)\text{V} = 21\text{ V}$$

③ 基准电压支路中电阻 R 的作用是保证稳压管 VZ 工作在稳压区，为此通常取稳压管中的电流略大于其最小参考电流值 I_{Zmin}。在图 8.10 中，可认为

$$I_Z = \frac{U_I - U_Z}{R}$$

故基准稳压管的限流电阻应为（考虑电源电压波动±10%）：

$$R \leqslant \frac{U_{\text{Imin}} - U_Z}{I_{\text{Zmin}}} = \left(\frac{0.9 \times 23 - 7}{5}\right) \text{k}\Omega = 2.74\ \text{k}\Omega$$

另外，稳压管正常工作时电流值不能超过 I_{Zmax}，即有

$$R > \frac{U_{\text{Imax}} - U_Z}{I_{\text{Zmax}}} = \left(\frac{1.1 \times 23 - 7}{33}\right) \text{k}\Omega \approx 0.55\ \text{k}\Omega$$

选取 $R_2 = 2\text{k}\Omega$。

④ 根据稳压电路的各项参数，可知调整管的主要技术指标应为

$$I_{\text{CM}} \geqslant I_{\text{Omax}} + I_{\text{R}} = \left(100 + \frac{15.23}{0.56 + 0.51 + 0.91}\right) \text{mA} = 108\ \text{mA}$$

$$U_{(\text{BR})\text{CEO}} \geqslant 1.1 \times \sqrt{2} U_2 = \left(1.1 \times \sqrt{2} \times 21\right) \text{V} \approx 32.7\text{V}$$

$$P_{\text{CM}} \geqslant (1.1 \times 1.2 U_2 - U_{\text{O min}}) \times I_{\text{Cmax}} = [(1.32 \times 21 - 9.76) \times 0.108]\text{W} = 1.94\ \text{W}$$

已知低频大功率三极管 3DD2C 的 $I_{\text{CM}} = 0.5\text{A}$，$U_{(\text{BR})\text{CEO}} = 45\text{V}$，$P_{\text{CM}} = 3\text{W}$，可见调整管的参数符合安全的要求，而且留有一定余地。

8.3.3 三端集成稳压器

三端集成稳压器具有体积小、性能好、成本低、可靠性高、使用简便等优点，被广泛应用于电子仪器和电子设备中。

8.3.3.1 三端集成稳压器的产品分类及特点

三端集成稳压器分固定式、可调式两大类，典型新产品见表 8.2、表 8.3。此外，新近推出的低压差三端集成稳压器，也分固定式、可调式两种，可作为高效 AC/DC 电源转换器使用。

表 8.2 典型固定式三端集成稳压器的主要指标

指标	器件型号					
	7805	7812	7824	7905	7912	7924
输出电压 U_O/V	5	12	24	−5	−12	−24
输入电压 U_I/V	10	19	33	−10	−19	−33
电压调整率 S_U/(%·V^{-1})	0.0455	0.0455	0.0455	0.0455	0.0455	0.0455
电流调整率 S_I/%	1.6	1.17	1.0	1.6	1.17	1.0
纹波抑制比 Sr/dB	68	61	56	54	54	54
静态工作电流 I_O/mA	6	6	6	6	6	6
输出噪声电压 U_{NF}/μV	40	80	200	40	80	200
输出电压温漂 S_T/(mV·C^{-1})	0.6	1.5	3	−0.4	−0.8	−1.1
最小输入电压 U_{Imin}/V	7.5	14.5	26.5	−7	−14	−26
最大输入电压 U_{Imax}/V	35	35	40	−35	−35	−40
最大输出电流 I_{Omax}/A	1.5	1.5	1.5	1.5	1.5	1.5

表 8.3 典型可调式三端集成稳压器主要指标

指标	测试条件	器件型号			
		117/217	317	137/237	337
电压调整率 $S_U/(\% \cdot V^{-1})$	$3V \leqslant \|U_I - U_O\| \leqslant 40V$	0.02	0.02	0.02	0.02
电流调整率 $S_I/\%$	$10mA \leqslant I_O \leqslant I_{Omax}$	0.3	0.3	0.3	0.3
调整端电流 $I_A/\mu A$		100	100	100	100
最小负载电流 I_{Omin}/mA	$\|U_I - U_O\| = 40V$	3.5	3.5	3.5	3.5
纹波抑制比 S_r/dB		80	80	70	76
输出电压温漂 $S_T/(mV \cdot C^{-1})$		0.7	0.7	0.7	0.7
最大输出电流 I_{Omax}/A	$\|U_I - U_O\| \leqslant 15V$	≥1.5	≥1.5	≥1.5	≥1.5
	$\|U_I - U_O\| \leqslant 40V$	0.4	0.4	0.4	0.4

1. 固定式三端集成稳压器

美国仙童公司于 20 世纪 70 年代首先推出了 μA7800 系列和 μA7900 系列固定式三端集成稳压器。这种稳压器只有输入端、输出端和公共端三个引出端。三端集成稳压器的问世，是电源电路的一大革命。它极大地简化了电源的设计与使用，并具有较完善的过流、过压和过热保护功能。固定式三端集成稳压器分正电压输出（7800 系列）、负电压输出（7900 系列）两大类。最大输出电流有 8 种规格：0.1A（78L00 系列）、0.25A（78DL00 系列）、0.3A（78N00 系列）、0.5A（78M00 系列）、1.5A（78 00 系列）、3A（78T00 系列）、5A（78H00 系列）、10A（78P00 系列）。

固定式三端集成稳压器使用方便，不需要作任何调整，且外围电路简单、工作安全可靠，适于制作通用型标称值电压的稳压电源。其缺点是电压不能调整，不能直接获得非标称电压（例如 7.5V、13V 等），输出电压的稳定度还不够高。

2. 可调式三端集成稳压器

可调式三端集成稳压器是 20 世纪 80 年代初发展起来的新产品，它既保留了固定式三端稳压器结构简单的优点，又克服了其电压不可调整的缺点，并且在电压稳定度上也比前者大为提高（如电压调整率可达到 0.02%），输出电压可在一定范围内调整。这类新产品被誉为第三代三端集成稳压器，最适合于制作实验室电源及多种供电方式的直流电源。典型新产品有正电压输出的 LM117/LM217/LM317 系列、负电压输出的 LM137/LM237/LM337 系列等，分别可输出 1.2～37V、－1.2～－37V 连续可调电压。根据可调式三端集成稳压器的允许功耗不同，常用的稳压器又有多种规格（如 LM317 系列、LM317M 系列、LM317L 系列等）。

可调式三端集成稳压器亦分正、负电压输出两种。它们还可作悬浮式集成稳压器使用，获得 100～200V 的高压输出。需要指出，如果把调整元件换成固定电阻，三端可调式就变成三端固定式电源，此时其性能指标仍远优于固定式三端集成稳压器。

上面介绍的两类产品均属于串联调整式，即内部调整管与负载相串联，且调整管工作在线性区域，故亦称为线性集成稳压器。其共同优点是稳压性能好、输出纹波电压小、成本低。其主要缺点是内部调整管的压降大、功耗高、稳压电源的效率较低，一般只有 45%左右。

8.3.3.2 三端集成稳压器的工作原理

1. 固定式三端集成稳压器

这里以 LM7800 型器件为例介绍它的原理电路（见图 8.11 (a)）。它由启动电路、基准电压电路、采样及误差放大电路、调整与保护电路等部分组成。图 8.11 (b) 为 7800 系列三端集成稳压器的外部引脚图。

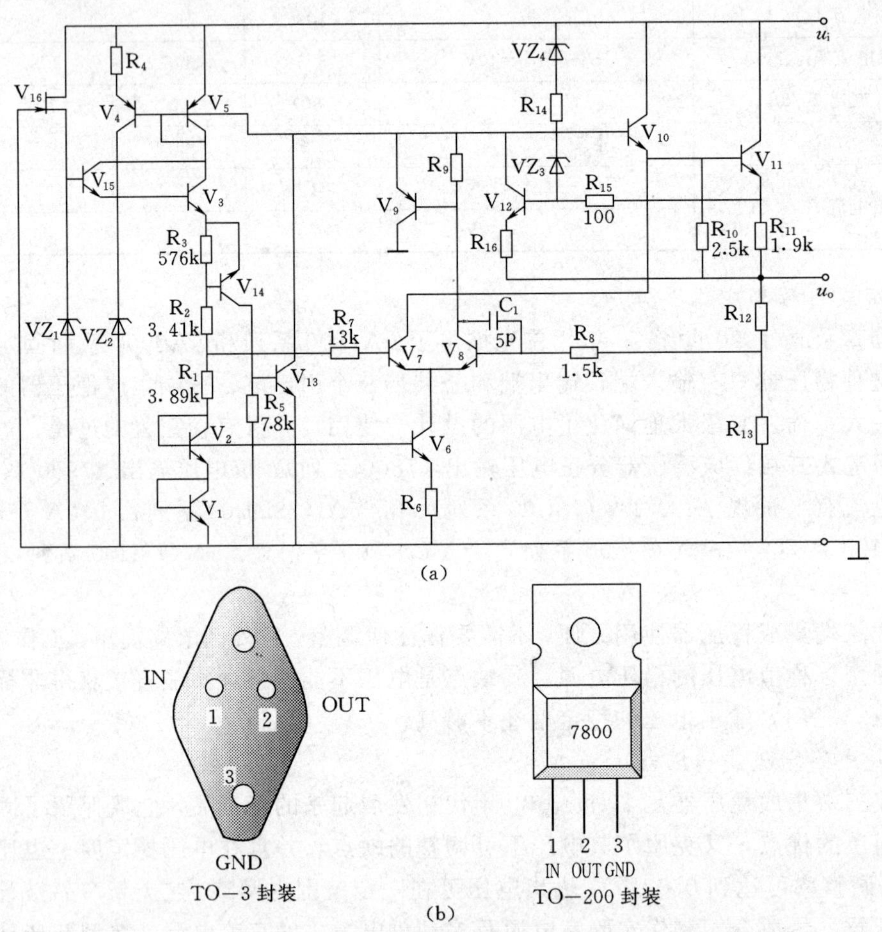

图 8.11 7800 型三端集成稳压器的原理电路与外部引脚图

(a) 原理电路；(b) 外部引脚图

(1) 基准电压

图 8.11 (a) 电路中，温度补偿的基准电压电源由 R_4、V_4、V_5、V_3、VZ_2、R_3、R_2、R_1、V_2、V_1 诸元件构成。先暂时假设 V_4 已经导通，并向 VZ_2 提供一定的电源使之击穿，以得到一个稳定的电压 U_{Z2}，U_{Z2} 经 V_3、R_3、R_2 在 R_1、V_2、V_1 上产生基准电压 U_{REF}。此外，V_4、V_5、R_4 构成微电流源，为 V_4 提供稳定的集电极电流，从而使输入电压 U_1 的变化对 U_{Z2}、U_{REF} 的影响减到了最低程度。

（2）启动电路

上述的基准电压部分，虽可以使 V_4 的导通产生一个稳定的集电极电流，但这个电路在接通电源时不能自行启动。因为 V_4 的导通是以 V_3 导通为条件，而 V_3 的导通又以 V_4 导通为条件，即两管的导通互为依赖关系。因此，在接通电源时，V_3 和 V_4 都无法自行导电。由 V_{16}、VZ_1 和 V_{15} 组成的启动电路，则可以使 V_3、V_4 自动启动。接通电源时，V_{16}导通，从而推动 V_{15}导通，V_{15} 又推动 V_3 导通，从而使 V_4 导电，基准电压部分就可启动。

由于两个稳压管 VZ_1 和 VZ_2 的击穿电压 UZ_1 与 UZ_2 相同，所以一旦启动后，V_{15}便截止，将基准电压部分与启动电路切断联系。

（3）采样及误差放大电路

R_{12}、R_{13}为采样电阻，V_6、V_7、V_8 组成差动电路，作为误差放大器，恒流源 V_5 为差动放大器的有源负载，恒流源 V_6 提供差动放大器的偏置电流。V_9、R_9 组成缓冲电路，当 I_{C8}增大到在 R_9 的压降 $U_{R9}>0.6V$ 时，V_9 导通，起分流作用。这样就减小了 I_{C8}的变化范围，以保证差动放大器能正常工作。

（4）调整与保护电路

V_{10}、V_{11}组成复合调整管。V_{12}、R_{11}和 R_{15}组成限流保护电路。过流时，电阻 R_{11}上的电压升高，使 V_{12}管导通，对 V_{10}基极分流，阻止了 V_{10}基极的额外驱动，达到限制输出电流的目的。

当过电压时，由于输入与输出电压的差值大于稳压管 VZ_3、VZ_4 的击穿电压 ，穿过 VZ_3、VZ_4、R_{14}的比例差值电压的电流驱动 V_{12}，使 V_{12}管在比限流电流值更小的时候就导通。这种情况下，等效于稳压器的限流值减小，从而保证调整管运行在安全工作区。

调整管的功率损耗以热能形式传递到芯片上。为了防止芯片因过热而损坏，除了设计出便于散热的器件外形结构之外，器件内部芯片上也设计有过热保护电路，它由 R_3、V_{14}、V_{13}组成。电阻 R_3 两端电压设置在约 0.4V，常温下 V_{14}、V_{13}都处于截止状态。由于 V_{14}管发射结导通电压具有负温度系数（$-2mV/℃$），即温度升高时所需的导通电压值减小，当发射结电压达到 0.4V 时，V_{14}将导通，驱动 V_{13}将调整管基极电流分流。

7900 系列集成稳压器（输出负电压）的功能和电路基本原理与 7800 系列的类似。

2．可调式三端集成稳压器

可调式三端集成稳压器 LM317 和 LM337 是一种悬浮式串联调整稳压器，它的三个接线端分别称为输入端、输出端和调整端。以 LM317 为例，其电路结构和外接元件如图 8.12(a)所示。

它的内部电路诸如放大器、偏置电路等的公共端改接到输出端，即它们都在输入和输出的差值电压下工作；器件本身无接地端，所消耗的电流都从输出端流出；内部的基准电压 U_{REF}（约 1.2V）相当于接在误差放大器的同相端和调整管之间。若将调整端接地，它就是一个输出电压恒定的固定式三端稳压器。接上外部的调压电阻 R_1、R_2 后，其输出电压为

$$U_O = U_{REF} + \left(\frac{U_{REF}}{R_1} + I_{ADJ}\right) R_2 = U_{REF}\left(1 + \frac{R_2}{R_1}\right) + I_{ADJ} \cdot R_2 \tag{8.27}$$

由于调整端电流 I_{ADJ}很小（$I_{ADJ}\approx 50\mu A$），故 $I_{ADJ} \cdot R_2$ 可以忽略不计，所以式（8.27）可简化为

$$U_O = U_{REF}\left(1 + \frac{R_2}{R_1}\right) \tag{8.28}$$

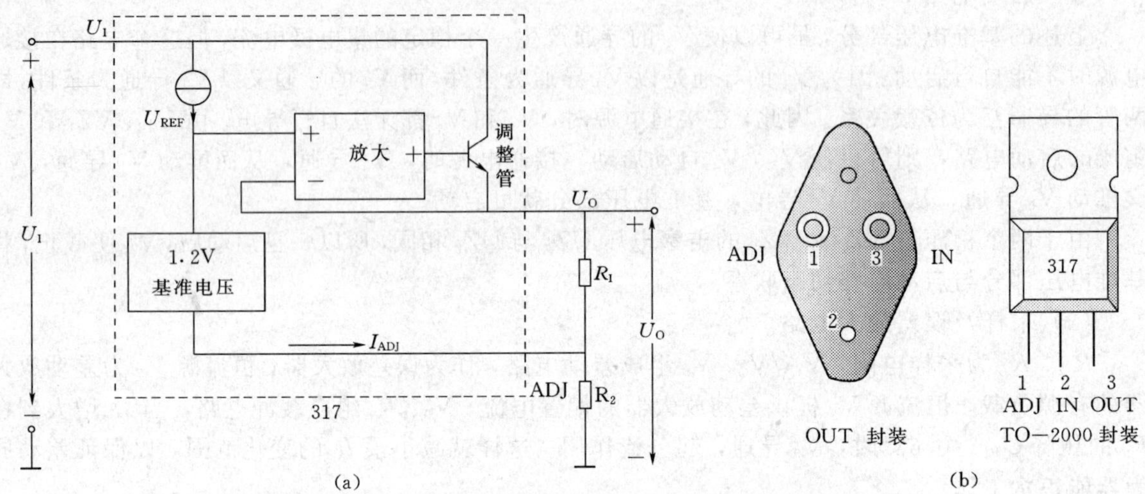

图 8.12 可调式三端集成稳压器的结构与外部引脚图

(a) 结构图；(b) LM317M 的外部引脚图

图 8.12 (b) 为常用的可调正电压输出稳压器 LM317M 的外部引脚图。在使用时需注意的是，U_I-U_O 应满足 I_O (U_I-U_O) $\leqslant P_{Omax}$。在加散热片时，TO－3 封装的 $P_{Omax}\geqslant$15W，TO－220 封装的 $P_{Omax}\geqslant$7.5W，而小功率的可调稳压器 $P_{Omax}\geqslant$0.5W。

LM337 稳压器是与 LM317 对应的负电压输出可调式三端集成稳压器，它的工作原理与电路结构与 LM317 相似。

*8.4 开关型稳压电路

8.4.1 开关型稳压电路的特点和分类

8.4.1.1 开关型稳压电路的特点

1. 效率高

串联型稳压电路的调整管串接在输入和输出端之间，输出电压的稳定是依靠调节调整管的管压降 U_{CE}来实现的，调整管工作在放大区，造成电源效率低，一般只有 50%左右。开关型稳压电路的开关管工作在开关状态（截止、饱和导通），截止期间无电流，不消耗功率，饱和导通时，功耗为饱和压降乘以电流，电源功耗很小，效率明显高于串联型稳压电路，通常可达 65%～90%左右。

2. 体积小重量轻

开关型稳压电路因调整管功耗小，故散热器也可随之减小。而且，许多开关型稳压电路可将电网电压直接整流，省去笨重的电源变压器（工频变压器），从而使体积缩小、重量减轻。另外，它的工作频率高，对滤波元件参数要求较低。

3. 稳压范围宽

由于开关型稳压电路的输出电压是由脉冲波形的占空比来调节的，受输入电压幅度变化的影响较小，所以它的稳压范围很宽，并允许电网电压有较大的变化，一般线性稳压电路允许电网电压波动±10%，而开关型稳压电路在电网电压为140V至260V，电网频率变化±4%时仍可正常工作。

4. 纹波和噪声较大

开关型稳压电路的调整管工作在开关状态，会产生尖峰干扰和谐波干扰，虽经整流滤波，输出电压中的纹波和噪声成分仍较线性稳压电路为大。

5. 电路结构复杂

与串联型稳压电路相比，开关型稳压电路的结构复杂，调试比较麻烦。但随着许多用于开关型稳压电路控制用的集成电路的出现，以及单片开关型集成稳压电源的出现，其外围电路大为简化。

8.4.1.2 开关型稳压电路的分类

开关型稳压电路的种类很多，分类方法也有多种。

(1) 按开关管与负载之间的连接方式分为：串联型、并联型。

(2) 按启动开关管的方式可分为：自激型和它激型。它激型由附加振荡器产生的开关脉冲来控制开关管。自激型由开关管和脉冲变压器构成正反馈电路，形成自激振荡来控制开关管。控制开关管的驱动信号又分电压型、电流型两类。

(3) 按所用开关器件可分为：晶体管开关型稳压电路、MOS场效应管开关型稳压电路、晶闸管开关型稳压电路。

(4) 按稳压的控制方式可分为：脉冲宽度调制（PWM——周期恒定、改变占空比），脉冲频率调制（PFM——导通脉宽恒定、改变工作频率）和混合型调制（即脉宽—频率调制）。PWM、PFM方式统称时间比率控制方式，也称占空比控制。

(5) 按电路的结构可分为：单管型、推挽型、半桥型及全桥型等。单管型又可分为单管正激型和单管反激型。

8.4.2 串联开关型稳压电路

串联开关型稳压电路的组成如图8.13所示。图中包括开关调整管、滤波电路、脉冲调制电路、比较放大器、基准电压和采样电路等各个组成部分。

如果由于输入直流电压或负载电流波动而引起输出电压发生变化时，采样电路将输出电压变化量的一部分送到比较放大电路，与基准电压进行比较并将二者的差值放大后送至脉冲调制电路，使脉冲波形的占空比发生变化。此脉冲信号作为开关调整管的输入信号，使调整管导通和截止时间的比例也随之发生变化，从而使滤波以后输出电压的平均值基本保持不变。

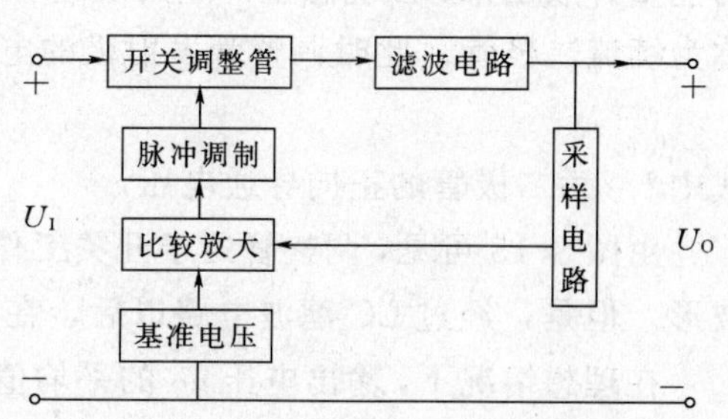

图8.13 开关型稳压电路的组成

图8.14为一个最简单的开关型稳压电路的原理

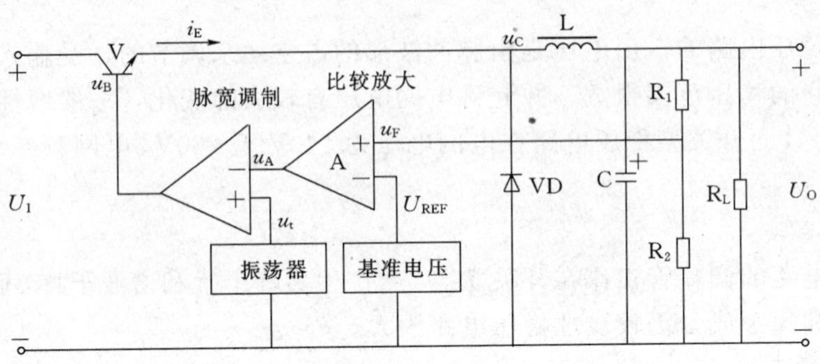

图 8.14 脉冲调宽式开关型稳压电路原理图

电路图。电路的控制方式采用脉冲宽度调制式。

图 8.14 中三极管 V 为工作在开关状态的调整管。由电感 L 和电容 C 组成滤波电路，二极管 VD 称为续流二极管。脉冲宽度调制电路由一个比较器和一个产生三角波的振荡器组成。运算放大器 A 作为比较放大电路，基准电源产生一个基准电压 U_{REF}，电阻 R_1、R_2 组成采样电阻。

下面分析图 8.14 电路的工作原理。由采样电路得到的采样电压 u_F 与输出电压成正比，它与基准电压进行比较并放大以后得到 u_A，被送到比较器的反相输入端。振荡器产生的三角波信号 u_t 加在比较器的同相输入端。当 $u_t > u_A$ 时，比较器输出高电平，即

$$u_B = + U_{OPP}$$

当 $u_t < u_A$ 时，比较器输出低电平，即

$$u_B = - U_{OPP}$$

故调整管 V 的基极电压 u_B 成为高、低电平交替的脉冲波形，如图 8.15 所示。

当 u_B 为高电平时，调整管饱和导通，此时发射极电流 i_E 流过电感和负载电阻，一方面向负载提供输出电压，同时将能量储存在电感的磁场中。由于三极管 V 饱和导通，因此其发射极电位 u_E 为

$$u_E = U_I - U_{CES}$$

上式中 U_I 为直流输入电压，U_{CES}为三极管的饱和管压降。u_E 的极性为上正下负，则二极管 VD 被反向偏置，不能导通，故此时二极管不起作用。

当 u_B 为低电平时，调整管截止，$i_E = 0$。但电感具有维持流过电流不变的特性，此时将储存的能量释放出来，在电感上产生的反电势使电流通过负载和二极管继续流通，因此，二极管 VD 称为续流二极管。此时调整管发射极的电位为

$$u_E = - U_D$$

式中 U_D 为二极管的正向导通电压。

由图 8.15 可见，调整管处于开关工作状态，它的发射极电位 u_E 也是高、低电平交替的脉冲波形。但是，经过 LC 滤波电路以后，在负载上可以得到比较平滑的输出电压 u_O。

在理想情况下，输出电压 u_O 的平均值 U_O 即是调整管发射极电压 u_E 的平均值。根据图 8.15 中 u_E 的波形可求得

$$U_O=\frac{1}{T}\int_0^T u_E\mathrm{d}t=\frac{1}{T}\left[\int_0^{T_{on}}(U_I-U_{CES})\mathrm{d}t+\int_0^T(-U_D)\mathrm{d}t\right]$$

因三极管的饱和管压降U_{CES}以及二极管的正向导通电压U_D的值均很小，与直流输入电压U_I相比通常可以忽略，则上式可近似表示为

$$U_O\approx\frac{1}{T}\int_0^{T_{on}}U_I\mathrm{d}t=\frac{T_{on}}{T}U_I=qU_I \tag{8.29}$$

式(8.29)中q为脉冲波形u_E的占空比。由上式可知，在一定的直流输入电压U_I之下，占空比q的值愈大，则开关型稳压电路的输出电压U_O愈高。

下面再来分析当电网电压波动或负载变化时，图8.14中的开关型稳压电路如何起稳压作用。假设由于电网电压或负载电流的变化使输出电压U_O升高，则经过采样电阻以后得到的采样电压u_F也随之升高，此电压与基准电压U_{REF}比较以后再放大得到的电压u_A也将升高，u_A送到比较器的反相输入端，由图8.15的波形图可见，当u_A升高时，将使开关调整管基极电压u_B的波形中高电平的时间缩短，而低电平的时间增长，于是调整管一个周期中饱和导电时间减少，截止的时间增加，则其发射极电压u_E脉冲波形的占空比减小，从而使输出电压的平均值U_O减小，最终保持输出电压基本不变。

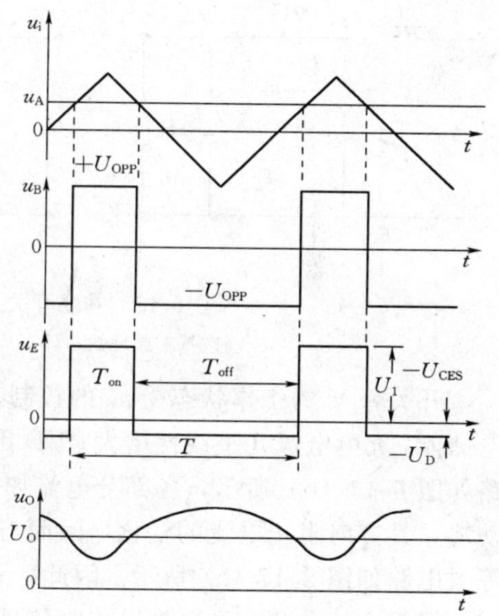

图8.15　脉冲调宽式开关型稳压电路的波形图

应当指出，由于负载电阻变化时影响LC滤波电路的滤波效果，因而开关型稳压电路不适用于负载变化较大的场合。

从对图8.14所示电路工作原理的分析可知，控制过程是在保持调整管开关周期T不变的情况下，通过改变开关管导通时间T_{on}来调节脉冲占空比，从而达到实现稳压的，故称之为脉宽调制型开关电源。目前有多种脉宽调制型开关电源的控制器芯片，有的还将开关管也集成于芯片之中，且含有各种保护电路，因而图8.14所示电路可简化成图8.16所示电路。

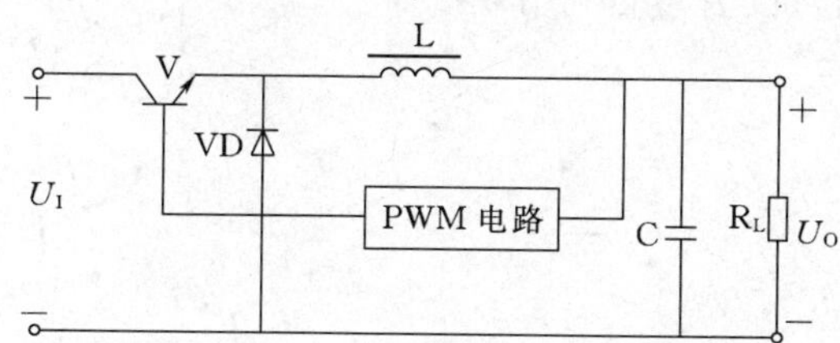

图8.16　串联开关型稳压电路的简化电路

调节脉冲占空比的方式还有两种：一种是固定开关调整管的导通时间T_{on}，通过改变振荡频率f（即周期T）调节开关管的截止时间T_{off}以实现稳压的方式，称为频率调制型开关电源。另一种是同时调整导通时间T_{on}和截止时间T_{off}来稳定输出电压的方式，称为混合调制型开关电源。

8.4.3　并联开关型稳压电路

串联开关型稳压电路调整管与负载串联，输出电压总是小于输入电压，故称为降压型稳压

电路。在实际应用中，还需要将输入电压经稳压电路转换成大于输入电压的稳定的输出电压，称为升压型稳压电路。在这类电路中，开关管常与负载并联，故称之为并联开关型稳压电路。它通过电感的储能作用，将感生电动势与输入电压相叠加后作用于负载，因而$U_O>U_I$。

图 8.17 (a) 所示为并联开关型稳压电路的基本原理电路，输入电压U_I为直流供电电压，晶体管 V 为开关管，u_B为矩形波，电感L和电容C组成滤波电路，VD 为续流二极管。

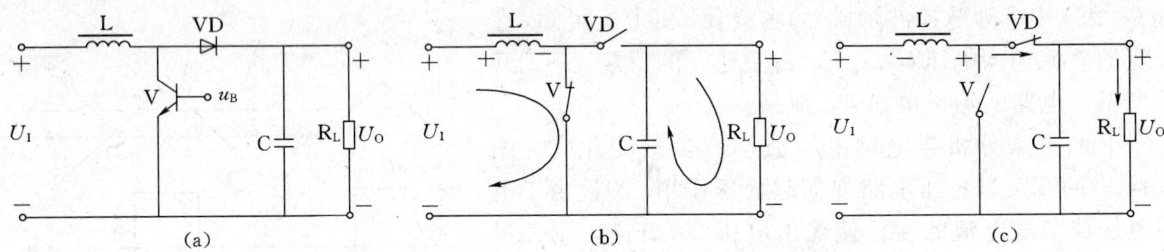

图 8.17 并联开关型稳压电路的基本原理图及其等效电路

(a) 基本原理图；(b) V 饱和时的等效电路；(c) V 截止时的等效电路

开关管 V 的工作状态受u_B的控制。当u_B为高电平时，V 饱和导通，U_I通过 V 给电感L充电储能，充电电流几乎线性增大；VD 因承受反压而截止；滤波电容C对负载电阻放电，等效电路如图 8.17 (b) 所示，各部分电流如图中所标注。当u_B为低电平时，V 截止，L产生感生电动势，其方向阻止电流的变化，因而与U_I同方向，两个电压相加后通过二极管 VD 对C充电，等效电路如图 8.17 (c) 所示。因此，无论 V 和 VD 的工作状态如何，负载电流方向始终不变。

根据上述分析，可以画出控制信号u_B、电感上的电压u_L和输出电压u_O的波形，如图 8.18 所示。从波形分析可知，只有当L足够大时，才能升压；并且只有当C足够大时，输出电压的脉动才能足够小。当u_B的周期不变时，其占空比愈大，输出电压将愈高。

在图 8.17 (a) 所示基本原理电路中加上脉宽调制电路后，便可得到并联开关型稳压电路，如图 8.19 所示，其稳压原理与图 8.14 所示电路相同，读者可自行分析。

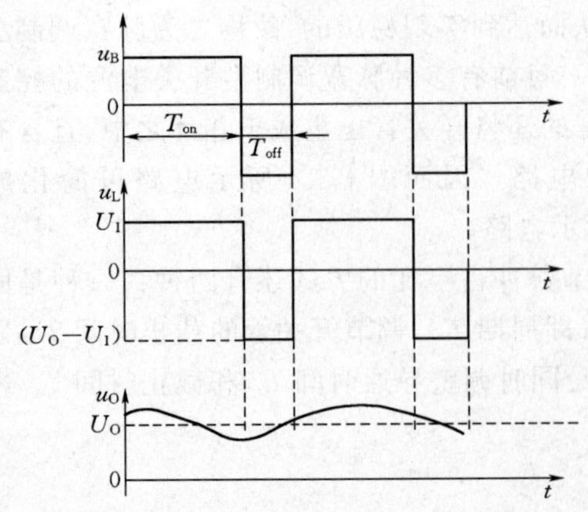

图 8.18 并联型开关稳压电路的波形分析

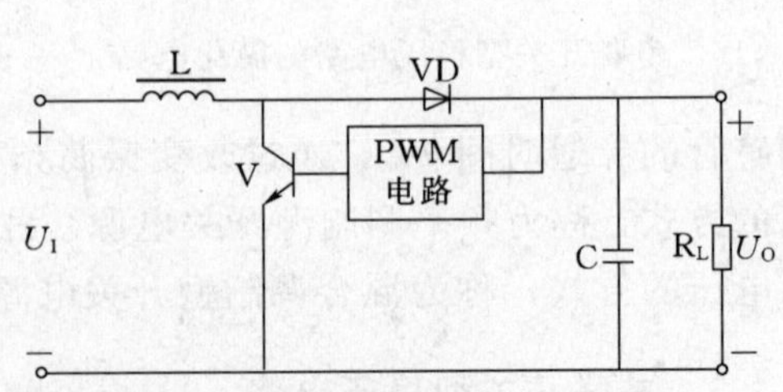

图 8.19 并联型开关稳压电路的简化图

*8.5 三端集成稳压器的应用

8.5.1 固定式三端集成稳压器的应用

1. 基本应用电路

三端集成稳压器最基本的应用电路如图 8.20 所示。

整流滤波后得到的直流输入电压 U_I 接在 LM7800 的输入端和公共端之间，在输出端即可得到稳定的输出电压 U_O。为了改善纹波电压，常在输入端接入电容 C_I（一般取 0.33μF）。同时，在输出端接上电容 C_O（一般取 0.1μF），以改善负载的瞬态响应。两个电容应直接接在集成稳压器的引脚处。

若输出电压比较高，应在输入端与输出端之间跨接保护二极管 VD，如图中的虚线所示。其作用是在输入端短路时，使 C_O 通过二极管 VD 放电，以便保护集成稳压器内部的调整管。为了保证三端稳压器正常工作，输入直流电压 U_I 应至少比 U_O 高 2V。

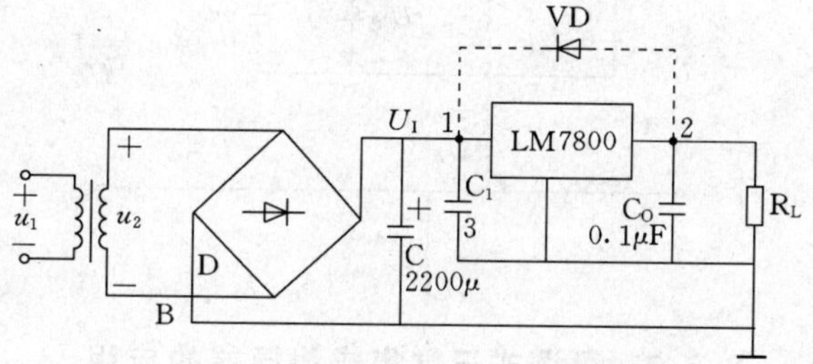

图 8.20 三端集成稳压器的基本应用电路

2. 同时输出正、负电压的电路

采用一块 LM7800 和一块 LM7900 三端稳压器可方便地组成同时输出正、负电压的稳压电源，如图 8.21 所示。图中两只二极管起保护作用，正常工作时均处于截止状态。若 LM7900 的输入端未接入电压，LM7800 的输出电压将通过负载电阻接到 LM7900 的输出端，使 VD_2 导通，从而将 LM7900 的输出端钳位在 0.7V 左右，保护其不至于损坏；同理，VD_1 可在 LM7800 的输入端未接入输入电压时保护其不至于损坏。

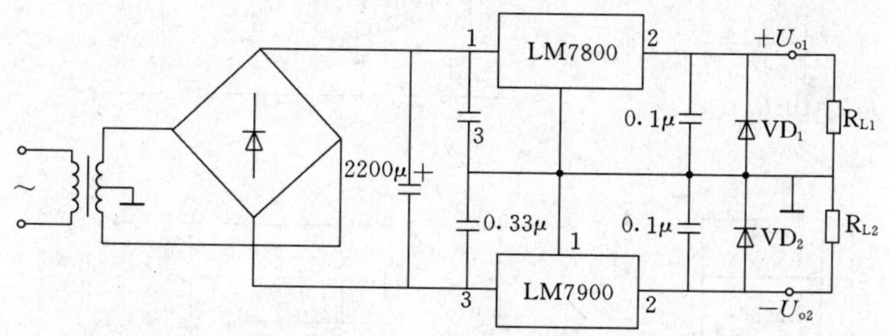

图 8.21 同时输出正、负电压的稳压电路

3. 提高输出电压的电路

如果实际工作中要求得到更高的输出电压，可以在原有三端集成稳压器输出电压的基础上加以提高，电路如图 8.22（a）、（b）所示。

图 8.22（a）中的电路利用稳压管 VZ 来提高输出电压。由图可见，电路的输出电压为

$$U_O = U'_O + U_Z \tag{8.30}$$

电路中输出端的二极管 VD 是保护二极管。正常工作时，VD 处于截止状态；一旦输出电压低于 U_Z 或输出端短路，二极管 VD 导通，输出电流被旁路，以保护稳压器输出级免受损坏。

图 8.22（b）中的电路利用电阻来提升输出电压。假设流过电阻 R_1、R_2 的电流比三端集成稳压器的静态电流 I（约为 5mA）大得多，可认为 $U'_O \approx \frac{R_1}{R_1+R_2}U_O$，则输出电压为

$$U_O \approx \left(1+\frac{R_2}{R_1}\right)\cdot U'_O \tag{8.31}$$

此种提高输出电压的电路比较简单，但稳压性能将有所下降。若电阻 R_2 用可调电位器，则可构成输出电压可调的电路。

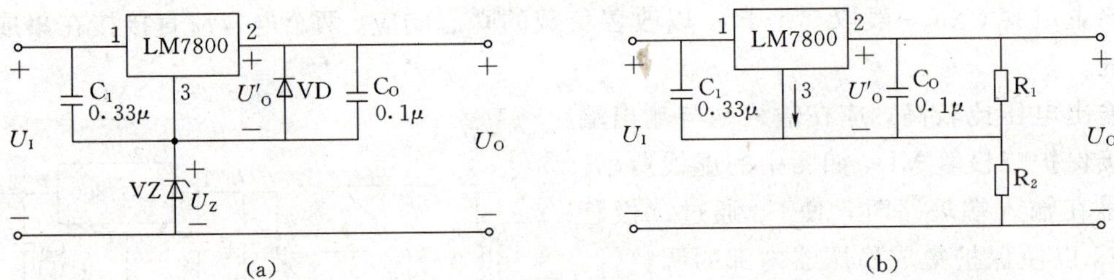

图 8.22 提高三端集成稳压器输出电压的电路

8.5.2 可调式三端集成稳压器的应用

1. 可调式三端稳压器的应用

图 8.23 (a)、(b) 分别是输出正、负可调电压的稳压电路，其中 LM317、LM337 的内部工

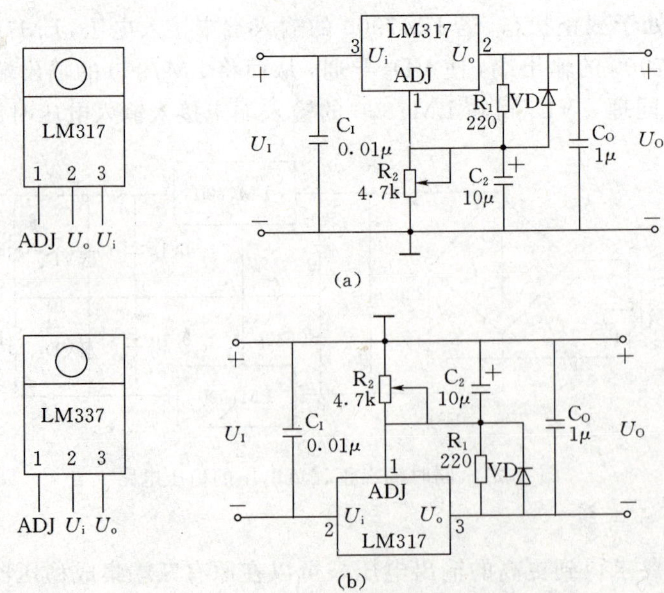

图 8.23 可调式三端稳压器的典型应用

（a）正输出可调稳压电路；（b）负输出可调稳压电路

作电流都要从输出端流出，该电流构成稳压器的最小负载电流（一般情况下，该电流小于5mA）。考虑到输出端与调整端之间电压U_{REF}为1.2V，为保证空载情况下输出电压也能恒定，R_1的取值不宜高于240Ω，否则由于稳压器内部工作电流不能从输出端流出，稳压器将无法正常工作。

以图8.23（a）为例，根据式（8.28），输出电压为

$$U_O = U_{REF}\left(1+\frac{R_2}{R_1}\right) = 1.2\left(1+\frac{R_2}{R_1}\right)$$

调节R_2可以获得从1.2V到37V的输出电压。

C_I、C_O为防止自激的电容。C_2用来减小输出纹波电压。VD是保护二极管，防止输出端短路时电容C_2储存的电荷通过稳压器调整端泄放而损坏稳压器，当输出电压较低（一般小于7V）或C_O电容值较小（一般小于1μF）时，则可以不接VD。

图8.23(b)为LM337组成的负输出电压可调式稳压电源（调整范围为−1.2～−37V），其原理与图（a）相同。

2. 高输出电压稳压电路

一般类型的集成稳压器受耐压限制，只适用于输出电压在30V以下的场合。而对LM317（LM337）而言，因其采用悬浮式稳压原理，可以实现高输出电压的稳压。图8.24所示为输出达100V的高输出电压稳压电路。

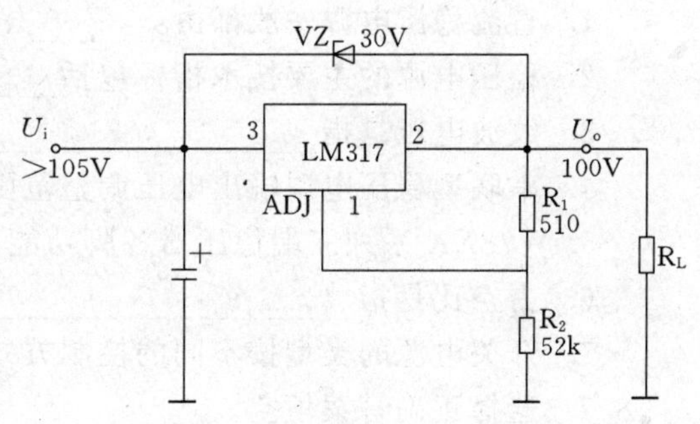

图8.24　高输出电压稳压电路

图中LM317未承受高电压，高电压主要降在R_2上。为防止电路启动时稳压器承受过高电压，接入了稳压管VZ，稳压管的稳压值必须小于LM317能承受的电压值。

思考题与练习题

思　考　题

1. 桥式整流电路为什么能将交流电变为直流电？这种直流能否直接用来作为晶体管放大电路的直流供电电源？

2. 桥式整流电路接入电容滤波后，输出直流电压为什么会升高？滤波电容对桥式整流电路中二极管的导通角有何影响？

3. 如题3图所示的桥式整流电路中，如果一个二极管VD_1接反了，会出现什么问题？如果一个二极管VD_2被击穿短路，会出现什么问题？如果一个二极管VD_3虚焊会出现什么问题？

4. 什么叫滤波器？我们所介绍的几种滤波器，它们如何起滤波作用？

5. 晶体管串联型稳压电路主要包括哪些部分？各部分起什么作用？

6. 为什么未经稳压的电源在实际中应用得较少？

7. 稳压二极管也具有单向导电性，可否当作整流元件使用？

8. 集成稳压器有什么优点？

9. 三端集成稳压器如何使用？

10. 开关型稳压电路主要包括哪些部分？各部分起什么作用？

11. 开关式稳压电源是怎样实现稳压的？

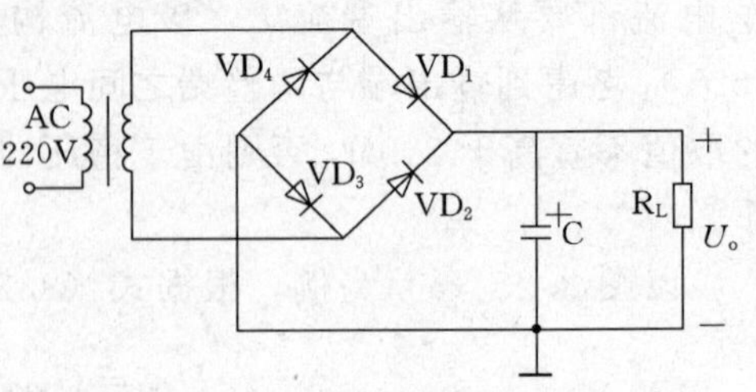

题 3 图

12. 在晶体管串联稳压电路与开关型稳压电路中，其调整管分别工作在什么状态？

练 习 题

8.1 填空题

1. 直流稳压电源一般都由________、________、________和________组成。
2. 稳压电源的主要技术指标包括________和________。
3. 纹波电压是指____________________________。
4. 串联型稳压电源输出电压调整范围表达式是________________________。
5. W78XX 系列三端稳压器各脚功能是：①脚________；②脚________；③ 脚________。
6. 占空比是指____________________________。
7. 开关电源的类型按不同的控制方式划分为________和________。

8.2 选择正确答案填空。

1. 整流滤波得到的电压在负载变化时，是________的。
   A. 稳定　B. 不稳定　C. 不一定
2. 稳压电路就是当电网电压波动、负载和温度发生变化时，使输出电压________的电路。
   A. 恒定　B. 基本不变
3. 并联型稳压电路指稳压元件与负载________。
   A. 串联　B. 并联
4. 稳压电源的主要技术指标是________。
   A. 特性与质量指标　B. 输出电流与电压　C. 稳压和温度系数
5. W78XX 系列和 W79XX 系列引脚对应关系应为________。
   A. 一致　B. ①脚与③脚对调，②脚不变　C. ①、②脚对调
6. 三端稳压电源输出负电源并可调的是________。
   A. CW79XX 系列　B. CW337 系列　C. CW317 系列
7. 整流的目的是(1)________，主要是利用(2)________来实现。
   (1) A. 将交流电变成直流电　B. 将正弦波变成方波　C. 将高频信号变成低频信号
   (2) A. 二极管　B. 三极管　C. 稳压二极管
8. 如题 8 图所示的电路中：
   (1) 若 U_2=20V，则 u_O 等于________V。
   A. 20　B. 18　C. 14　D. 9

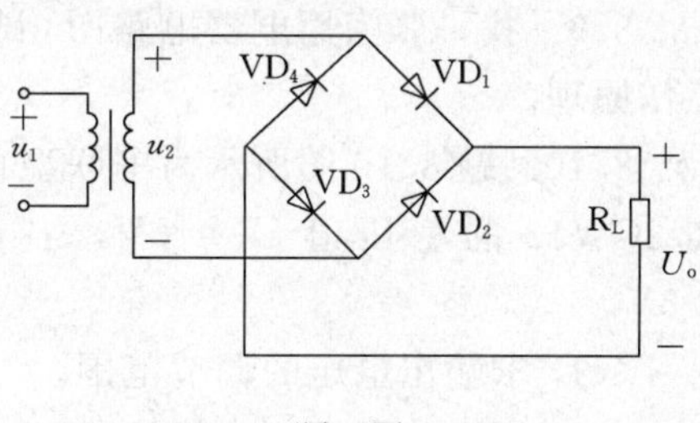

题8图

(2) 由于有四个整流管，故流过每个整流管的电流 ID 为__________。

A. I_O B. $2I_O$ C. $\frac{1}{2}I_O$ D. $\frac{1}{4}I_O$

(3) 由于整流管是串联的，所以每个管承受的最大反向电压 U_{DRM} 为__________。

A. u_2 B. $\frac{\sqrt{2}}{2}u_2$ C. $\sqrt{2}u_2$ D. $2\sqrt{2}u_2$

(4) 若 VD_2 管正负接反了，则输出__________。

A. 全波整流 B. 只有半波整流 C. 无波形且变压器或整流管可能烧坏

(5) 若 VD_1 管开路，则输出__________。

A. 全波整流 B. 只有半波整流 C. 无波形且变压器或整流管可能烧坏

9. 滤波的主要目的(1)__________，故可利用(2)__________实现。

(1) A. 将交流电变成直流 B. 将高频信号变成低频信号 C. 将脉动直流中的交流成分去掉

(2) A. 二极管 B. 电阻 C. 电容、电感及电阻

10. 在桥式整流电容滤波且为电阻性负载的电路中，若变压器副边电压 $u_2=10V$。$R_LC \geqslant 3\frac{T}{2}$。

(1) U_O 大约为__________V。

A. 14 B. 12 C. 10 D. 9

(2) 若其中有一个整流管虚焊，与正常时 U_O 相比，此时 U_O 约为________。

A. $\frac{U_O}{2}$ B. $<\frac{U_O}{2}$ C. 在 U_O 和 $\frac{U_O}{2}$ 之间

8.3 在桥式整流电路中，变压器副绕组电压 $u_2=15V$，负载 $R_L=1k\Omega$，若输出直流电压 U_O 和输出负载电流 I_L，则应选用多大反向工作电压的二极管？

8.4 如果上题中有一只二极管开路，则输出直流电压和电流分别多大？

8.5 在输出电压 $u_O=9V$，负载电流 $I_L=20mA$ 时，桥式整流电容滤波电路的输入电压（即变压器副边电压）应为多大？若电网频率为 50Hz，则滤波电容应选多大？

8.6 上题中若采用电感滤波电路，则变压器副边电压应为多大？

8.7 有一桥式整流电容滤波电路，已知交流电压为 220V，$R_L=50\Omega$，或要求输出直流电压为 12V。

(1) 求每只二极管的电流和最大反向电压。

(2) 选择滤波电容的容量和耐压值。

8.8 如题 8.8 图所示的单向桥式整流滤波电路中，$R_L=40\Omega$，$C=1000\mu F$，$U_2=20V$。用直流电压表测 R_L 两端电压时，出现下列情况，说明哪些是正常的，哪些是不正常的，并指出出现不正常的原因。

(A) $U_O=20V$ (B) $U_O=24V$ (C) $U_O=18V$ (D) $U_O=9V$

8.9 找一张家用电器电路图，试分析其电源部分工作原理。

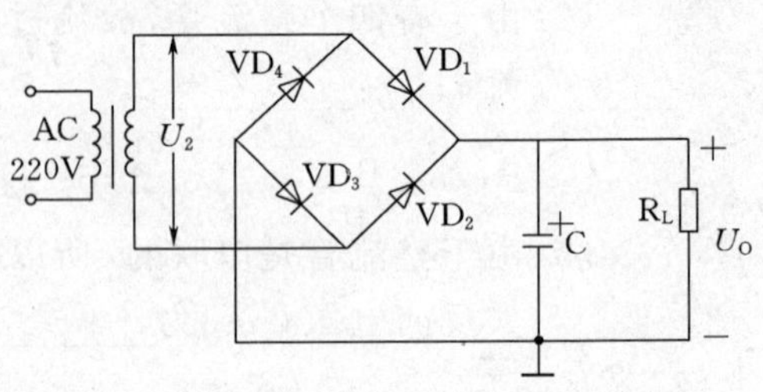

题 8.8 图

8.10 题 8.10 图所示为串联型直流稳压电源，已知 2CW13 的稳压值 $U_Z=6V$，各晶体管的 U_{BE} 取 0.3V。

1. 求输出电压的调节范围。

2. 当电位器调到中间位置时，估算 A、B、C、D、E 各点电压值。

3. 当电网电压升高或降低时，试说明上列各点电位的变化趋势和稳压原理。

4. V_1、V_2 击穿或开路输出电压如何变化？

5. VZ 不慎误接，输出电压如何变化？

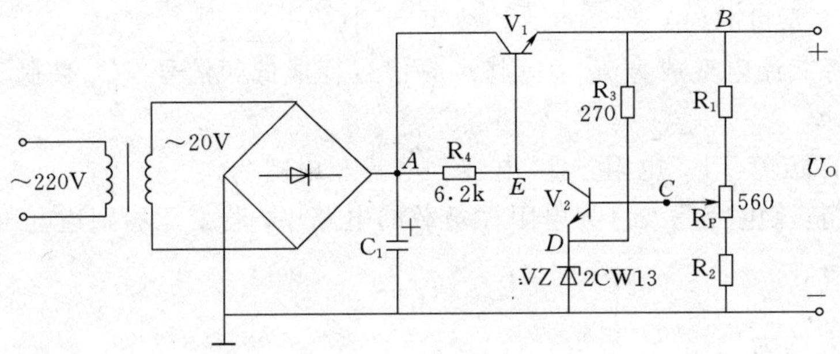

题 8.10 图

第 9 章　模拟电子技术在实际中的应用

本章重点内容

- 晶体管超外差式收音机各部分电路及整机电路的工作原理。
- 在单元电路学习的基础上，通过对收音机、CASPER TM—5159 型多频彩色显示器的电源电路、无级调光台灯电路原理的学习，巩固所学的理论知识，建立模拟电子技术应用的整体概念。

9.1　晶体管超外差式收音机的原理、安装与调试

9.1.1　无线电广播信号的发射与接收

无线电广播所传送的信息是语言或音乐。当以无线电波的形式传送信号时，传输效率是很重要的因素。由电磁波理论知道，只有天线尺寸为辐射信号波长的 1/10 或更长时，信号才能有效地被辐射。对于语言信号来说，相应的天线尺寸在几十千米以上，显然要制造这样的天线是困难的。即使能用天线来辐射，各电台的信号都占有相同的频段，互相混在一起，接收者也无法按需要进行选台。解决上述矛盾的办法是，各个电台采用不同的射频（高频）信号去“运载”音频（低频）信号，然后再发射出去。这种将音频信号“装载”到高频信号的过程叫调制，经过调制后的高频振荡信号称为已调信号。

无线电广播系统的组成如图 9.1 所示。图 9.1（a）为发射系统框图。由图可见，经音频放大器放大后的音频信号与高频放大器输出的等幅高频信号同时送入调制器，产生一个已经运载了音频信号特征的已调信号。这个已调信号送至发射天线，并以无线电磁波方式发射出去。

接收机的框图如图 9.1（b）所示。天线中感应的高频信号通过调谐电路选出所需电台的已调信号，经解调器（检波器）取出音频信号，再放大后推动扬声器还原成声音。这就是实现无线电广播的发送与接收的简单过程。

由此可知，上述过程包含着调制与解调。按照随低频信号变化的高频振荡信号参数（幅度、频率和相位）的不同，调制方式可分为调幅、调频和调相，分别简称为调幅（AM）、调频（FM）和调相（PM）。上述的高频已调信号采用调幅方式。

9.1.2　晶体管超外差式（AM）收音机的原理电路、各元件的作用

1. 原理电路

图 9.2 是一典型的六管超外差式调幅收音机的电路原理图。图 9.3 是根据图 9.2 画出的简

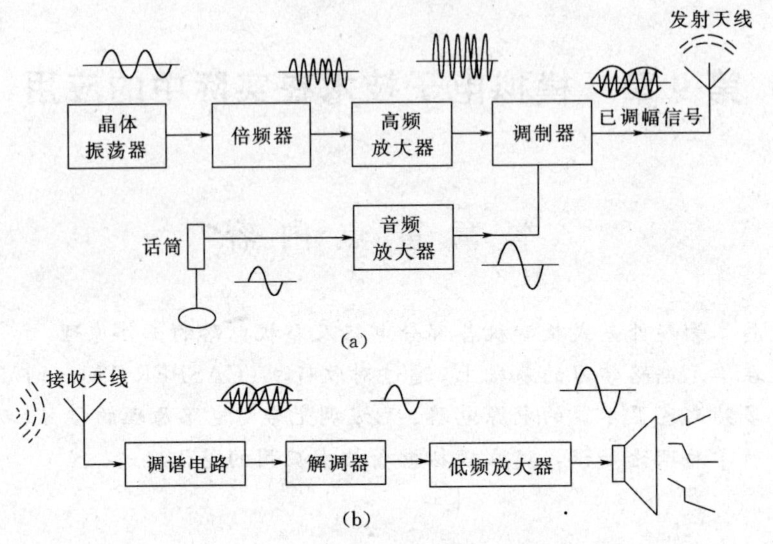

图 9.1 无线电广播系统框图
(a) 发射；(b) 接收

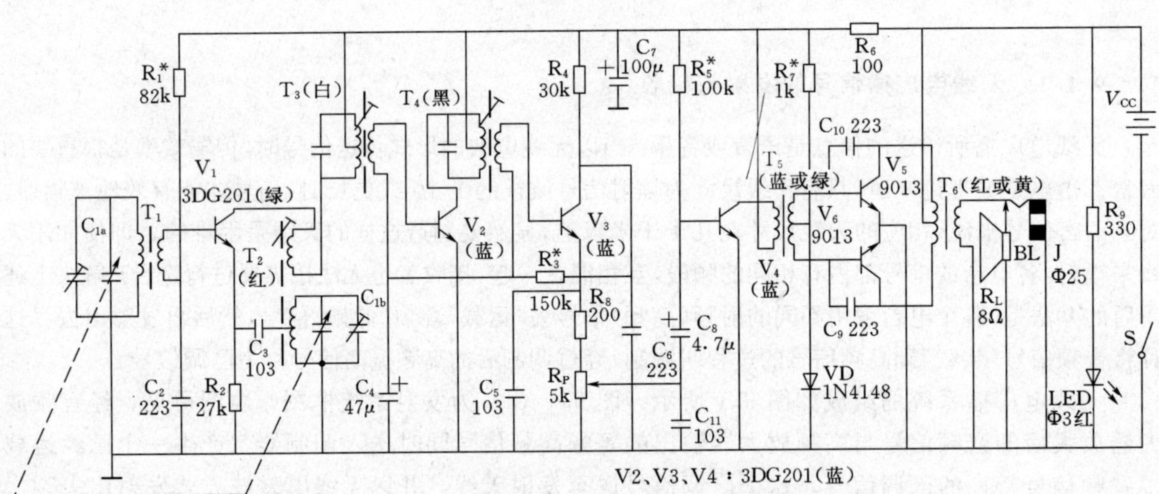

图 9.2 六管超外差式调幅收音机原理图

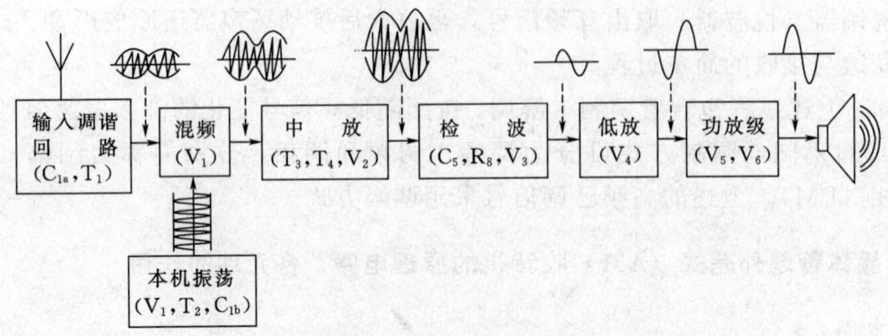

图 9.3 六管超外差式调幅收音机原理电路简化框图

化框图。由方框图可见，该收音机主要由输入调谐电路、混频、中放级、检波级、低放和功放等六部分组成。

2．电路中各元件的作用

C_{1a}：天线连，与 T_1 的初级组成输入调谐回路，改变 C_{1a}的电容量的大小，即可选择所需要接收的电台信号。

T_1：天线线圈（也称磁性天线线圈），主要作用有两个：第一，T_1 的初级线圈与 C_{1a}组成输入调谐回路，完成选择电台任务；第二，完成初、次级间的信号耦合，将输入调谐回路所选择的某一台电台的信号传送到下一级（变频管的基极）。

V_1：变频管，（与其他元件组成变频级），变频管的作用有两个：第一，V_1与 T_2（本机振荡线圈）及 C_3 组成本级振荡电路，产生比外来信号高 465kHz 的本级振荡信号，通过 C_3 加到变频管 V_1 输入回路中的发射极；第二，利用 V_1 的输入特性的非线性，将基极所输入的外来信号和发射极所输入的本振信号，在晶体管输入端进行混频，从而在 V_1 的集电极输出端产生很多不同频率的信号（如基波、二次谐波、和频等）。

R_1：变频管基极偏置电阻（固定偏置方式），主要为 V_1 提供合适的静态工作点，调整 R_1 可得到我们所需的 I_{bQ}和 I_{cQ}。

C_3：本机振荡线圈，上端绕组为正反馈信号的反馈绕组，下端绕组与 C_{1b}组成本机振荡电路的选频网络，调整 C_{1b}可使本机振荡信号始终比外来信号高 46kkHz（C_{1a}与 C_{1b}为同轴转动，见图中将 C_{1a}与 C_{1b}用虚线连接）。

T_3：中频变压器，主要作用有三个：第一，从 V_1 的输出端（集电极）选出 465kHz 的中频信号；第二，将选出的 465kHz 信号，通过 T_3 的初、次级间的互感耦合，将信号传送到中放级（V_2）的输出端（基极）；第三，通过变比的不同实现阻抗匹配。

V_2：中放级，其主要作用是放大 465kHz 的中频信号。

T_4：其作用与 T_3 相同，这里不再叙述。

R_3、R_4：V_2、V_3 的基极偏置电路，为 V_2、V_3 提供静态工作点（R_4 还是 V_3 的集电极负载电阻）。

C_4、C_5：退耦滤波电容。

V_3：检波管，其主要作用有两个：第一，放大中频信号；第二，利用 V_3 发射极的检波与 C_5、R_8、R_P 组成的 LC 滤波作用，完成信号的解调作用（即从 465kHz 中频信号中取出音频信号）。

C_5、R_8、R_P：中频信号滤波电路。

R_P：音量调整电位器，调整 R_P 阻值的大小，可改变 R_P 滑动端输出信号的大小，从而达到改变整个收音机音量的大小。

C_8：音频信号耦合电容，将检波级取出的音频信号，传送到下一级，即低放级 V_4 的输入端。

C_{11}：滤波电容。

V_4：低频放大管，简称低放管，其主要作用是放大检波传送过来的音频信号，并使其工作在合适的工作状态。

T_5：输入变压器，主要作用有三个：第一，隔直通交，即利用变压器的互感耦合作用，将低放级放大了的低频（音频）信号耦合到功放级；第二，利用 T_5 次级绕组中上、下绕组的对称性，在功放管 V_5、V_6 两管的基极，得到大小相等、相位相反的两个信号，以保证 V_5、V_6 推挽顺利完成；第三，利用变压器初级间不同的变比，来实现前后级间的阻抗匹配。

V_5、V_6：功率放大管，工作在甲、乙类状态，在低放级输出信号的作用下，V_5、V_6 轮流工作。

R_7、VD：功放管 V_5、V_6 的直流偏置电路，为 V_5、V_6 提供合适的静态工作点，以保证 V_5、V_6 工作于甲、乙类状态。改变上偏置电阻 R_7 值的大小，可改变 V_5、V_6 的静态工作点。

T_7：输出变压器，作用有两个：第一，隔直通交；第二，实现功放级输出端阻抗与负载的阻抗匹配，使功放级的输出信号能够最大限度地传送到负载。

BL：扬声器，俗称喇叭，是整个收音机的终端负载，也是一个电声的转换装置。

J：耳塞插孔，外接耳塞用。

R_9、LED：电源指示电路，R_9 降压电阻，LED 为发光二极管。

V_{CC}（3V）：整机直流供电电源。为整机各级提供静态工作点。

S：电源开关。电源开关 S 与音量调节电位器在实物上是连在一起的，故可称为电位器带开关。

R_6、C_7：退耦滤波电路。

9.1.3 静态时整机直流供电情况

为了保证收音机各级三极管能够工作于正常的放大状态（或振荡状态），必须使各三极管的发射结正偏，集电结反偏。必须给各级三极管分别设置合适的静态工作点，这一项任务主要是由整机 3V 直流供电电源 V_{CC} 及整机中各级（各三极管）的基极偏置电阻和各三极管的集电极供电电压来保证，其具体情况可用图 9.4 直观的表示。

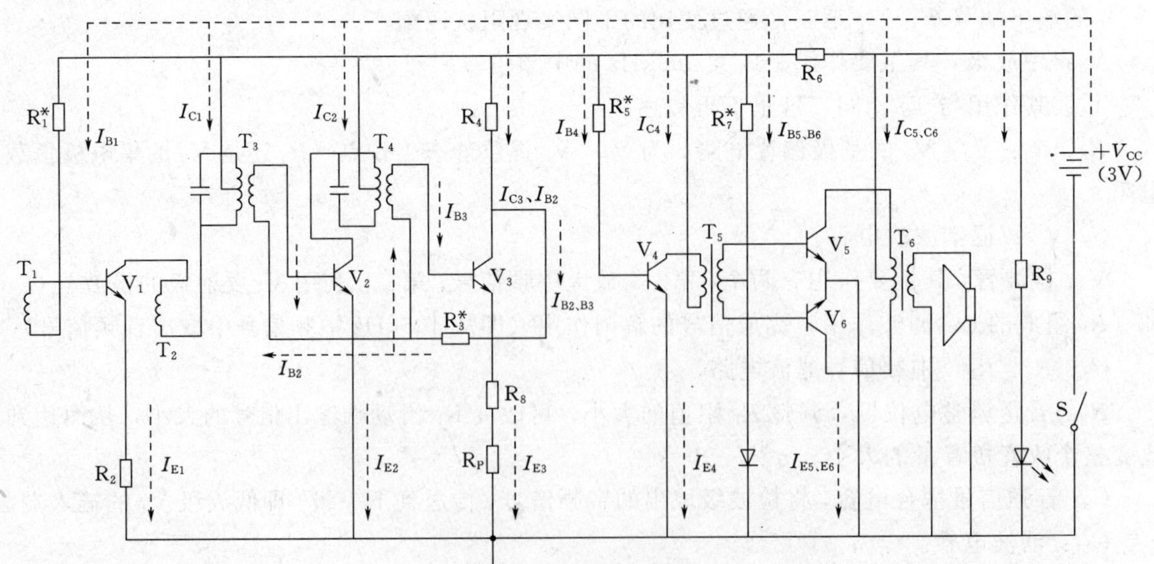

图 9.4 收音机整机静态供电情况示意图

9.1.4　整机工作原理简述

在整机直流工作点设置正常后，电路中各三级管均处于满足放大条件的状态，准备放大和处理收音机所接收的外来信号。其工作原理简述如下：

磁性天线从空中感应到很多电台的不同频率的信号，当外来某一电台信号频率与输入调谐回路的固有频率一致时发生谐振，该电台信号在其 LC 调谐回路两端产生的感应电压最大，并通过 T_1 初、次间的互感耦合，将所选择的外来信号传送到变频管 V_1 的基极，与此同时，由 V_1、T_2 及 C_3 等组成的本机振荡电路产生一个始终比外来信号频率高 465kHz 的本振信号，经过 C_3 加到变频管 V_1 的发射极，所选择的外来信号和本振信号在变频管 V_1 的输入回路中，利用变频管 V_1 输入特性的非线性进行混频，在变频管的输出端（集电极）得到很多不同频率的信号，如：$f_{外}$、$f_{振}$、$f_{振}-f_{外}$、$f_{振}+f_{外}$ 等，其中，$f_{振}$ 由 C_{1b}、T_2 下端绕组组成的本振选频回路选出，并经 C_3 正反馈到 V_1 的输入端，以维持电路的振荡，$f_{振}-f_{外}=465\text{kHz}$ 的信号，由 V_1 集电极的另一 LC 中频谐振负载（T_3 初级绕组和与它并联的电容）选出，并将该信号通过 T_3 的初、次级互感耦合到中放管 V_2 的输入端，经中放管 V_2 的放大后，从 V_2 管的集电极输出，并经集电极单调谐负载再一次选出 465kHz 的信号，再经 T_4 初、次级互感耦合到检波管 V_3 的输入端（基极），通过 V_3 发射结的检波后，在其发射极输出正半周的中频信号，经 C_5、R_8 的滤波作用，滤掉残余的 465kHz 的中频信号，取出音频信号，经音量调节电位器 R_P 的中间抽头取出，又经 C_8 耦合到低放级的输入端 V_4 的基极（调节 R_P 可改变收音机音量的大小），经倒相放大后，从低放管集电极输出，再经音频输入变压器 T_5 初、次级的耦合，将音频信号传送到功放级 V_5、V_6 的输入端，经功放管 V_5、V_6 的推挽放大得到一定的功率后，再经音频输出变压器 T_6 初、次级的互感耦合，推动整机终端负载扬声器发声。

9.1.5　收音机的安装与调试

1. 收音机的安装

在一块印制电路板或万能板上按图 9.2 将电路由后级向前级逐级安装，直至整机安装好。安装完毕后，将 T_1 的初级短路。

2. 调整晶体管的静态工作点

调整晶体管的静态工作点一般是通过调各级的静态工作电流来实现的。而调整的元件就是电路图中打“*”的电阻。其方法是，断开三极管的集电极供电回路（为了调试方便，收音机的生产厂家一般都在收音机印制电路板上预留了电路口），将万用表拨致相应的直流电流（mA）挡，表笔串入集电极供电回路中，然后调节打“*”电阻的阻值，使集电极电流达到规定的参考值。

电路图中，调节 R_1 可调整 V_1 的静态工作点；调节 R_3 可同时调整 V_2、V_3 的静态工作点；调节 R_5 可调整 V_4 的静态工作点；调节 R_7 可调整 V_5、V_6 的静态工作点。电路中，V_2、V_3 共一个调整元件，而且它们在电路中是直接耦合的，因而其静态工作点相互影响，在调整时应注意到这一点。

上述收音机电路中，各晶体管集电极的电流参考值如下：

(1) V_1：集电极电流值为0.25～0.4mA。

(2) V_2、V_3：集电极电流值为0.4～0.6mA。

(3) V_4：集电极电流值为0.15～3mA。

(4) V_5、V_6：集电极电流值为2～5mA。

3. 调整中频频率

将扫频仪输出的扫频信号，通过芯线接到接收机天线上，地线接到天线连的动片上，输入探头接到接收机检波器的输出端。把接收机的双连可变电容 C_1 全部旋到容量最大位置，用无感起子调整中频变压器的磁心，由最后一级中周 T_4 开始，逐级往前反复调整，直到荧光屏上显示的中频谐振曲线谐振在465kHz上，且幅度最大为止。

若无扫频仪也可用高频信号发生器。把信号发生器的载波频率置于465kHz，调制频率置于1kHz，调制度30%。信号通过一只0.01μF电容从接收天线端输入。将接收机振荡连短路，双连可变电容 C_1 旋到容量最大位置。调节信号发生器输出幅度，如电路正常，此时应从示波器上观测到检波波形。由后级中频变压器 T_4 开始，用无感起子逐级调节各中频变压器的磁芯，使示波器显示的检波输出信号不失真，且幅度最大。

调试完毕后，断开 T_1 初级的短接线。

4. 整机频率覆盖

将扫频仪输出的扫频信号从天线注入，扫频仪输入探头接检波输出。此时荧光屏应显示接收机的谐振曲线。把接收机双连可变电容 C_1 全都旋进，在此过程中可以看到谐振曲线向频率低端移动。用无感起子调振荡线圈 T_2 的磁芯，使荧光屏上展现的谐振曲线中心频率为535kHz。然后再把双连电容 C_1 全部旋出，用起子旋动微调电容 C_{1b}，使荧光屏上展示的谐振曲线中心频率为1605kHz处，由于调节高端会影响低端频率，为使频率覆盖准确，应重复一遍前面的调整过程。

频率覆盖同样可用高频信号发生器调节。使信号发生器输出535kHz的高频调幅信号，将双连可变电容 C_1 全部旋进，用无感起子仔细调振荡线圈 T_1 的磁芯，使示波器显示的检波输出信号幅度最大；然后把信号发生器旋到1605kHz处，将双连可变电容全部旋出，旋动微调电容 C_{2b}，使示波器显示的检波输出信号幅度最大。再重复一次前面的调整过程。

5. 统调

旋动 C_1，使扫频仪荧光屏上展现中心频率为600kHz的谐振曲线，调整天线回路线圈在磁棒上的位置，使谐振曲线的幅度最大；然后再把双连 C_1 取出，使荧光屏上展示中心频率为1400kHz的谐振曲线，旋动微调电容 C_{1a}，使谐振曲线的幅度最大。重复几次高、低端的调整过程，体会一下输入回路对接收灵敏度的影响。

如果没有扫频仪，可用高频信号发生器调节，使信号发生器输出600kHz的高频调幅信号，旋动 C_1 使接收机收到此信号，然后调整天线回路线圈在磁棒上的位置，使示波器显示的检波输出信号最大即可。

9.2 CASPER TM—5159型多频彩色显示器的电源电路

CASPER TM—5159型多频彩色显示器的电源电路如图9.7所示。

该电源主要由消磁电路、交流电源输入滤波器、交流整流滤波电路、变换器、控制电路、高频脉冲输出整流滤波电路、电源频率锁定电路等七部分组成。有关电路结构方框图如图 9.5 所示。

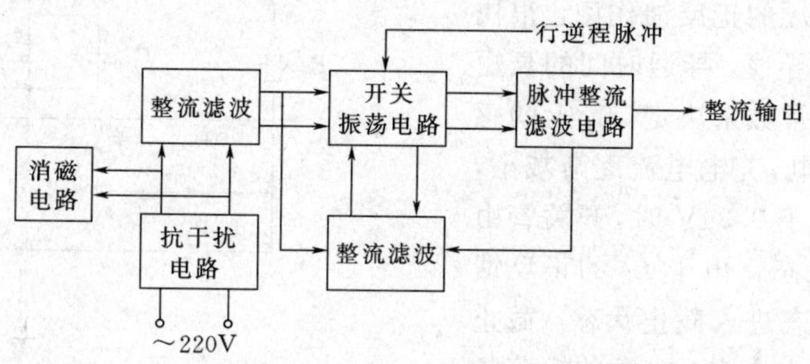

图 9.5　CASPER TM—5159 型多频彩色显示器的电源结构方框图

现从维修角度出发，将其各单元电路的工作原理与过程简述如下。

9.2.1　消磁电路的消磁工作过程

在显像管玻璃体四周固定有防爆的金属圈以及其他金属物质，受磁场影响具有一定的磁化，对显示器的颜色有严重干扰，因此，在多频彩色显示器中必须设置消磁电路。在消磁电路中装有正温度系数的热敏电阻，开机瞬间电阻值只有几十欧，随着时间的增加，热敏电阻的电阻值随着温度的升高迅速加大，消磁电流就迅速下降，磁化电流迅速消失，金属物上的磁性就大大减少。这就是消磁原理。当消磁热敏电阻温度系数发生变化时，消磁电流瞬间降不下来，就会将交流保险丝烧断；如果消磁电阻冷阻值变大或烧断，消磁作用消失，屏幕会出现色斑。该显示器的消磁电路主要由正温度系数热敏电阻 TH901 和消磁线圈组成。

9.2.2　交流滤波电路的工作过程

该显示器的交流电网滤波电路没有安装电感滤波器，只有两个抗共模干扰电容即 C_1、C_2（图 9.7 中未画出）。电网滤波器的功能就是提高电源的抗干扰能力，即停止从电网串入外界干扰，也可防止电源干扰电网。

9.2.3　整流滤波电路的工作过程

整波滤波电路由四个整流二极管 VD_{901}～VD_{904} 和滤波电容 C_{905}、C_{906} 组成。其功能是将 220V 交流电压转变为 300V 左右不稳定的直流电压。电阻 R_{901} 为泄放电阻，是为安全而设置的，断电后可放掉电容器上的电压，以保安全。

9.2.4　开关振荡电路的工作过程

该显示器的开关振荡电路为单管自激式振荡电路，也称之为自激型间歇振荡器，电路如图 9.6 所示。

它主要由功率开关管 V_{901}、T_{901} 初级绕组 L_N、T_{901} 正反馈绕组 L_B、C_{908}、R_{908}、C_{921}、D_{906}、R_{903}、

R_{904}组成。具体工作过程是：市电经整流滤波得到不稳定的300V电压，经电阻R_{903}、R_{904}向开关管基极注入一定的启动电流，使其导通。由于L_B、C_{908}、R_{908}的正反馈作用，很快由导通状态进入饱和导通，导通时间的长短由R_{908}、C_{908}充电时间常数来决定。L_B上的感应电压对电容C_{908}充电，充电电流逐渐减小，当开关管基极电位低于0.34V时，开关管由饱和导通进入放大状态，由于L_B的正反馈作用，很快由放大状态进入截止状态。截止时间由放电时间常数来决定。电源的振荡频率由行输出逆程（回扫）脉冲锁定。高频脉冲变压器的作用有三：一是变压作用；二是隔离作用；三是储能作用。当开关管导通时，次级整流二极管不导通，这时变压器初级线圈将能量储存起来，待开关管截止时将能量释放给负载，所以变压器次级整流二极管对于开关管的连接关系是极性相反的，故称为反激式。变压器由于由漏感和开关管截止瞬间会产生很高的尖峰电压，为消除或减小尖峰电压就设计了消尖峰网络。电源中变换器电路的故障率最高，其中开关管最容易损坏。一是因为电源负载有短路现象，开关管因电流太大而烧坏，这时有可能将发射极电阻烧断。当发现开关管或发射极电阻损坏时，就必须检查电源负载是否有短路现象，主要检查行输出管及与行偏转线圈串联的元器件以及行输出变压器和行输出变压器次级整流二极管等。二是因开关管的集电极尖峰电压太高而击穿，这时应该检查消尖峰电路，即R_{905}、C_{907}、C_{921}、VD_{906}四个元件。当电阻R_{903}、R_{904}开路或阻值增大时，会使开关管基极注入电流减小，甚至为零，这时开关管不能启动或振荡不起来。当正反馈电路线圈L_B、电容C_{908}、电阻R_{908}、R_{917}出现故障时，会影响开关管的振荡频率或根本不能振荡，造成电源没有电压输出。

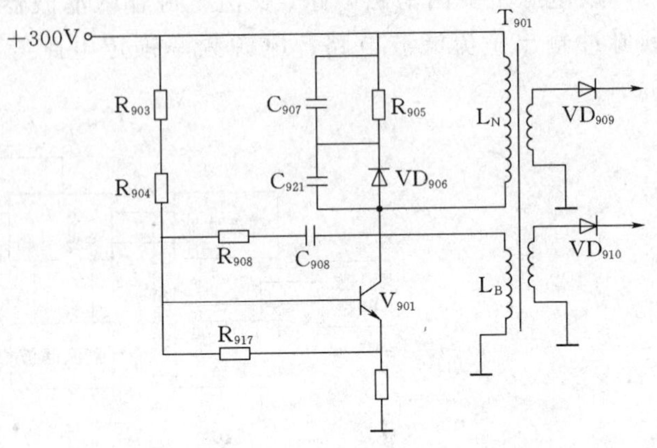

图 9.6 CASPER TM—5159 型多频彩色显示器的开关振荡电路

9.2.5 稳压控制电路的工作过程

该电源的稳压控制电路由三极管V_{902}、电流取样电路和误差比较放大器组成。不管是电流取样信号还是输出电压取样信号，都加到三极管V_{902}基极。改变基极电位，通过V_{902}来改变开关管V_{901}的基极电位，从而改变开关管的导通时间，即稳定了电源输出电压。控制电路的故障频率不高，比较容易出故障的元器件是脉宽调制管V_{902}。

9.2.6 高频脉冲整流滤波电路的工作过程

该显示器的电源有6路直流电压输出：其中T901次级的⑨脚输出的高频脉冲经VD_{909}整流、C_{912}滤波后显像管的灯丝提供工作电源；T901次级的④端输出的高频脉冲经VD_{910}整流、C_{913}和L_{902}与C_{914}组成的滤波器平滑滤波后，为行输出电路提供90V（+B）电压；T901次级的③脚输出的高频脉冲经VD_{914}整流、C_{926}和L_{905}与C_{927}组成的滤波器平滑滤波后，为主板主视放电路提供76V的工作电源；T901次级的②端输出的高频脉冲经VD_{911}整流、C_{915}和L_{903}与C_{916}组成的滤

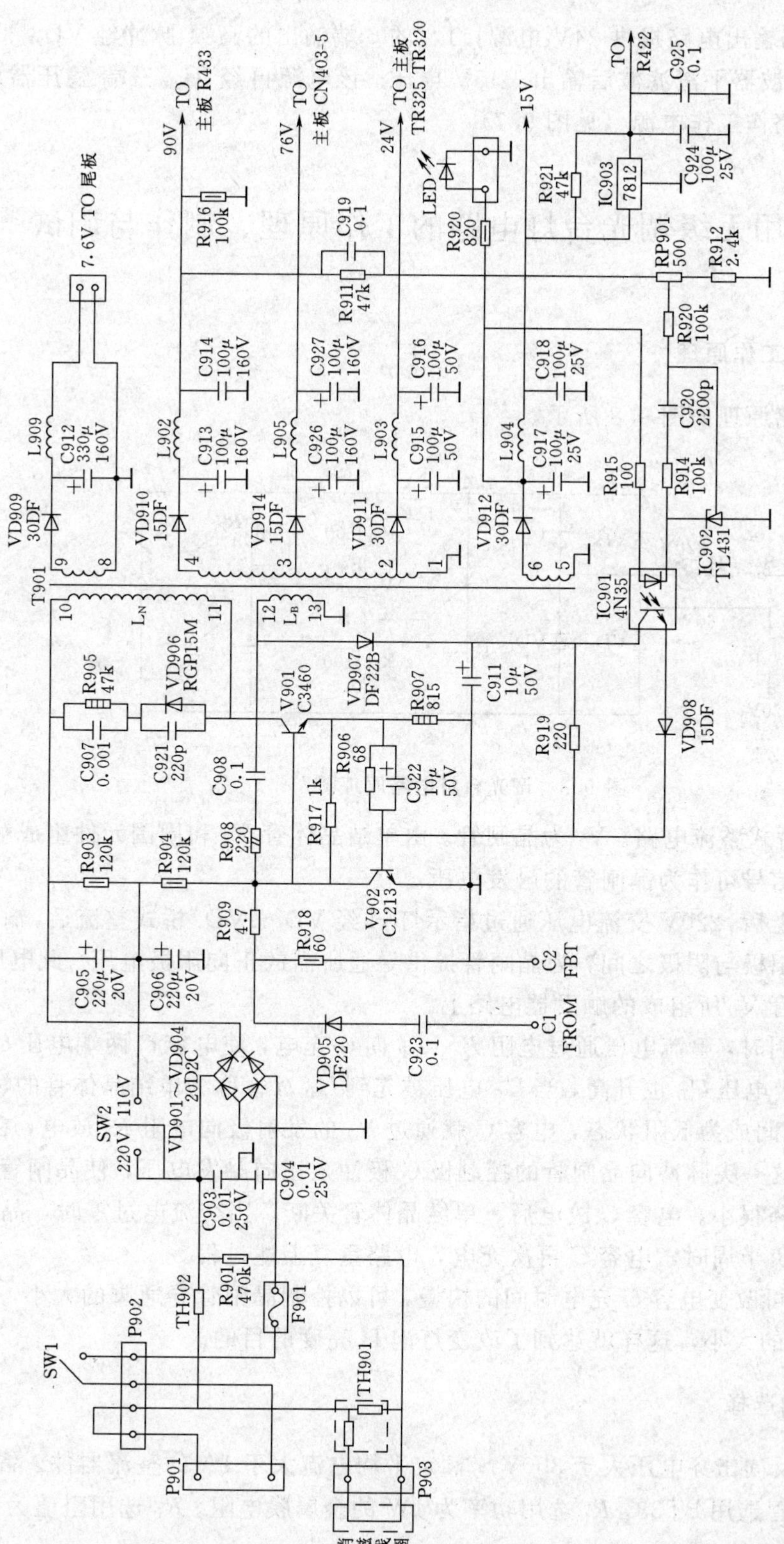

图 9.7　CASPER TM—5159 型多频彩色显示器的电源电路

波器平滑滤波后，为场输出电路提供 24V 电源；T_{901}的⑥端输出的高频 脉冲经 VD_{912}整流、C_{917}和 L_{904}与 C_{918}组成的滤波器平滑滤波后输出+15V 电压。该电源再经 IC_{903}三端 稳压器后输出+12V 电压信号处理电路作工作电源（见图 9.7）。

9.3 家用无级调光台灯电路的工作原理、制作与调试

9.3.1 电路及其工作原理

无级调光台灯电路原理如图 9.8 所示。

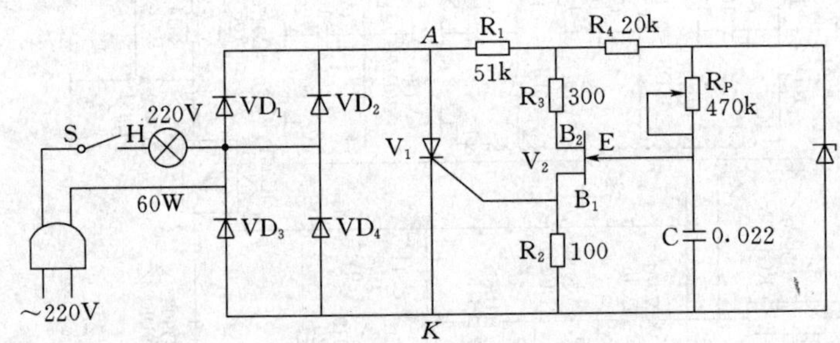

图 9.8 调光台灯电路原理图

VD_1～VD_4 组成桥式整流电路。V_1 为晶闸管。由单结晶体管 V_2 和周围元件组成触发电路，振荡电路产生的脉冲信号可作为晶闸管的触发电压。

当台灯开关 S 合上后，220V 交流电压通过指示灯 H 经 VD_1～VD_4 桥式整流后，输出一全波脉动电压加到晶闸管阳极与阴极之间，为晶闸管提供导通所需的正向阳极电压。此电压又经 R_1 降压加到由单结晶体管 V_2 所组成的触发器电路上。

在交流电的正半周时，整流电压通过电阻 R_4、R_P 向 C 充电，使电容 C 两端电压 U_C 不断升高，单结晶体管发射极电压 U_E 也升高，当 U_C 电压被充到 U_P（U_P 称为单结晶体管的峰点电压）时，V_2 导通，E、B 极间成为低阻状态，电容 C 就通过 V_2 的发射极向电阻 R_2 放电，在 R_2 两端得到一正向尖脉冲。这一尖脉冲向晶闸管的控制极 G 极注入正向触发电压，使晶闸管导通。在晶闸管导通期间的压降很小。电容 C 放电后，单结晶体管关断。当交流电过零时，晶闸管自动关断。当交流电处于负半周时，电容 C 再次充电，电路重复上述过程。

调节电位器 R_P，可改变电容 C 充电时间的快慢，可以控制晶闸管导通脚的大小，可控制流过灯泡 H 的平均电流的大小，这样就达到了改变灯泡 H 亮度的目的。

9.3.2 元器件的选择

VD_1～VD_4 选用反向击穿电压大于 300V 、额定平均电流大于 1A 的整流器件。晶闸管选用 3CT 型管，单结晶体管选用 BT33。R_1 选用功率为 1W 的金属膜电阻。R_P 选用阻值为 470kΩ 的合成碳电位器。

9.3.3　安装与调试

（1）按原理电路自制印制电路板。
（2）按电路图进行顺序安装。
（3）在调试中，根据情况可适当变更 R_4 的阻值和 C 的容量，直到满意为止。
（4）由于晶闸管调压装置直接与交流电相连，因此，调试时要特别注意安全。

附　　录

附录一　半导体器件型号组成部分的符号及其意义

半导体分立器件的型号五个组成部分的基本意义如下：

第一部分　第二部分　第三部分　第四部分　第五部分

- 第五部分——用字母表示规格号
- 第四部分——用数字表示序号
- 第三部分——用字母表示类型
- 第二部分——用字母表示材料和极性
- 第一部分——用数字表示电极数目

一些半导体分立器件的型号由一至五部分组成，另一些半导体分立器件的型号仅由三至五部分组成。

第一部分		第二部分		第三部分				第四部分	第五部分
用数字表示电极数目		用字母表示材料和极性		用字母表示类型				用数字表示序号	用字母表示规格号
符号	意义	符号	意　　义	符号	意　　义	符号	意　　义		
2	二极管	A	N型、锗材料	P	普通管	B	雪崩管		
		B	P型、锗材料	V	微波管	J	阶跃恢复管		
		C	N型、硅材料	W	稳压管	CS	场效应管		
		D	P型、硅材料	C	参量管	BT	半导体特殊器件		
3	三极管	A	PNP型、锗材料	Z	整流管	FH	复合管		
		B	NPN型、锗材料	L	整流堆	PIN	PIN型号		
		C	PNP型、硅材料	S	隧道管	JG	激光器件		
		D	NPN型、硅材料	N	阻尼管	ZL	整流管阵列		
		E	化合物材料	U	光电器件	QL	硅桥式整流器		
				K	开关管	SX	双向三极管		
				X	低频小功率管（f_a<3MHz，P_C<1W）	DH	电流调整管		
				G	高频小功率管（f_a<3MHz，P_C<1W）	SY	瞬时抑制二极管		
				D	低频大功率管（f_a<3MHz，$P_C \geqslant$1W）	GS	光电子显示器		
				A	高频大功率管（f_a>3MHz，$P_C \geqslant$1W）	GF	发光二极管		
				T	可控整流器	GR	红外发射二极管		
				Y	体效应管	GD	光敏二极管		
						GT	光敏晶体管		
						GH	光耦合器		
						GK	光开关管		

附录二　国内外晶体管代换型号

型号	简要特性	可代换国外型号	可代换国内型号
2SA562	高频、中功率、大电流	BC328、BC298、BC728、BC636、2N2906～07	3CK9C、3CG562
2SA673	行推动		3CG23C、3CG23E
2SA678	同步分离		3CG15A、3CG15B、3CG21C
2SA715	场输出管		CD77-2A、3CF3A
2SA778A	开关电源误差放大		3CG21G、CG75-1A
2SA844	高频、小功率	BC177、BC204、BC212、BC251、BC307、BC512、BC557	3CG121C、3CG22C
2SA1015	高频、小功率	2SA544～545、BC116A、BC181、BC281、BC291～292、BC320、BC478～479、BC512、BCW52、BFW62～64	3CG130C、3CG22C、3CG1015、3CG22D
2SB337	电源调整	B337	3AD53B、3AD53C、3AD30B、3AD30C
2SB507	低频、功率放大	BD242A、BD244A、BD578、BD588	CD50B、CD77-1A
2SC97A	高放、振荡	2SC108A、BSS27、2SC1150	3DK4、3DK64、3DK100、3DK106
2SC383	高频、小功率	2SC45、2SC383H、2SC401、2SC402、2SC403、2SC828A、2SC907AH、2SC945、2SC1328、2SC1380A、2SC1453、2SC1685、2SC1747、2SC1850、2SC2385、2SC779、2SC248、2SC249、2SC499、2SC1890、BC147、BC277、BC280、BC347～348、BCP147、BCP247、BCW87、BCW98、BCX70、BCY56、BFJ92、BFV89A、BFV98、2N335B、2N56(S)、2N707A、2N930、2N1074～1077、2N1439～1443、2N2247～2249、2N2253～2255、2N3877	3DG120B、3DG170G、3DG110F、3DG111F
2SC400	开关管	2N3605、BSV52、2SC1319	3DK2、3DW24、3DW25、3DK16、3DK18、3DK101
2SC454	高频放大、混频、变频	BF240、BF254、BF454、BF494、BF594	3DK205C
2SC495	高频、大功率、大电流	BD139、BD169、BD179、BD237、BD441	3DK9D
2SC496	高频、大功率、大电流	BD135、BD165、BD175、BD233、BD437	3DK4A
2SC533	功放、振荡	2N3733	3DA92、3DA107、3DA22、3DA86、3DA404
2SC536	高频放大、混频、变频、振荡	2SC87、2SC529～533、2SC537、2SC693～694、2SC752、2N947、2N3390、2N3391	2DG8A、3DG121C、3DX202
2SC619	开关、功率放大	BC107、BC171、BC183、BC207、BC237	3DG130D
2SC684	UHF、VHF本振	2SC1069、2SC2468、2SC2730	3DG301、3DG56B、3DG79B、2G210A、3DG80B、3DB84D
2SC689H	开关管	2SC356、BSY28、BFV878	3DK1、3DK7、3DK102
2SC710	中放	2SC717	DG304、3DG84、FG021
2SC741	高放、振荡	2SC216、BC185	3DG12、3DG130、3DG204

续表

型号	简要特性	可代换国外型号	可代换国内型号
2SC776	高频功率放大	BC141、BC301、BFX96、97A、BSW53、54、2N2217、19A	3DA1、3DA2A
2SC781	高频、大功率	BFW47、BFS23、BFY99、2N3553、40305	3DA87B
2SC790	低频、大功率	BD241A、BD243A、BD577、BD587	
2SC797	高放、振荡	25C1213AK、2TX223	3DG5、3DG7
2SC828	高频、高 β、低输入阻抗	2SC96、2SC128、2SC192 (S) 2SC263、2SC281、2SC350、2SC368～369、2SC370～374、2SC471～472、2SC475～476、2SC631～634、2SC715～716、2SC912、2SC1090、2SC1327、2SC1684、2SC1849、2SD603、2SD778、BC108～109、BC171、BC254～255、BC386、BCP108～109、BCP148～149、BCY42～43、BCY69、2N1199～1201、2N2244～2246、2N2250～2252、2N5088～5089、2N930A～B	3DG120A、3DG120B
2SC829	高频、低频放大	2SC62、2SC544、2SC561～562、2SC1686、2N3289～3292	3DG111E
2SC911A	功放、振荡	2N5644	3DA816
2SC917	UHF 高放、混频	2SC2466、2SC2728、2SC2731、2N6389	2DG302、FG024
2SC920	高频放大、混频、变频	2SC33、2SC838～839、BF237～238	3DG111F
2SC930	高频、小功率	2SC545、2SC772、2SC923、2N1992、2N3293～3294	3DG111D
2SC1008	高频、大电流	BC141、BC301、BSS15、BSS42、BSW39、2N5320	3DG12、3DG81C
2SC1014	大功率开关管	BC429A、2N4349～4350、2N5914、2N5923、BD437	3DA28B、3DK104B、3DK204A
2SC1069	UHF 本振、VHF 本振、混频	2SC684、2C2468、2SC2730	3DG301、FG023
2SC1239	功率放大	40544、40544L	3DA2、3DA101C、3DA102A
2SC1349	开关管	2N3605、2SC400、BSV52	3DK2、3DK16、3DK101
2SC1413	大功率开关管	BU108、BU208、BUX31、BUX32、BUY71	3DA58H、3DA87G、3DK205F
2SC1514	视放	2SC1722、2SC1921、2SC2228、2SC2068	3DG27、3DG82、3DA87、3D150
2SC1776	高频、小功率	BC174、BC182、BC190、2N2220～2222	
2SC1923	高放、混频变频、振荡	BF241、BF255、BF455、BF595	3DG18A、3DG103B、3DG205
2SC1961	功率放大	40392、40544、405445	3DA2、3DA45、3DA53、3DA102A
2SC2120	功率放大	BC338、BC378、BC738	
2SC2369	高频放大	2SC3429、2SC3302、2SC3268、2SC3128、2SC3110	2G914A-D、3DG44E、3DG70C、3DG81D、3DG85A-C、3DG143
2SC2466	UHF 高放、混频	2SC917、2SC2728、2SC2731、2N6389	3DG302、FG024

续表

型号	简要特性	可代换国外型号	可代换国内型号
2SC2468	UHF 本振、VHF 本振、混频	2SC684、2SC1069、2SC2730	3DG301、FG023
2SC3037	低频、大功率	DG5421、DG5422、BFR49、2SC1459	2G913BG、2G915A-C、DG42、3DG90C-E
2SC3355	适用开关、高频放大	2SC3510、2SC3512	2DG72B-G、3DG82B-C、FDA901、FDG002、3DA312
2SD313	低频、大功率	BD241A、BD243A、BD557、BD587	3DD30A、DD03B
2SD325	低频、大功率	FDD305A	3DD325
2SD401	低频、大功率、高反压	BD401、MJE5655、2N5655	DD01B
2SD880	大功率、高 β、功率放大	SDT7744、1814、3205	3DK03、3DK105、3DK205、3DD102、D680、3DD301A
2N1489	电源、调整管		DD03A
2N3055	低频功率放大		3DD71D
2N5401	高频、中功率放大		CG160C、3CA3F
2N5551	高频、中功率放大		3DG84G、3DG1621
BC558	高频、中功率放大		3CG120B
BU208	电视机行输出	2SC937	3DK304F、3DD501、3DA711、3DA58
BU406D	高频、大功率放大		3DD15C
JA101	高频放大	2SA733	3CG21
JC500	高频放大	2SC945	3DG8

附录三 半导体集成电路型号各组成部分的符号及意义

第一部分		第二部分		第三部分	第四部分		第五部分	
用字母表示器件的出产地		用字母表示器件类型		用阿拉伯数字表示器件的系列和品种代号（一般四位）	用字母表示器件的工作温度范围		用字母表示器件的封装	
符号	意　义	符号	意　义		符号	意　义	符号	意　义
C	中国制造	T	TTL	（与国际上品种保持一致）	C	0～70℃	W	陶瓷扁平
		H	HTL		E	－40～85℃	B	塑料扁平
		E	ECL		R	－55～85℃	F	全密封扁平
		C	CMOS		M	－55～125℃	D	陶瓷双列直插
		F	放大器				P	塑料双列直插
		D	音响、电视电路器件				H	黑瓷低溶玻璃扁平
		W	稳压管				J	黑陶瓷双列直插
		J	接口器件				K	金属菱形
		B	非线性器件				T	金属圆形
		M	存储器					
		μ	微型计算机器件					

示例 1：

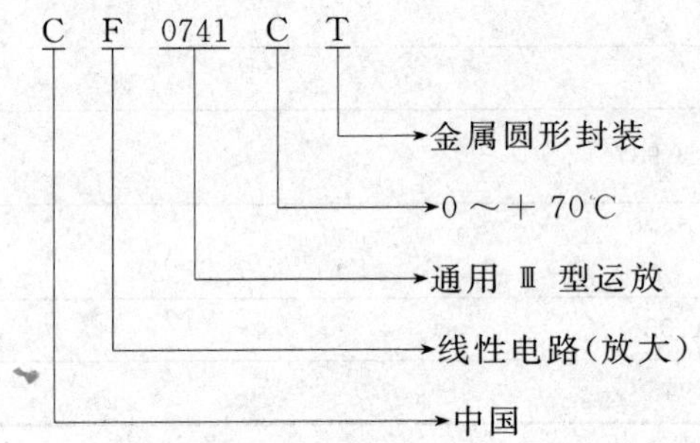

参 考 文 献

1. 周雪主编．模拟电子技术基础．西安：西安电子科技大学出版社，2002
2. 李雅轩主编．模拟电子技术．西安：西安电子科技大学出版社，2000
3. 姚正祥主编．模拟电子技术．北京：机械工业出版社，2001
4. 马积勋．模拟电子技术重点、难点及典型题精解．西安：西安交通科技大学出版社，2000
5. 傅丰林主编．模拟电子线路基础．西安：西安电子科技大学出版社，2000
6. 张英全等．模拟电子技术．北京：机械工业出版社，2000
7. 江晓安．模拟电子技术．西安：西安电子科技大学出版社，2000

常用符号一览表

1. 分立元器件

1）元器件名称及在电路中的符号

V　　三极管、晶闸管、场效应管、单结晶体管

VD　　普通二极管

VZ　　稳压二极管

LED　　发光二极管

A　　运算放大器

S　　开关

T　　变压器

R_P　　电位器

R　　电阻器

C　　电容器

L　　电感器

J　　耳机插座

H　　小灯泡

2）元器件的管脚名称及在电路中的符号

b（B）　　三极管基极

c（C）　　三极管集电极

e（E）　　三极管发射极，单结晶体管发射极

g（G）　　场效应管栅极，晶闸管控制极

d（D）　　场效应管漏极

s（S）　　场效应管源极

a（A）　　晶闸管阳极

k（K）　　晶闸管阴极

b_1、b_2　　单结管第一基极、第二基极

T_1、T_2　　双向晶闸管的两个电极

2. 电压与电流

1）电源电压

（1）符号规定

大写的英文字母 V，下角标采用大写的英文字母，并双写该字母。

（2）符号使用

V_{BB}　　晶体三极管基极直流供电电源电压、单结晶体管的电源电压

V_{CC}　　直流电源电压

V_{EE}　　晶体三极管发射极直流供电电源电压

V_{GG}　　场效应管栅极直流工作电压，晶闸管控制极电源电压

V_{DD}　　场效应管漏极直流工作电压

V_{AA}　　晶闸管阳极直流工作电压

2）电压与电流

（1）符号规定

英文小写字母符号 u（i），其下标若为英文小写字母，则表示交流电压（电流）瞬时值（例如，u_O 表示输出交流电压瞬时值）。

英文小写字母符号 u（i），其下标若为英文大写字母，则表示含有直流电压（电流）瞬时值（例如，u_0 表示含有直流的输出电压瞬时值）。

英文大写字母符号 U（I），其下标若为英文小写字母，则表示正弦电压（电流）有效值或幅值（例如，U_o 表示输出正弦电压有效值）。

英文大写字母符号 U（I），其下标若为英文大写字母，则表示直流电压（电流）（例如，U_O 表示输出直流电压）。

若在英文大写字母符号 U（I）之前加符号“Δ”，则表示直流电压（电流）的变化量。

纯电阻用 R 加正体下标表述，等效电阻（或阻抗）用 r 加正体下标表达。

（2）符号使用

U_B、U_C、U_E　　三极管基极、集电极、发射极的直流工作电压

U_{BE}　　三极管基射极间的直流工作电压

$U_{(BR)CEO}$　　基极开路时三极管集射极间的反向击穿电压

$U_{(BR)EBO}$　　集电极开路时三极管射基极间的击穿电压

u_i　　交流输入电压

u_o　　交流输出电压

U_{CE}　　三极管集射极间直流电压

U_{CES}　　三极管集射极间饱和压降

u_s　　信号源电压

i_B　　三极管基极含有直流成分的瞬时电流

i_C　　三极管集电极含有直流成分的瞬时电流

i_E　　三极管发射极含有直流成分的瞬时电流

i_b　　三极管基极交流电流

i_c　　三极管集电极交流电流

i_c　　三极管发射极交流电流

I_{BQ}、I_{CQ}、I_{EQ}　　三极管基极、集电极、发射极的静态工作电流

I_{CBO}　　三极管发射极开路时的集基极间的反向饱和电流

I_{CEO}　　三极管基极开路时的集射极间的穿透电流

I_{CM} 三极管集电极最大允许电流

$U_{GS(th)}$ 场效应管开启电压

$U_{GS(off)}$ 场效应管夹断电压

U_{GS} 场效应管栅源极间的直流电压

U_{gs} 晶闸管栅源极间的交流电压

I_D 晶闸管漏极直流电流

U_{DS} 晶闸管漏源极间的直流电压

U_{ds} 晶闸管漏源极间的交流电压

I_A 流过晶闸管阳极的直流电流

i_a 晶闸管阳极的交流电流

U_{GK} 晶闸管控制极至阴极间的直流电压

U_P 单结晶体管峰值电压

U_f 反馈电压

u_{id} 差模输入电压，净输入电压

u_{ic} 共模信号输入电压

u_{od} 差模输出电压

u_{oc} 共模输出电压

U_+、I_+ 运放同相端的输入电压、输入电流

U_-、I_- 运放反相端的输入电压、输入电流

U_Z、I_Z 稳压管的稳定电压、稳定电流

$U_{O(AV)}$ 输出直流电压平均值

U_{OM} 输出电压峰值

I_F 最大整流电流

U_{RM} 最大反向工作电压

I_R 二极管的反向电流

f_m 二极管的最高工作频率

$I_{D(AV)}$ 整流二极管正向平均电流

U_{RM} 二极管截止时承受的最大反向电压

U_{REF} 电压比较器的参考电压

X_i 放大电路的输入量

X_o 放大电路的输出量

X'_i 放大电路的净输入量

X_f 放大电路的反馈量

3．功率

P_{CM} 三极管集电极最大耗散功率

P_V 直流电源提供的功率

P_C　三极管耗散功率
P_O　输出功率
P_{omax}　最大输出功率
P_T　三极管管耗

4．电阻

R_b　基极偏置电阻
R_c　集电极电阻
R_e　发射极电阻
R_L　负载电阻（或扬声器）
r_i　输入交流电阻
$r_{bb'}$　体电阻
r_{bc}　基射极间的输入电阻
r_o　输出交流电阻
R_s　信号源内阻
r_d　电流源内阻
r_{gs}　场效应管栅源间电阻
r_{id}　差模输入电阻
r_{od}　差模输出电阻
r_{if}　具有反馈时的输入电阻
r_{ic}　共模输入电阻
r_{of}　具有反馈时的输出电阻
R_g　场效应管的栅极电阻
R_d　场效应管的漏极电阻

5．频率参数

f_H　放大电路的上限截止频率
f_L　放大电路的下限截止频率
B_W　通频带
f_o　振荡频率
ω_o　谐振角频率
f_S　晶体的串联谐振频率
f_P　晶体的并联谐振频率

6．性能参数

$\overline{\beta}$（h_{FE}）　三极管共发射极直流电流放大倍数
β　三极管共发射极交流电流放大倍数
μ　场效应管放大倍数
A_u　交流电压放大倍数

A_i	电流放大倍数
g_m	场效应低频跨导（互导）
η	效率
A_d	差模电压放大倍数
A_{d1}（A_{d2}）	单端输出差模电压放大倍数
A_c	共模电压放大倍数
A_{uo}	开环差模输入放大倍数
CMRR	共模抑制比
A	开环放大倍数
A_f	闭环电压放大倍数
F	反馈系数
AF	反馈深度
K_r	稳压系数
S_T	温度系数
S_r	纹波抑制比
S_I	电流调整率
S_U	电压调整率
τ	电容充电时常常数
T	振荡信号周期
φ_A	放大电路的相位移
φ_F	反馈网络的相位移